P. R. Gerke · Wie denkt der Mensch?

Peter R. Gerke

Wie denkt der Mensch?

Informationstechnik und Gehirn

Mit 60 Abbildungen und 7 Tabellen

J. F. Bergmann Verlag München

Professor Dipl.-Ing. Peter R. Gerke
Schiltberger Straße 1
8032 Gräfelfing

ISBN-13:978-3-8070-0367-2 e-ISBN-13:978-3-642-80515-8
DOI: 10.1007/978-3-642-80515-8

CIP-Kurztitelaufnahme der Deutschen Bibliothek:
Gerke, Peter R.:
Wie denkt der Mensch? : Informationstechnik u. Gehirn / Peter R. Gerke. -
München : Bergmannn ; New York ; Heidelberg ; Berlin : Springer, 1987.

© J. F. Bergmann Verlag, München 1987
Reprint of the original edition 1987

Dieses Werk ist urheberrechtlich geschützt. Die dadurch begründeten Rechte, insbesondere die der Übersetzung des Nachdrucks, des Vortrags, der Entnahme von Abbildungen und Tabellen, der Funksendung, der Mikroverfilmung oder der Vervielfältigung auf anderen Wegen und der Speicherung in Datenverarbeitungsanlagen, bleiben, auch bei nur auszugsweiser Verwertung, vorbehalten. Eine Vervielfältigung dieses Werkes oder von Teilen dieses Werkes ist auch im Einzelfall nur in den Grenzen der gesetzlichen Bestimmungen des Urheberrechtsgesetzes der Bundesrepublik Deutschland vom 9. September 1965 in der Fassung vom 24. Juni 1985 zulässig. Sie ist grundsätzlich vergütungspflichtig. Zuwiderhandlungen unterliegen den Strafbestimmungen des Urheberrechtsgesetzes.

Die Wiedergabe von Gebrauchsnamen, Handelsnamen, Warenbezeichnungen usw. in diesem Werk berechtigt auch ohne besondere Kennzeichnung nicht zu der Annahme, daß solche Namen im Sinne der Warenzeichen- und Markenschutz-Gesetzgebung als frei zu betrachten wären und daher von jedermann benutzt werden dürften.

Sollte in diesem Werk direkt oder indirekt auf Gesetze, Vorschriften oder Richtlinien (z. B. DIN, VDI, VDE) Bezug genommen oder aus ihnen zitiert worden sein, so kann der Verlag keine Gewähr für Richtigkeit, Vollständigkeit oder Aktualität übernehmen. Es empfiehlt sich, gegebenenfalls für die eigenen Arbeiten die vollständigen Vorschriften oder Richtlinien in der jeweils gültigen Fassung hinzuzuziehen.

Gesamtherstellung: Ernst Kieser GmbH, Neusäß

2382/3321-543210

Vorwort

Zu diesem Buch gab es Anregungen. Bereits in den späten 50er Jahren begann man sich mit Problemen der „künstlichen Intelligenz" zu beschäftigen *(H. L. Dreyfus:* Die Grenzen künstlicher Intelligenz, Athenäum 1985). 1969 berichtete *K. Küpfmüller* über „die nachrichtenverarbeitenden Funktionen der Nervenzellen" (S. Hirzel Verlag). In den 60er Jahren wurde *K. Steinbuchs* „Automat und Mensch" (Springer-Verlag) ein häufig gelesenes Werk. Steinbuch schreibt: „Was wir an geistigen Funktionen beobachten, ist Aufnahme, Verarbeitung, Speicherung und Abgabe von Informationen. Auf keinen Fall scheint es erwiesen oder auch nur wahrscheinlich zu sein, daß zur Erklärung geistiger Funktionen Voraussetzungen gemacht werden müssen, welche über die Physik hinausgehen." Schließlich war es *H. Benesch,* der mit seiner Triade „Träger → Muster → Bedeutung" (Der Ursprung des Geistes, DVA 1977) den Anstoß gab, über die technische Realisierung dieser „geistigen Funktionen" nachzudenken.

Das Ergebnis des Nachdenkens wird hier vorgelegt. Eingebracht wurden das am „Labortisch" in den 50er Jahren erworbene „Gespür" für die technische Realisierung von logischen (geistigen!) Funktionen mit den damals gerade entstandenen Einzelhalbleitern sowie das Bemühen um das Begreifen neurophysiologischer Zusammenhänge. Im technischen Bereich gab es damals vor dem Siegeszug der Mikrocomputer noch Diskussionen um Themen wie „getaktetes/ungetaktetes Logiksystem" oder „verdrahtetes/gespeichertes Programm". Das alles ist heute für die Informationstechnik längst keine Fragestellung mehr. Aber man muß das Verständnis für derartig elementare Fragen aufbringen, wenn man sich der Komplexität des menschlichen Gehirns nähern möchte. Der Verfasser hat dies versucht.

Ich bedanke mich für anregende Diskussionen mit Herrn Prof. Dr. P. Görner (Bielefeld), Herrn Prof. Dr. H. Rahmann (Hohenheim) und Herrn Dr. V. Risak (Wien). Dank gebührt auch Herrn Prof. Dr. H. J. Clemens für das Bemühen um die Herausgabe des hiermit vorgelegten Buches. Ich würde mich sehr über konstruktive Kritik der vertretenen Hypothesen freuen. Wichtig scheint mir eine interdisziplinäre Zusammenarbeit auf diesem Gebiet zu sein, die sich auf eine vorurteilsfreie Diskussion auch unbequemer Thesen gründet.

Gräfelfing, Sommer 1987 *P. R. Gerke*

Inhalt

1. Einleitung

Dieses Buch beschäftigt sich mit der *Informationsverarbeitung* im menschlichen Gehirn. - Informationsverarbeitung ist ein technischer Begriff. Ist es möglich, ist es erlaubt, über „Technik“ im menschlichen Gehirn nachzudenken und Hypothesen aufzustellen? Wir Menschen erleben uns selbst nicht als technische Maschinen, sondern als wahrnehmende, fühlende Wesen. Das ist eine völlig subjektive Erfahrung, die sich einer technischen oder allgemein naturwissenschaftlichen Erklärung entzieht (das wird noch zu diskutieren sein). Dieser subjektive Bereich steht hier nicht zur Diskussion. Unser menschliches Selbstwertgefühl muß nicht zwangsläufig durch technische Überlegungen berührt werden.

Dennoch mögen technische Gesichtspunkte zum Nachdenken Anlaß geben, könnten sie ja auch unsere selbsterwählte Bedeutung relativieren! Das aber ist nicht primäres Anliegen der folgenden Ausführungen. Um deutlich technische und übertechnische Gesichtspunkte zu unterscheiden, wird im ersten Fall vom „Bereich 2“, im zweiten Fall vom „Bereich 1“ gesprochen. Der Schwerpunkt der hier vorgetragenen Überlegungen und Hypothesen gilt dem technischen *Bereich 2.* Allerdings läßt es sich nicht vermeiden, hin und wieder den übertechnischen Bereich 1 einzubeziehen.

Unser Körper ist nachweislich in eine Welt rationaler, naturwissenschaftlich erklärbarer Abläufe eingebettet. Da er physikalischen und chemischen Gesetzen gehorcht, ist es auch plausibel, unser Gehirn als Teil dieses Körpers solchen Gesetzen unterworfen zu sehen. Das ist für physikalische und chemische Vorgänge erwiesen. Es besteht kein Grund, dies nicht auch für die „informationstechnischen Gesetze“ anzunehmen. Warum sollte die Logik der Informationsverarbeitung allein für Computer und nicht auch für das menschliche Gehirn gelten? Man muß vernünftigerweise diese Hypothese bejahen und sie erst dann aufgeben, wenn sich unüberbrückbare Widersprüche ergeben. Keinesfalls sollte man a priori solche Widersprüche als „gottgegeben“ postulieren!

Zu Recht wird immer wieder auf die gewaltige Komplexität unseres Gehirns hingewiesen, welche Funktionsanalysen erschwert oder gar unmöglich macht. Sie wirkt auf uns vermutlich ähnlich wie die Komplexität, die ein Computerlaie vor einer großen, modernen Datenverarbeitungsanlage empfinden mag. Aber seit jeher versucht die Wissenschaft, mit der Komplexität der Natur durch *Modelle* fertig zu werden, die durch Vereinfachungen durchschaubare Verhältnisse schaffen. Dieser Weg wird auch hier beschritten, wobei natürlich die Ergebnisse einer kritischen Prüfung zu unterziehen sind, ob sie sich nämlich im Einklang mit unserer Erfahrung befinden. Es wird sich zeigen, daß dies weitgehend der Fall ist, womit andere Erklärungsmöglichkeiten aber nicht ausgeschlossen werden.

Allerdings wird es notwendig sein, die bisherigen Erkenntnisse und Hypothesen über neuronale Funktionen um wenige Hypothesen zu ergänzen, die sich als informationstechnisch zwingend erweisen. Sie erscheinen nicht unplausibel, die zugehörigen neurobiologischen Phänomene sind bisher jedoch nicht untersucht worden. Selbstverständlich kann nicht beansprucht werden, hier ein vollständiges und lückenloses Konzept menschlicher Denkvorgänge vorzulegen. Das Konzept mag auch vielleicht falsch sein. Immerhin gibt es bisher kein anderes so weit durchgängiges Konzept, zumindest ist es dem Verfasser nicht bekannt. Für die hier vertretenen Zusammenhänge spricht die relative *Einfachheit,* welche zumeist von der Natur bevorzugt wird.

Dieses Buch wendet sich nicht zuletzt an den „interessierten Laien", der weder neurobiologische noch informationstechnische Spezialkenntnisse hat. Deshalb wird in den grundlegenden Abschnitten 2 und 3 zunächst versucht, ein gemeinsames Verständnis für die wichtigsten Phänomene beider Disziplinen herzustellen. Dabei muß der Autor als „Informationstechniker" für den neurobiologischen Teil (Abschnitt 2) auf „angelesenes Wissen" zurückgreifen. Er entschuldigt sich vorab bei den Experten für darauf zurückzuführende etwaige Unstimmigkeiten.

2. Neurophysiologische Grundlagen

2.1 Der Weg der Evolution

„Vati, stimmt es, daß der Mensch vom Affen abstammt?“ – „Du vielleicht, aber ich nicht!“ – Der moderne Vati würde wohl antworten: „Mensch und Affe haben gemeinsame Vorfahren“. Vielleicht würde er das auch nicht gelten lassen, vielleicht würde er 1. Mose 1, 27 zitieren: „Und Gott schuf den Menschen ihm zum Bilde, zum Bilde Gottes schuf er ihn; ...“. Ist das ein Widerspruch?

Um uns für eine Antwort auf diese Frage einzustimmen, ist ein kurzer Blick auf unsere Herkunft lehrreich und heilsam. Unsere Geschichte beginnt vor etwa 4 1/2 Milliarden Jahren mit der Entstehung der Erde innerhalb unseres Sonnensystems. Viele Millionen Jahre dürfte es gedauert haben, bis sich auf der abkühlenden Erdoberfläche aus dem Wasserdampf der Atmosphäre brühheiße Ozeane bildeten. Aus dem heißen Erdinnern wurden neben Wasserdampf uns heute meist nicht sehr sympathische Gase ausgestoßen: Methan, Kohlendioxid, Kohlenmonoxid, Ammoniak, Stickstoff, Schwefelwasserstoff. Es gab damals keinen Sauerstoff in der Atmosphäre. Immerhin war das zu jener Zeit eine keineswegs lebensfeindliche Mischung. Unter Einwirkung starker Gewitter konnten in dieser Uratmosphäre Substanzen entstehen, die Voraussetzungen für das von uns „Leben“ genannte Phänomen schufen: Aminosäuren. *Miller* und *Urey* haben dies erstmals im Laborversuch gezeigt. Sie setzten ein erhitztes Gemisch aus Wasserstoff, Methan, Ammoniak und Wasser eine Woche lang elektrischen Entladungen aus und erzeugten Aminosäuren. Mittlerweile gibt es viele derartige Experimente. Die Wissenschaft ist der Ansicht, daß sich auch andere Bausteine des Lebens wie Zucker und organische Basen unter damaligen Bedingungen bilden konnten. Für die Kettung solcher Bausteine zu Makromolekülen gibt es verschiedene Wege, die noch Gegenstand der Forschung sind. Die möglichen Reaktionsfolgen müssen ja in die Umwelt der jungen Erde passen! Es besteht aber kein Grund, für die Entstehung organischer Makromoleküle vor 3 1/2 bis 4 Milliarden Jahren unüberwindliche Hindernisse anzunehmen. Dies gilt auch für das Entstehen von Nukleinsäuren, die Träger der Erbinformation sind (Desoxyribonukleinsäure, DNS, und Ribonukleinsäure, RNS).

Ein weiteres Problem beginnenden Lebens ist die Abschirmung gegen Außeneinflüsse, die empfindliche Prozesse zerstören können. *Oparin* und *Fox* haben in jahrelangen Experimenten gezeigt, daß sich gewisse Substanzen organischer Makromoleküle in wäßrigen Lösungen zu geschlossenen Tröpfchen formieren, die unter bestimmten Bedingungen sogar so etwas wie Stoffwechsel aufweisen. Sie werden durch eine Art „Membran" geschützt. Sie nehmen „Nahrung" aus der Umgebung auf, geben Spaltprodukte an diese ab, wachsen und bilden schließlich Tochtertröpfchen. Natürlich ist dies noch kein Leben. Die Tröpfchen sind Analogien lebender Organismen. „Aber sie zeigen", schreibt *R. E. Dickerson,* „wie stark die Leistungen der Lebewesen auf allgemeine physikalisch-chemische Erscheinungen und Vorgänge zurückgehen. Und sie verdeutlichen das Konzept eines chemischen Selektionsdruckes, der das einzige Selektions- und Evolutionsprinzip gewesen sein kann, bevor sich informationstragende Moleküle entwickelten und damit die genetische Selektion möglich wurde."

Vor etwa 3 1/2 Milliarden Jahren konnte aus dem Spielmaterial der Evolution erstes Leben entstehen. Dies waren einfache, einzellige Organismen ohne Zellkern, sog. Prokaryonten. Aber es waren Lebewesen mit Stoffwechsel, Wachstum, Vermehrung, Tod. Die genetische Evolution hatte begonnen. Läßt sie sich im Labor nachvollziehen? - Sehr wahrscheinlich nicht.

Was würden Sie sagen, wenn bei einem Spaziergang vor Ihnen plötzlich ein Stein hochspringen würde, ohne Ihr Zutun, ohne Erdbeben oder sonstige äußere Einflüsse? - Unmöglich! Ein Wunder!

Nein, kein Wunder, sondern ein äußerst unwahrscheinliches Ereignis. Ausreichend viele der Luftmoleküle, die den Stein kreuz und quer umwimmeln, bewegen sich *zufällig* in *eine* Richtung auf den Stein zu. Ein Zufall, der sich während der Existenz der Erde vielleicht erst ein- oder zweimal, vielleicht noch nie ereignet hat. Es ist praktisch unmöglich, diesen Vorgang im Labor zu beobachten.

Ähnlich verhält es sich mit der Urzeugung von Leben unter Laborbedingungen, und dann vor allen Dingen mit der Laborsynthese höherorganisierter, vielzelliger Lebewesen aus Einzellern. Wir haben im Labor nicht soviel Experimentiermaterial und soviel Zeit, um zu Ergebnissen zu kommen. Das schließt aber nicht aus, daß man diese Vorgänge künftig noch besser zu verstehen lernt.

Viel Zeit, viel Material, viel Geduld. Daraus besteht der Zauberstab der Evolution. Abbildung 2.1 zeigt ihren Maßstab in Jahrmilliarden und Jahrmillionen der Vergangenheit. Was bedeutet diese unermeßliche Zeit für uns „Eintagsfliegen"? Wir bekommen andeutungsweise ein Gefühl für Ewigkeiten, wenn wir die Evolution auf ein Jahr zusammendrängen, 4 1/2 Milliarden Jahre schrumpfen auf *ein* Jahr zusammen *(Mossmann).*

Im April dieses Jahres bilden sich die ersten Spuren des Lebens, einzellige Prokaryonten. Im Mai wird die Photosynthese erfunden, welche die Sonnenenergie zum Aufbau von belebter Materie nutzt. Unzählige Bakteriengenerationen wandeln mit ihrem Stoffwechsel die Erdatmosphäre um, im August ist eine sauerstoffhaltige Atmosphäre geschaffen. Damit öffnen sich neue, leistungsfähige Wege der Energiegewinnung für lebende Organismen. Eukaryonten, also Zellen mit Kern, entstehen im September. Immer noch aber ist das Leben auf unserer Erde eine Gesellschaft der Einzeller. Mehrzeller und Vielzeller beginnen in den letzten Oktobertagen ihr Dasein. Ein deutliches Signal dafür, wie schwierig und kompliziert der Übergang zu höherwertigem Leben ist!

„... Was aber den vollschlanken Frauenarm angeht, so sollte man bei dieser Gliedmaße sich gegenwärtig halten, daß sie nichts anderes ist als der Krallenflügel des Urvogels und die Brustflosse des Fisches." So belehrt *Thomas Manns* Professor Kuckuck den jungen Marquis Venosta alias Felix Krull auf der Bahnfahrt nach Lissabon. Aber auch wenn Hund Karo uns sein „Pfötchen" gibt, können wir uns den vollschlanken Frauenarm „gegenwärtig halten": eine schlanke Mittelhand, ein schlanker Unterarm! Das danken wir unserem Urahn.

Der Urahn war ein plumper Lungenfisch. Er war seinen hochspezifischen Fischartgenossen, die sich pfeilschnell im Wasser bewegten, weit unterlegen. Als aber im Devon-Zeitalter vor etwa 350 Millionen Jahren viele Süßwasserseen austrockneten, konnte er als einziger der Lebensbedrohung entkommen und auf seinen Flossenstummeln mühsam zum nächsten Tümpel robben. Seine Ur-„Bauvorschrift" wurde in Abermillionen Generationen weitergegeben, modifiziert, aber nie vergessen. Schildkröte, Eidechse, Vogel, Fledermaus und natürlich auch der Mensch finden ihre Bildungsgesetze in diesem Vorfahren gegründet.

In unserem Evolutionsjahr schreiben wir Ende November, als jener Lungenfisch gezwungen wird, das schützende Wasser zu verlassen. Mitte Dezember haben sich die ersten Säugetiere entwikkelt. Erst am Silvestertag beginnt die Evolution, an der „Krone der Schöpfung" zu schmieden. Gegen 17 Uhr stapfen zwei Frühmenschen durch die frisch gefallene Vulkanasche auf der Laetolic-Ebene in Tansania - ihre Fußspuren hat man heute gefunden. Drei Stunden vor Mitternacht - vor 1,5 Millionen Jahren - entsteht „Homo erectus". Nun wird es Zeit, die Krone zu vollenden: 5 Minuten vor Mitternacht gelingt der „Neandertaler", kaum später betritt der Jetztmensch die Weltbühne. Der „Homo sapiens" ist geschaffen.

Das ist die Evolution der Organismen. Wie ist es mit der Evolution der Intelligenz bestellt? Wie hat sie zur Evolution der Organismen beigetragen - und umgekehrt? Welches sind die Ertüchtigungsmerkmale, die Meilensteine auf dem langen Weg zur Intelligenz?

Einer der ersten Schritte mußte es sein, zur Informationsverarbeitung geeignete Elementarbausteine zu schaffen. Ein solcher Baustein ist die Nervenzelle. Sie dient als Sonde, verknüpft mehrere Eingangsinformationen, leitet elektrische Signale weiter über größere Entfernungen. Sie wurde erfunden in den Bewohnern der archaischen Gewässer. Heute sind es Süßwasserpolypen, See-Anemonen, deren Urahnen einst Träger der ersten Nervenzellen wurden. Sie besitzen noch kein zentrales Nervensystem. Was dort geschieht, ist „dezentrale Informationsverarbeitung".

Dann entstanden Flachwürmer. Sie entwickelten einen Kopf und darin ein einfaches Kontrollzentrum. Es galt, die sensorischen Meldungen von Licht und Temperatur zu kombinieren. Umwelteinflüsse können wechseln. Lebenspendendes Licht kann zu tödlicher Hitze werden. Die starre Zuordnung von Bewegungsvorgängen zu einzelnen Außenreizen wirkt sich zum Schaden des Individuums und damit auch der Art aus. Die Evolution sinnt auf Abhilfe und setzt unterschiedliche Sensormeldungen zueinander in Beziehung.

Die Lebewesen sind nun nicht an feste Standorte gebunden oder der Willkür von Strömungen ausgesetzt. Sie können zum Futter streben, sie können fliehen. Ein Techniker, der ähnliches mit einem „künstlichen Käfer" realisieren will, muß bereits eine sehr komplexe - wir würden sagen: intelligente - Maschine bauen, die Außenreize auswerten und in Bewegungen umsetzen kann. Wenn verschiedenartige Außenreize sich ergänzen und in Kombination zu berücksichtigen sind - Lichtreiz etwa zusammen mit Temperatur -, dann lassen sich die Reaktionsmöglichkeiten des Lebewesens noch spezifischer an die verschiedenen Umweltbedingungen anpassen. Aber die Informationsverarbeitung „vor Ort", also dezentrale Informationsverarbeitung, erfordert ein schwieriges Verdrahtungsnetz, um die gegenseitigen Abhängigkeiten der Verarbeitungsstationen herzustellen. Die *Schaltzentrale* wird erfunden, das „zentrale Nervensystem", in dem logische Abhängigkeiten auf kurzem Weg realisiert werden können.

Die Fische sind es, die als erste ein „echtes" Gehirn entwickeln. Es gibt ein Vorderhirn, das für das „Schmecken" zuständig ist; das Mittelhirn wertet visuelle Eindrücke aus; das Hinterhirn sorgt für das Halten der Balance. Dann gehen Amphibien und Reptilien an Land, Gesicht und Gehör gewinnen an Bedeutung, dementsprechend wachsen Mittel- und Hinterhirn.

Aber die verhältnismäßig starre Kombination von Sinneseindrükken im Gehirn reicht nicht aus, um das Lebewesen an die rasch wechselnden Umweltbedingungen des Landaufenthaltes anzupassen. Die Evolution erfindet Erfahrungen auswertende Lebewesen. Bei den frühen Säugetieren wandert die Koordination der Sinne zum Vorderhirn, über dem sich zur Vergrößerung der Oberfläche eine Faltung entwickelt. - Was sind die technischen Merkmale des „Erfahrungen Auswertens"?

Erfahrungen müssen im zentralen Nervensystem *bewertet, gespeichert* und *wieder aufgerufen* werden. Das Lebewesen muß *lernen* können! Mit der Erfahrungs*bewertung* - gute oder schlechte Erfahrung - wird ein tatsächlich entscheidend wichtiger Meilenstein erreicht. Die *artspezifischen* Prinzipien „gut" und „schlecht" sind die Grundsteine auch zum Aufbau unserer menschlichen Wertsysteme.

Wenn der „künstliche Käfer" dies alles realisieren soll, wird er noch erheblich komplizierter. In den 60er Jahren liefen solche Käfer oder Mäuse in dem einen oder anderen Universitätslabor herum und lernten, sich durch ein Labyrinth zu bewegen.

Ein Aspekt, der uns später im „Bereich 1" noch beschäftigen wird, soll an dieser Stelle nicht unerwähnt bleiben. Man kann sich gut vorstellen - ohne auf schwierige Details einzugehen -, daß der Techniker seinem Kunstkäfer einen Mechanismus einbaut, der „spürt", wenn der Käfer eine Wand des Labyrinths berührt, und dann eine Änderung der Bewegungsrichtung vornimmt und als Erfahrung speichert. Der „Ehrgeiz" des Käfers besteht darin, nach dem Lernvorgang das Labyrinth zu passieren, ohne anzuecken.

„Spüren" und „Ehrgeiz" sind Begriffe aus der Erfahrungswelt des Menschen. Wenn sie im Zusammenhang mit technischen Einrichtungen wie dem „Kunstkäfer" verwendet werden, sollen sie Aufgabenstellung und Realisierung eines technischen Problems dem Nichttechniker plausibel machen. Kaum ein Mensch aber wird daran zweifeln, daß natürlich ein Kunstkäfer nichts „spürt" und auch keinen „Ehrgeiz" hat. Vielmehr sind diese Reaktionen und Triebmomente durch geeignete schaltungstechnische Maßnahmen „nachgeahmt" worden; uns uneingeweihten Zuschauern kommt es so vor, als hätte der Kunstkäfer Ehrgeiz, als könne er spüren.

Anders freilich bei uns Menschen: Wenn *ich* meine Hand auf die elektrische Herdplatte lege in der Annahme, sie sei kalt, und sie ist es tatsächlich nicht, so reagiere ich spontan durch Wegziehen der Hand und etliche Flüche an welche Adresse auch immer. Ich habe Schmerz *gespürt.* Wenn ich in Gesellschaft bin, so wird der eine oder andere der Zuschauer vielleicht sogar ob meines Mißgeschicks „schadenfroh" lachen. Jener schadenfrohe Mensch folgert aus meiner Reaktion, daß ich Schmerz gespürt habe.

Aber eigentlich kann er sich dessen gar nicht sicher sein. Er kann nur aus seiner eigenen Erfahrung auf meine vielleicht schmerzhafte Situation schließen. Vielleicht habe ich aber auch nur „schaltungstechnisch" konsequent durch Wegziehen und Aufschrei „funktioniert". Vielleicht habe ich gar keinen Schmerz *gespürt?* – Er kann es nicht wissen.

Umgekehrt: Wenn der Kunstkäfer durch „Zurückzucken" auf die Berührung der Labyrinthwand reagiert, weiß ich eigentlich nicht, ob er irgendetwas „gespürt" hat. Der Techniker kann dem Käfer eine vokale Reaktion „Aua" eingebaut haben. Hat der Käfer nun Schmerz *gespürt* oder nicht? Der Techniker grinst und schweigt. Ich finde keine Antwort.

Zurück zur Evolution. Was ist mit Bewertung und Speicherung von Situationen erreicht? Wenn das betreffende Lebewesen wieder in die gleiche oder eine ähnliche Situation gerät, wird der erfahrene Wert aufgerufen. Eine schlecht bewertete Situation kann dann übersprungen, eine gut bewertete wiederholt werden. (Wie das im einzelnen geschehen mag, wird später noch erläutert.)

Je mehr Erfahrungen gespeichert und wieder aufgerufen werden können, desto flexibler wird das Lebewesen auf die verschiedenen Umweltsituationen reagieren. Wir werden noch erkennen, daß die Nervenzelle als Elementarbaustein der Informationsverarbeitung auch die Speicherfähigkeit in sich trägt. Es ist plausibel, daß die Leistungsfähigkeit der Informationsverarbeitung (unter Einschluß der Informationsspeicherung) mit der Anzahl der verfügbaren Elementarbausteine wächst. Mit gewissen Einschränkungen läßt sich sagen: Je größer das Gehirn, je mehr Verarbeitungs- und Speicherbausteine verfügbar sind, desto größer werden auch die möglichen intellektuellen Leistungen sein.

Die Evolution arbeitete weiter an der Vervollkommnung des Hirns. Unsere Urahnen lebten in Bäumen, tummelten sich in den Ästen. Halsbrecherische Schwünge konnten gelingen durch fortschreitende Koordination von Auge und Hand. Dann kamen die Primaten: Aufrechter Gang ließ die Hand für viele Aufgaben frei werden, die Lage des Daumens erlaubte das „Greifen“ als Vorbedingung für zahlreiche anspruchsvolle, den Intellekt fordernde Handlungen. Die Artikulationsfähigkeit wuchs, im Gleichlauf damit erweiterten sich Speichermöglichkeiten im Gehirn, die Bildung abstrakter Begriffe wurde möglich.

Parallel dazu entwickelte sich das „Rudel“ zur „Sippe“. Nicht allein rohe Kraft, sondern auch Weisheit wurden Kriterien der Hierarchie, ohne die Gesellschaften (offenbar) nicht existieren können. Es entstand der „Homo sapiens“. Weise und klug. Das mag uns übertrieben erscheinen. Aber was ist das Besondere? - Der Mensch hat gelernt, exzessiv mit *Information* umzugehen! Er hat die Möglichkeit der Abstraktion. Er kann beliebige Weltinhalte durch Symbole erklären und neue Symbole definieren. Der Mensch plant sein Leben, weil er symbolisch die Zukunft vorwegzunehmen versteht. Wenn auch nur in den von ihm, von seiner Intelligenz erreichbaren Dimensionen. Er setzt vorhersehbare künftige Situationen zueinander in Beziehung, weil er sie „gedanklich“ durchspielen kann. Und dies wiederum ist nur deshalb möglich, weil er so zahlreiche Weltinhalte durch Sprache und Schrift erklärt hat. Und dies schließlich resultiert aus der evolutionär entwickelten Artikulationsvielfalt und Fingerfertigkeit zur Beherrschung von Sprache und Schrift.

Das geschriebene Wort, die Schrift, erlaubte das Aufsetzen neuer Generationen auf dem *Wissen* vorangegangener Generationen. Das gedruckte Wort, die „Auflage“, verbreitete Wissen über den Kreis weniger Privilegierter hinaus. Sind wir nun eine „wissende Gesellschaft“ geworden? Sind wir eine „weise Gesellschaft“ geworden? Ein „Ebenbild Gottes“?

„Im Anfang war das Wort, und das Wort war Gott, und Gott war das Wort.“ (Joh. 1.1,1). Das Wort steht nicht für sich allein, sondern es ist die Abstraktion der Dinge, der geistige Inhalt unserer Welt. Auch Gesetze sind dieser Inhalt - Gesetze, die die Welt entstehen ließen und die Planeten um unsere Sonne kreisen lassen. Information ist dieser Inhalt - Information, die logischen Gesetzen gehorcht. Informationsverarbeitung ist nicht die kranke Blüte einer übertechnisierten Gesellschaft, sondern sie gehört ursächlich in unsere Schöpfung hinein. Werden wir aus dem Umgang mit unbestechlicher Information lernen? Werden wir zu Erkenntnis und Weisheit finden?

Es ist wohl noch ein weiter Weg zum „Ebenbild Gottes“!

▶

Abb. 2.1. Darstellung der geologischen Zeitskala in mehreren Maßstäben. Ganz oben in Milliarden Jahren die Zeitspanne von der Entstehung der Erde vor rund 4,6 Milliarden Jahren bis heute. Darunter der Abschnitt vom Beginn des Kambriums bis zur Gegenwart, in dem Fossilien die weite Verbreitung von Lebewesen belegen. Der farbige Teil einer Linie ist jeweils der Zeitabschnitt, den die nächste Linie vergrößert darstellt. Die drei breiten Pfeile (ganz oben) kennzeichnen drei Stadien der irdischen Evolution. Das Leben beginnt vor etwa 3,5 Milliarden Jahren mit dem Auftreten der ersten lebenden Zellen, von denen wir Kenntnis haben.
(© Spektrum der Wissenschaft/Nachzeichnung)

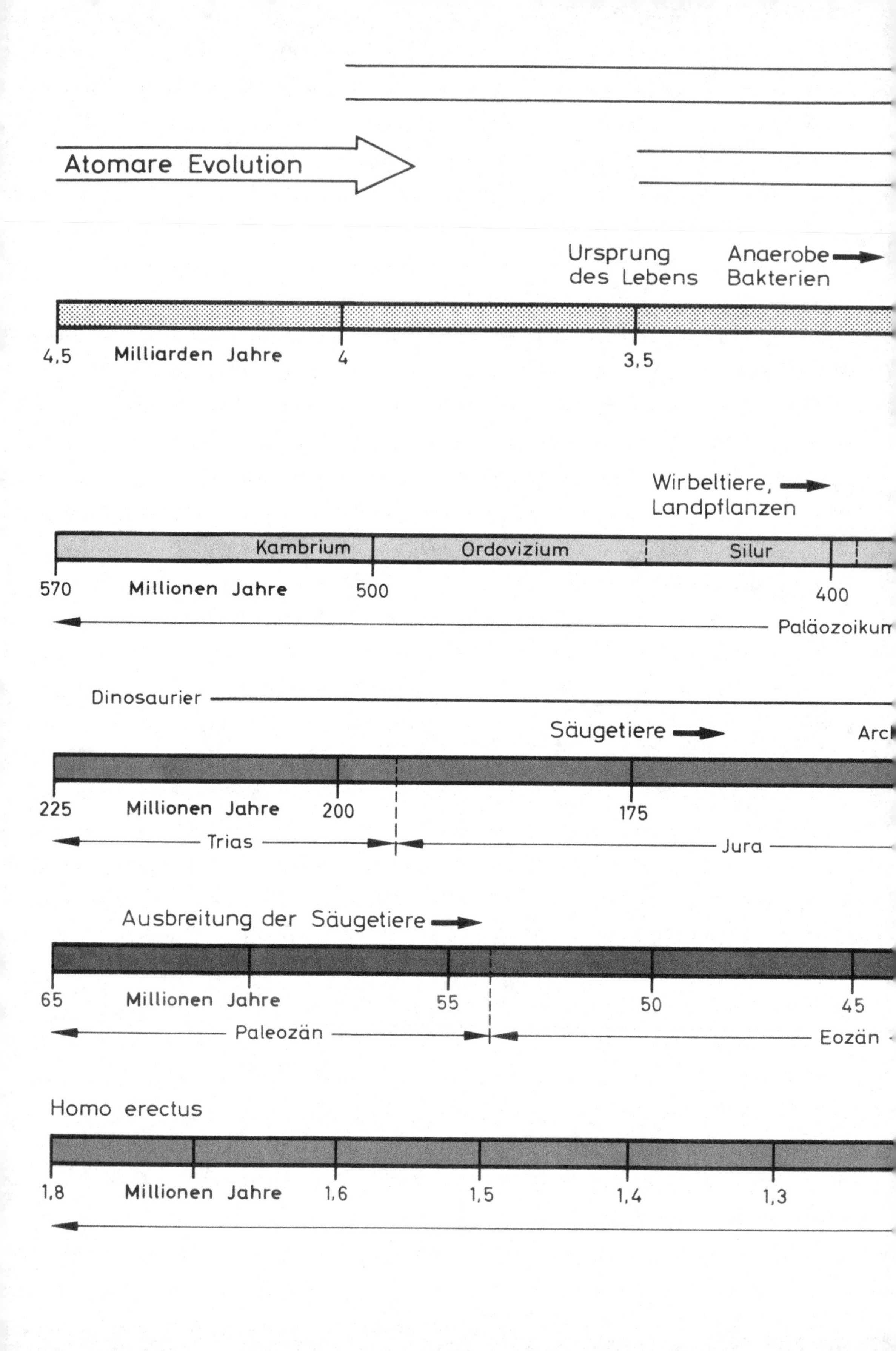

Atomare Evolution
Ursprung des Lebens
Anaerobe Bakterien
4,5
Milliarden Jahre
4
3,5
Wirbeltiere, Landpflanzen
Kambrium
Ordovizium
Silur
570
Millionen Jahre
500
400
Paläozoikum
Dinosaurier
Säugetiere
225
Millionen Jahre
200
175
Trias
Jura
Ausbreitung der Säugetiere
65
Millionen Jahre
55
50
45
Paleozän
Eozän
Homo erectus
1,8
Millionen Jahre
1,6
1,5
1,4
1,3

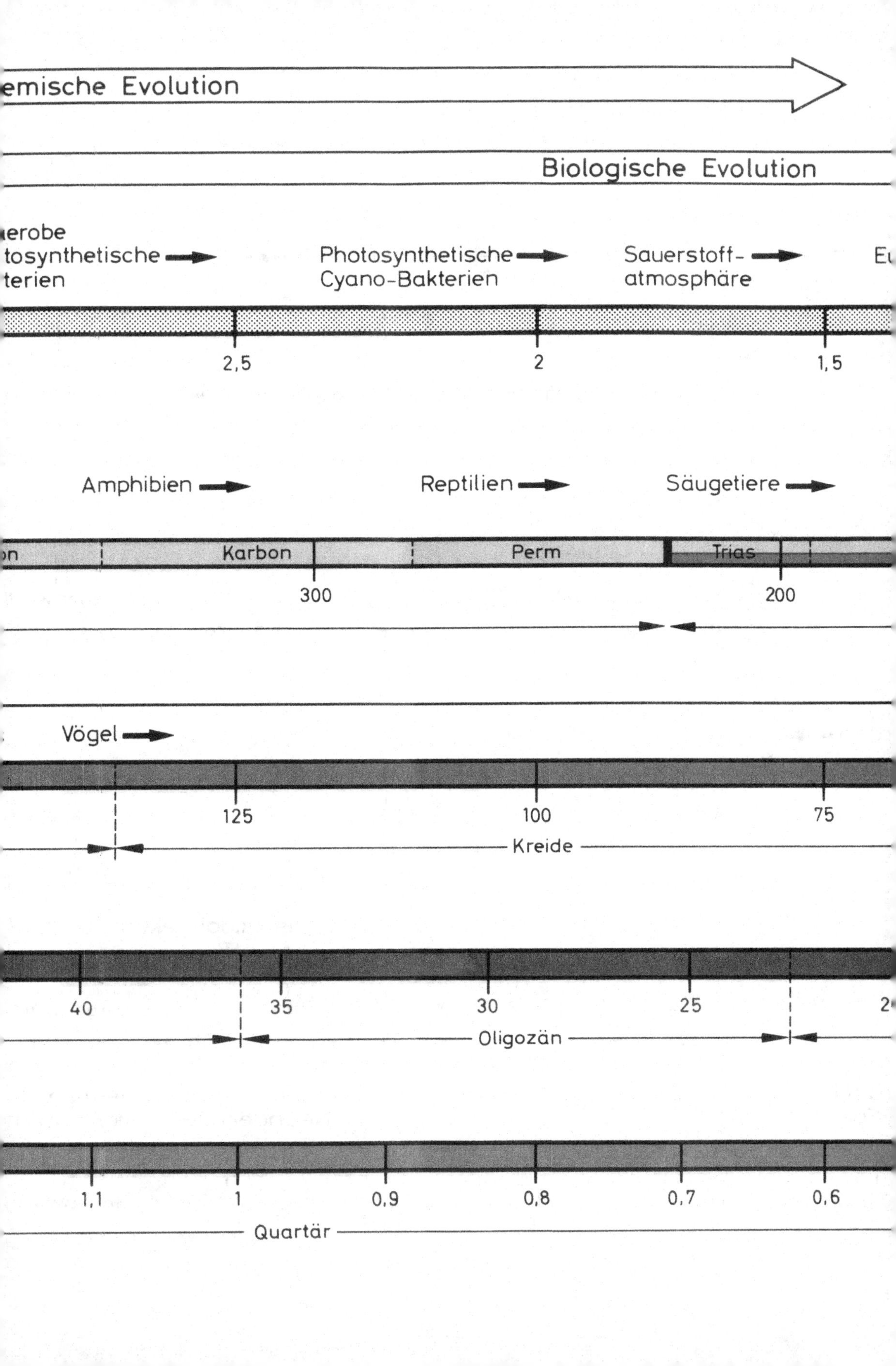

emische Evolution
Biologische Evolution
ıerobe
tosynthetische
terien
Photosynthetische
Cyano-Bakterien
Sauerstoff-
atmosphäre
2,5
2
1,5
Amphibien
Reptilien
Säugetiere
Karbon
Perm
Trias
300
200
Vögel
125
100
75
Kreide
40
35
30
25
Oligozän
1,1
1
0,9
0,8
0,7
0,6
Quartär

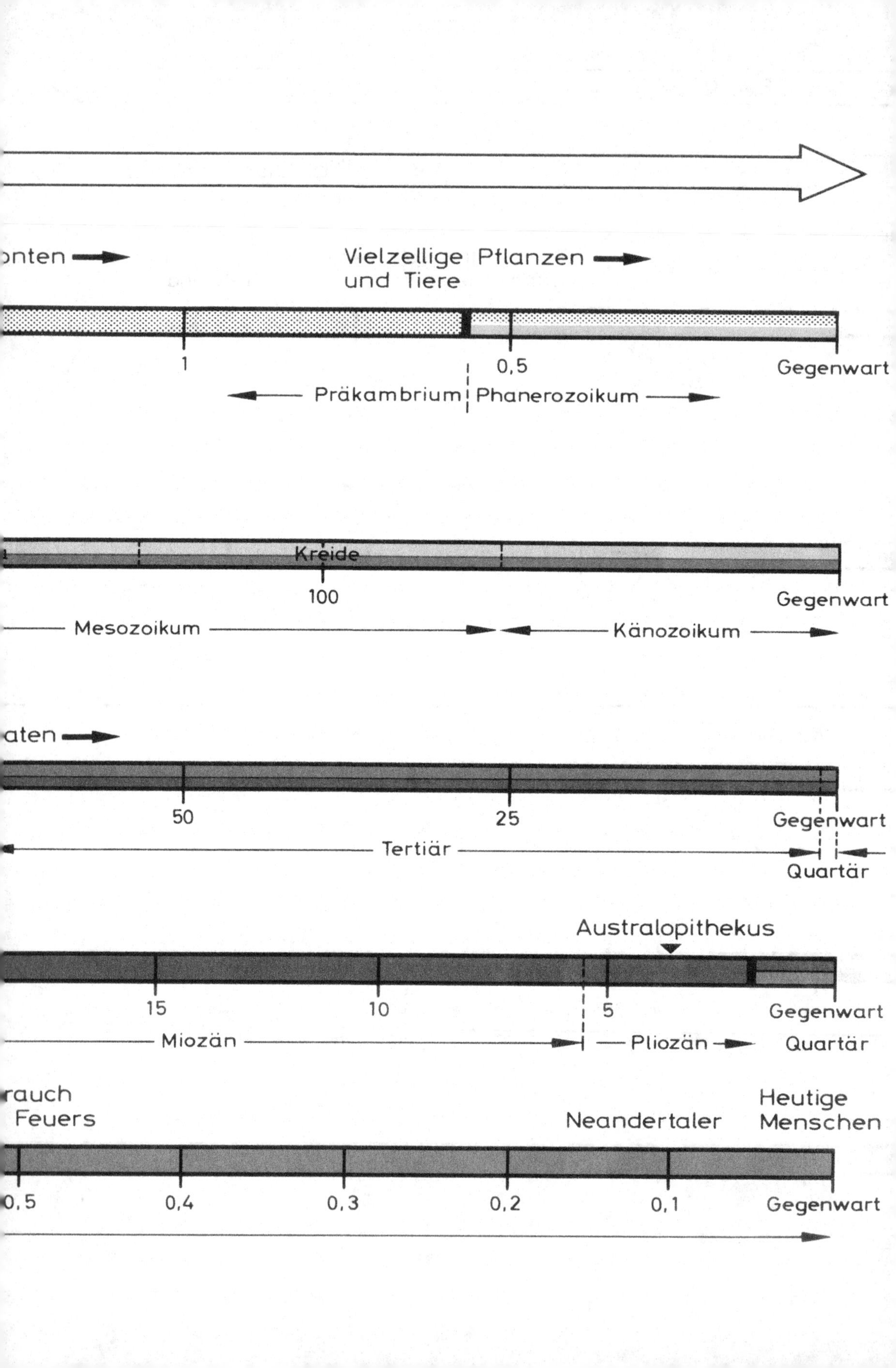

ɔnten
Vielzellige Pflanzen und Tiere
1
0,5
Gegenwart
Präkambrium
Phanerozoikum
Kreide
100
Gegenwart
Mesozoikum
Känozoikum
ɑten
50
25
Gegenwart
Tertiär
Quartär
Australopithekus
15
10
5
Gegenwart
Miozän
Pliozän
Quartär
ɾauch Feuers
Neandertaler
Heutige Menschen
0,5
0,4
0,3
0,2
0,1
Gegenwart

2.2 Baustein des Gehirns: Die Nervenzelle

Abschirmung beginnenden Lebens durch *Membrane,* Prokaryonten, Eukaryonten, die Schritte vom Einzeller zum Vielzeller, Spezialisierung der Zellen in höherorganisierten Lebewesen - das ist der Weg der Evolution. Die Zellen sind auf dieser Stufe allein nicht mehr lebensfähig, sie sind auf Zusammenarbeit angewiesen. Stirbt ein Zellkomplex, so reißt er alle anderen mit in den Tod. Eine hochkomplexe Miniaturgesellschaft!

Teil dieser Gesellschaft sind die Nervenzellen oder *Neurone.* Sie sind nach denselben Prinzipien gebaut und leben nach denselben Prinzipien wie andere Zellen, aber was ist anders? - Sie sehen anders aus, ihre Membrane haben spezifische Eigenschaften, welche die Weiterleitung elektrischer Signale ermöglichen, und sie sind nicht unmittelbar untereinander verbunden, sondern durch schmale Spalte, sog. *Synapsen,* voneinander getrennt. Nach Abschluß der embryonalen Entwicklung teilen sich diese Zellen nicht mehr. Das Lebewesen muß mit dem bis zur Geburt entstandenen Zellvorrat ein Leben lang ausreichen. Beim Menschen sind dies im Gehirn 10 Milliarden oder 100 Milliarden oder noch mehr Neurone, ganz genau weiß man dies offenbar noch nicht (unterschiedliche Angaben bei unterschiedlichen Autoren). Ein Leben lang sterben ständig Neurone aus diesem Vorrat. Angenommen, es sind dies täglich zehntausend Zellen, so gehen im Laufe des Lebens 1% oder weniger Neurone verloren. Tatsächlich können auch größere Verluste ohne merkbare Beeinträchtigung der Fähigkeiten eintreten.

Neurone sind jedoch nicht die einzigen Zellen in unserem Gehirn. Außer ihnen gibt es noch die sog. Gliazellen. Sie sind noch zahlreicher als die Neurone und füllen die Zwischenräume zwischen den Neuronen aus. Sie sind für verschiedene Funktionen zuständig, welche noch nicht alle aufgeklärt werden konnten. Zum einen handelt es sich um ein Stützgewebe für die Neurone, zum anderen sind sie an der Bildung von Myelinscheiden (Markscheiden) der Neurone beteiligt, schließlich sorgen sie mit für die Errichtung der sog. „Blut-Hirn-Schranke", die schädliche Stoffe, welche die empfindlichen Neurone schädigen könnten, aus dem versorgenden Blut abfängt. Übrigens zählt das Gehirn zu den größten Energieverbrauchern im Körper. Daraus resultiert ein hoher Sauerstoffbedarf und damit eine starke Durchblutung des Gehirns. Die meisten Neurone sind weniger als 50 μm von der nächsten versorgenden Kapillare entfernt. Wird die Sauerstoffversorgung länger als 10 s unterbrochen, so tritt bereits Bewußtlosigkeit ein, nach 8 bis 12 min ist das Gehirn meist irreversibel geschädigt.

Nervenzellen ähneln in ihrer Individualität uns Menschen. Es gibt keine zwei Zellen, die sich absolut gleichen. Dabei sind verschiedene Zelltypen (im Großhirn z. B. Sternzellen, Pyramidenzellen) zu unterscheiden, die jedoch im Prinzip denselben Aufbau haben. Jede Zelle weist einen Zellkörper (Soma) mit Zellkern (Nucleus), viele Dendriten und eine Nervenfaser (Axon oder Neurit) auf, wie das

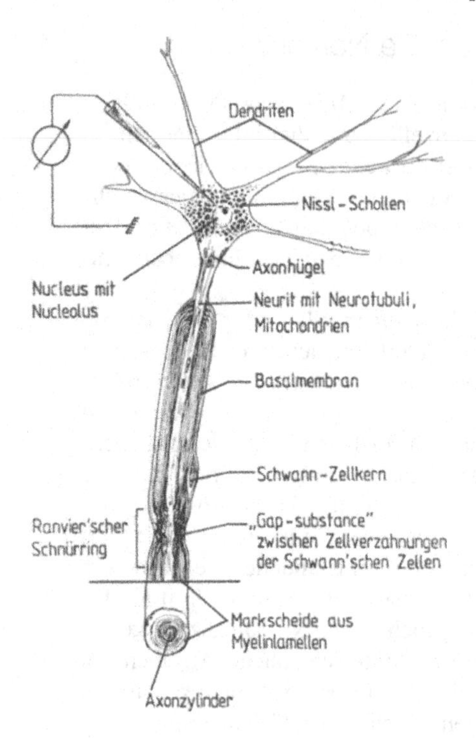

Abb. 2.2. Schematische Zeichnung einer multipolaren Nervenzelle mit Dendriten, Neurit, Axonkegel und Myelinscheide einschließlich Ranvierschem Schnürring. (Aus: Steinhausen)

Beispiel Abbildung 2.2 zeigt. Der Zellkörper mit einem Durchmesser zwischen 5 und 100 μm enthält eine „chemische Fabrik". Sie sorgt für die Energiegewinnung durch Oxidation von Nährstoffen und für die Erzeugung von Eiweißstoffen (Proteinen), die für die Funktion der Zelle notwendig sind. Die Pläne für die Erzeugnisse der Fabrik sind in der DNS (Desoxyribonukleinsäure) des Zellkerns (Nucleus mit Kernkörperchen Nucleolus) niedergelegt, während die Nissl-Schollen an der Proteinsynthese beteiligt sind.

Im Axonhügel entspringt die Nervenfaser, die bis in die Peripherie hinein Meterlänge erreichen kann. Ihr Durchmesser liegt zwischen 1 und 16 μm. Im allgemeinen ist sie im Gehirn von einer isolierenden Markscheide umgeben. Neurotubuli sind röhrenförmige, von Proteinen gebildete Fasern, die parallel zur Längsrichtung der Nervenfaser verlaufen. In den Mitochondrien findet der Stoffwechsel statt, der die Energie für einen „Materialtransport" durch die Nervenfaser liefert. Ranviersche Schnürringe sind Einschnürungen in der Markscheide im Abstand von 2 bis 3 mm, die in noch zu erläuternder Weise an der Weiterleitung elektrischer Signale beteiligt sind.

Die Dendriten oben in Abbildung 2.2 strecken sich den axonalen Verzweigungen vorhergehender Neurone entgegen, um mit ihnen synaptische Verbindungen einzugehen. Dies wird später noch vertieft. Eine wesentliche Rolle für die Funktion der Zelle spielt die das Zellinnere umschließende Membran (Abb. 2.3). Sie ist etwa 5 nm (Millionstel Millimeter) dick und besteht aus einer Doppelschicht fettartiger Moleküle (Phospholipide), deren wasserlösliche Enden an

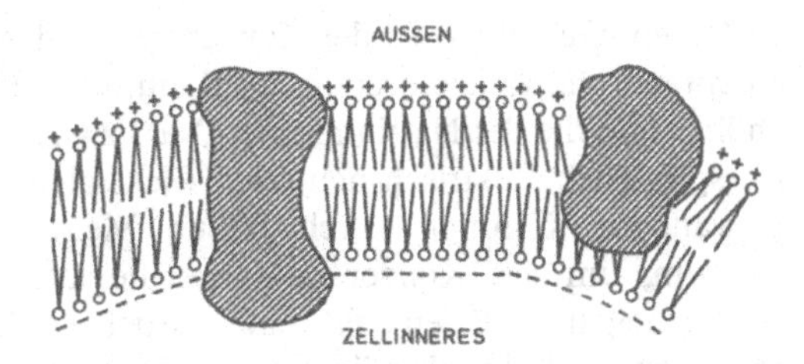

Abb. 2.3. Schematische Zeichnung der zellulären doppelschichtigen Phospholipidmembran mit eingelagerten Proteinen (gestrichelt). (Aus: Steinhausen)

die inneren und äußeren Flüssigkeitsräume der Zelle grenzen. In die Membran eingelagert sind Proteine, welche z. T. die ganze Membran durchdringen, z. T. aber auch nur in sie hineinreichen. Die Membran kann von fettlöslichen Substanzen durchquert werden, während Wasser, wasserlösliche Substanzen und insbesondere elektrolytische Ionen auf die Proteine als Passagewege angewiesen sind. Die Proteine bilden „Kanäle“, die entweder durch elektrische Potentiale oder durch chemische Substanzen für Ionen geöffnet bzw. geschlossen werden. Dies hat u. a. wesentliche Bedeutung für die Weiterleitung *elektrischer Signale* über *Axone.* Dort treten elektrisch gesteuerte Kanäle mit einer Dichte von bis zu 1000 pro Quadratmikrometer (μm^2) auf.

Lange bevor der Mensch komplizierte Automaten (z. B. Computer) erfand, in denen *elektrische* Signale weitergeleitet und miteinander verknüpft werden, hat sich die Natur im zentralen Nervensystem (ZNS) dieses leistungsfähigen Prinzips bedient. Dabei stellen Nervenfasern gewissermaßen die „Drähte“ dar, über die die elektrischen Signale übermittelt werden. Der Mensch verwendet in seinen Automaten Drähte aus gut leitendem Material (z. B. Kupfer), wodurch ein verlustarmer Signaltransport möglich ist. Nervenfasern haben dagegen einen hohen spezifischen Widerstand, so daß elektrische Signale bereits nach wenigen Millimetern Entfernung bis zum Verschwinden gedämpft werden. Die Natur mußte also andere Prinzipien des Signaltransports erfinden. Sie bedient sich osmotisch-elektrischer Ausgleichsvorgänge.

Im „Ruhezustand“ wird innerhalb der Zelle (intrazellulär) eine wesentlich andere Ionenkonzentration als außerhalb der Zelle auf-

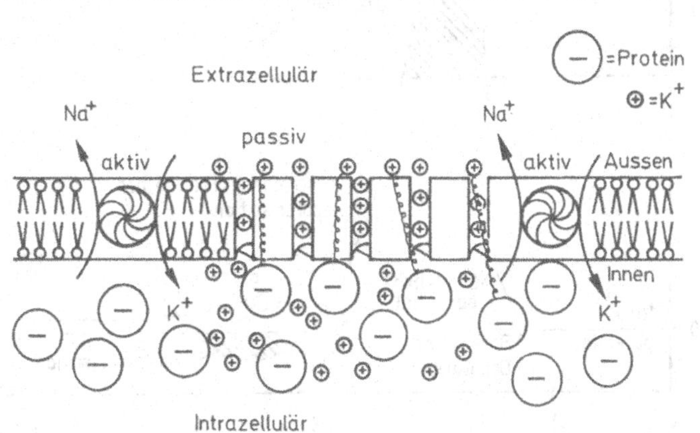

Abb. 2.4. Schematische Zeichnung zur Erklärung des negativen Ruhemembranpotentials. (Aus: Steinhausen)

rechterhalten. Gemessen an der Konzentration des Außenraums ist im Innenraum die Konzentration der Kaliumionen (K^+) fast vierzigfach höher und die der Natriumionen (Na^+) zwölfmal niedriger. Aus dem ursprünglich elektrisch neutralen Elektrolyten im Inneren der Zelle wandern K^+-Ionen durch offene Membrankanäle in den Außenraum, um das Konzentrationsgefälle auszugleichen. Dabei lassen sie negativ geladene Proteine zurück (Abb. 2.4), die nicht durch die engen Kaliumkanäle passen. Es stellt sich ein Gleichgewichtszustand ein, bei dem ein negatives Potential von etwa −80 mV im Inneren der Zelle einen weiteren Verlust von K^+-Ionen verhindert. Man spricht vom *Ruhepotential* der Zelle, die Zelle ist *polarisiert.*

Nun können *depolarisierende* Reize auftreten, z. B. von einer Synapse herrührend (wird später noch erläutert). Wenn die Reize eine gewisse Schwelle überschreiten (Abb. 2.5), so öffnen sich spannungsgesteuert Kanäle, welche Natriumionen (Na^+) durchlassen. Daraufhin strömen Na^+-Ionen in das Zellinnere ein, um das Na^+-Konzentrationsgefälle auszugleichen. Dadurch wird der negative Ladungsüberschuß abgebaut, wodurch sich die Durchlässigkeit der Membran für Na^+-Ionen weiter erhöht. Es kommt zu einem positiven Impuls, der sogar die Nullinie überschießt. Nach kurzer Zeit schließt der Natriumkanal wieder, die *Repolarisation* beginnt. Sie wird veranlaßt durch einen erhöhten Ausstrom von K^+-Ionen, die nun zunächst ohne negative Vorspannung allein dem Konzentrationsgefälle folgen können, bis sich wieder ein „bremsendes" negatives Potential im Inneren der Zelle aufgebaut hat. Dabei kann es zu einem Überschießen des negativen Ruhepotentials kommen (Hyperpolarisation). Nun müssen Na^+-Ionen aus der Zelle herausgeschafft werden, um das für den Ruhezustand notwendige Konzentrationsgefälle wiederherzustellen. Hierfür sorgt eine energieverbrauchende *Natriumpumpe*

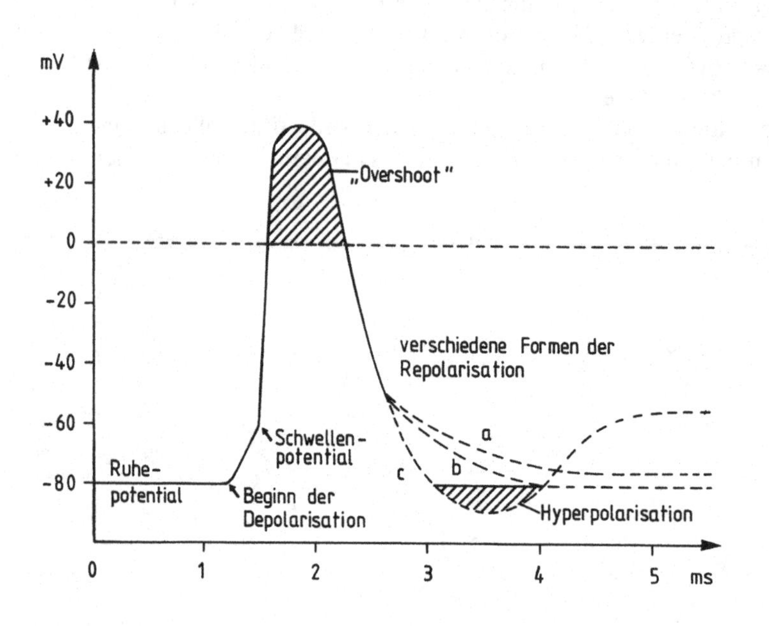

Abb. 2.5. Schematische Zeichnung des Aktionspotentials mit verschiedenen Formen der Repolarisation. Das Aktionspotential mit der Variante a ist typisch für eine Skelettmuskelfaser, jedoch ist das Aktionspotential am Skelettmuskel insgesamt um den Faktor 5 langsamer. Die Variante b ist typisch für das Aktionspotential eines Axons, während die Variante c typisch für das Soma einer Nervenzelle ist. (Aus: Steinhausen)

(Abb. 2.4), deren hypothetische Funktionsweise hier nicht näher erörtert werden soll. Dies erfordert einige Millisekunden Zeit (Refraktärzeit). Erst danach kann erneut ein überschwelliger Reiz den Depolarisationsvorgang in voller Größe einleiten. Zuvor - etwa nach 1 ms - lassen sich bereits Depolarisationen geringerer Amplitude erreichen.

Als „Reiz" für den Beginn der Depolarisation in einem begrenzten Zellbereich (z. B. in einem Axonabschnitt) kann übrigens die Depolarisation (das Einströmen von Na^+-Ionen) in einem Nachbarbereich dienen. Somit lassen sich also Aktionspotentiale in einem Axon von Position zu Position weitergeben, wobei der „Refraktärzeit-Effekt" dafür sorgt, daß die Ausbreitungsrichtung einseitig vom Ursprung weg gerichtet ist. Ein „Nachfolger" wird vom „Vorgänger" also gewissermaßen „angesteckt" und bleibt anschließend für gewisse Zeit „immun". Interessant ist, daß die Ausbreitung infolge der geschilderten osmotisch-elektrischen Abläufe praktisch „verlustlos" geschieht, d. h. es treten im Sinne der Informationstechnik keine Dämpfungen der Signale auf. Abgesehen von unbedeutenden Ausnahmen wird für alle Aktionspotentiale das „Alles-oder-Nichts-Gesetz" wirksam: Unterschwellige Reize führen zu keinem, überschwellige Reize zu vollem Aktionspotential. Die Informationstechnik spricht in diesem Fall von der Bildung „binärer Signale" mit den beiden Zuständen „Signal vorhanden" und „Signal nicht vorhanden".

Für die Ausbreitungsgeschwindigkeit der Aktionspotentiale sind die Eigenschaften des jeweiligen Axons maßgeblich. In dünnen Nervenfasern ohne Markscheiden-Isolierung geschieht die Weitergabe der Aktionspotentiale relativ langsam mit bis zu 2 m/s (ca. 7 km/h). Die höchsten Ausbreitungsgeschwindigkeiten werden in myelinisolierten Fasern mit Ranvierschen Schnürringen erzielt. Dort springt das Aktionspotential („saltatorisch") von Schnürring zu Schnürring mit einer Geschwindigkeit bis zu 120 m/s (über 400 km/h). Dabei wird der auslösende „Reiz" innerhalb der Faser von Schnürring zu Schnürring „elektrotonisch" weitergegeben, also als elektrisches Signal über die (schlechten) elektrischen Leitungseigenschaften der Faser. Deshalb müssen die Schnürringe auch in einem Abstand von 2–3 mm angebracht sein, damit ein noch ausreichender (überschwelliger) Reiz vom vorhergehenden Aktionspotential aufgenommen werden kann.

Wir haben gesehen, wie die Erzeugung von Aktionspotentialen gewissermaßen als „Ansteckungsprozeß" fortschreitet. Es fehlt jedoch noch die Erläuterung der „Initialzündung". Hierfür sind die *Synapsen* verantwortlich, von denen eine *chemische Steuerung* der Ionenkanäle in der Zellmembran ausgeht. Synapsen sind also in der Lage, auf chemischem Weg das Einströmen von Na^+-Ionen und damit den „Zündvorgang" in der Zelle zu veranlassen. Umgekehrt können sie auch einen erhöhten Ausstrom von K^+-Ionen zur Unterdrückung eines Zündvorgangs bewirken.

Synapsen sind Trennstellen zwischen vorhergehenden und nachfolgenden Neuronen, wobei hier nur die weit verbreiteten *chemischen* Synapsen interessieren. (Es gibt vereinzelt auch *elektrische* Synapsen,

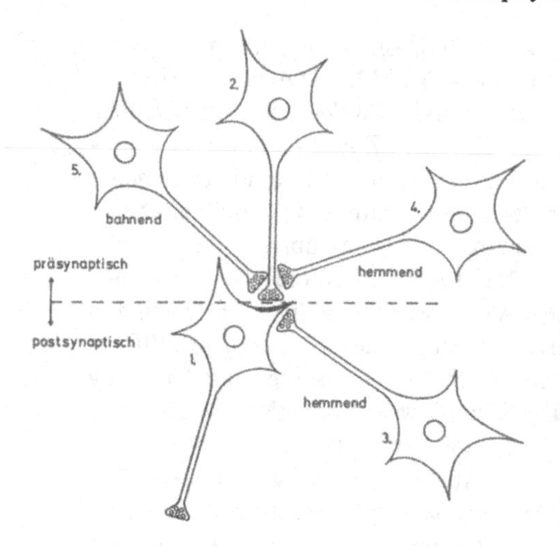

Abb. 2.6. Schematische Zeichnung prä- und postsynaptisch hemmender und bahnender Synapsen. (Aus: Steinhausen)

die elektrische Signale als solche über einen nur ca. 2 nm breiten Spalt weitergeben. Dagegen sind chemische Synapsen 20 bis 50 nm breit.) Man unterscheidet Synapsen nach ihrer Lage und ihrer Wirkung. Axodendritische Synapsen setzen auf Dendriten, axosomatische Synapsen auf dem Zellkörper des nachfolgenden Neurons auf. Axoaxonische Synapsen beeinflussen ihrerseits Synapsen (Abb. 2.6). Die Wirkung der Synapsen kann entweder erregend, also einen Zündvorgang unterstützend, oder hemmend, also einen Zündvorgang hindernd, sein. In Abbildung 2.6 wirken die Synapsen der Neurone 2 und 3 unmittelbar auf das Neuron 1 ein, während die Synapsen der Neurone 4 und 5 die Wirkung der Synapse des Neurons 2 unterstützen oder abschwächen.

Abbildung 2.7 zeigt eine Synapse im Detail. Der synaptische Spalt trennt den präsynaptischen, zur vorhergehenden Zelle gehörenden Teil (Pol) vom postsynaptischen, zur nachfolgenden Zelle gehörenden Teil. Etwa 1000 kleine Bläschen, *Vesikel* genannt, enthalten etwa je 10 000 Moleküle einer *Transmitter*substanz. (Meist wird von einer Zelle nur *eine* bestimmte Transmittersubstanz synthetisiert.) Wenn ein Aktionspotential die Synapse erreicht, verschmelzen einige der Bläschen mit der präsynaptischen Membran und entleeren ihren

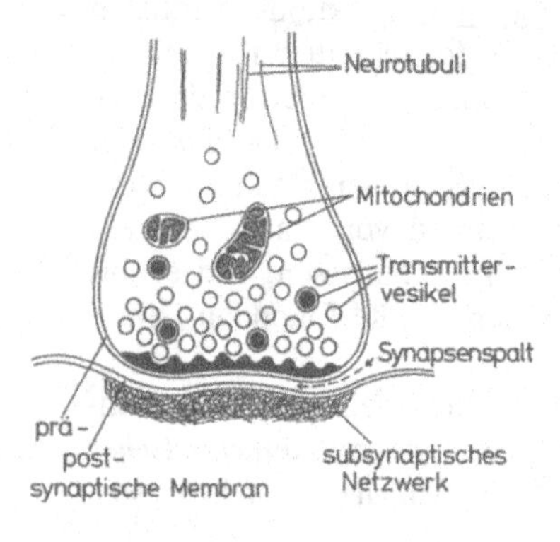

Abb. 2.7. Allgemeines Schema einer chemischen Synapse mit prä- und postsynaptischem Pol. Charakteristisch für diese Synapse ist das Vorhandensein von Transmittervesikeln im präsynaptischen Pol. (Aus: Forssmann, Heym)

Inhalt in den synaptischen Spalt. Anschließend werden die Bläschen wieder aus der Membran herausgelöst und erneut mit Transmittersubstanz gefüllt.

Die freigesetzten Transmittermoleküle diffundieren in etwa 0,1 ms durch den synaptischen Spalt und beeinflussen chemisch die Kanäle der postsynaptischen Membran. Danach werden sie rasch inaktiviert. Es gibt erregende (bahnende) und hemmende Transmittersubstanzen, die den Na^{+}-Einstrom bzw. den K^{+}-Ausstrom steuern. Darüber hinaus spielen weitere Substanzen wie Ca^{++}- und Cl^{-}-Ionen eine Rolle, auf die hier nicht eingegangen werden soll und die teilweise auch noch nicht geklärt ist. Erregende Synapsen erzeugen auf diese Weise in der Zelle ein erregendes postsynaptisches Potential (EPSP), hemmende Synapsen ein inhibierendes postsynaptisches Potential (IPSP). Bei gleichzeitiger oder etwa gleichzeitiger Einwirkung überlagern sich EPSP und IPSP. Wird dabei das Schwellenpotential (Abb. 2.5) überschritten, so entsteht (im allgemeinen im Axonhügel, Abb. 2.2) ein Aktionspotential, das in der bereits beschriebenen Weise über das Axon weitergeleitet wird. Neurone werden im allgemeinen von vielen tausend Synapsen beschickt, so daß die Aktivitäten zahlreicher Vorgängerneurone resultierend im Nachfolgeneuron durch Aktivität oder Nicht-Aktivität bewertet werden können.

Die Zahl der erregenden und hemmenden Transmittersubstanzen ist nicht gering. Auf diese Substanzen einzugehen soll hier nicht der Platz sein. Jedoch ist interessant, daß Psychopharmaka, Drogen und einige Gifte synaptische Wirkungen ausüben. Hemmende Einflüsse reichen von der Dämpfung von Erregungszuständen bis zur Lähmung, erregende Einflüsse von der Euphorie bis zu Krämpfen. Als Besonderheit sei erwähnt, daß das EPSP nicht allein durch die Aktivität *mehrerer* gleichzeitig wirksamer erregender Synapsen verstärkt wird („räumliche Summation"), sondern daß derselbe Effekt auch durch kurz aufeinanderfolgende Aktivitäten ein und derselben Synapse zu erzielen ist („zeitliche Summation"). In die Bewertung der bei einem Neuron ankommenden Signale geht also auch deren Frequenz ein. Das ist von Bedeutung, weil die *Stärke* von Sinnesreizen im allgemeinen auf die Aktionspotential-Sendefrequenz abgebildet wird: Nervenzellen, die auf die Aufnahme physikalischer Reize spezialisiert sind, heißen *Rezeptoren.* Im Soma dieser Zellen wird beim Reiz ein *Rezeptorpotential* aufgebaut, dessen Höhe von der Stärke des Sinnesreizes abhängig ist. Dieses Potential wirkt auf die Erzeugung von Aktionspotentialen im Axonhügel und deren Frequenz ein. An Dehnungsrezeptoren des Krebsmuskels hat man die Verhältnisse näher untersucht. Es ergibt sich dort ein *linearer* Zusammenhang zwischen Dehnung, Rezeptorpotential und Frequenz des Aktionspotentials. Bei Dehnung des Muskels auf das 1,4fache steigt das Rezeptorpotential von Null auf etwa 18 mV und die Aktionspotentialfrequenz von Null auf etwa 30 Impulse/s.

Axone dienen nicht nur als „Drähte" zum Fortleiten von Aktionspotentialen, sondern die Natur hat sie gleichzeitig auch als Transportsystem für die Erzeugnisse der „Somafabrik" ausgenützt. So werden Vesikel mit Transmittersubstanz oder auch Mitochondrien, die im Soma synthetisiert wurden, zu den Synapsen transportiert, während umgekehrt im „Recycling“ verbrauchtes Material zum Soma zur „Wiederaufarbeitung“ zurückgeschickt wird (retrograder Transport). Am Transportmechanismus sind vermutlich die erwähnten Neurotubuli (Abb. 2.2) beteiligt. Die Transportgeschwindigkeiten sind materialabhängig sehr unterschiedlich, sie reichen von wenigen Millimetern bis zu einigen zehn (oder sogar hundert) Millimetern pro Tag. Übrigens ist der retrograde Transport auch verantwortlich für das Eindringen von Viren und Giftstoffen in das Gehirn! Darüber hinaus ist vorstellbar, daß über diesen Transportmodus auch „chemische Signale“ über das Geschehen in der Synapsenregion an den Zellkörper (an die „Fabrik“!) zurückgemeldet werden.

Dies führt zu der heute noch nicht eindeutig zu beantwortenden Frage nach den Ursachen unseres Gedächtnisses. Aus informationstechnischer Sicht wird hierauf in Abschnitt 4.2 eingegangen. Schon in den 50er Jahren formulierten *J. O. Hebb* und *J. C. Eccles* Gedächtnishypothesen, die von elektrophysiologischen Veränderungen in den Synapsen *aufgrund des Gebrauchs* ausgingen. Anlaß dafür war die Beobachtung, daß nach einer Reihe unterschwelliger Reize eine Synapse bei erneutem Reiz eine stärkere Muskelzuckung veranlaßt als zuvor (posttetanische Potenzierung). Die „Potenz“ der Synapse wurde durch den Vorgebrauch also offenbar erhöht. - Andere Wissenschaftler postulierten biochemische Veränderungen im Nervengewebe. So sollten in der Nervenzelle spezifische „Erinnerungs-Eiweiße“ gebildet werden *(Monné)*. Der schwedische Forscher *Hydén* nahm die Ribonukleinsäure (RNS) des Zellkerns mit ihrem großen Speicherinhalt als „Gedächtnismolekül“ an. Experimentell festgestellte Änderungen in der Basenzusammensetzung der RNS-Moleküle wurden als Ausprägung spezifischer Gedächtnisinhalte interpretiert. Bald stellte sich jedoch heraus, daß es sich bei diesen Änderungen um unspezifische Stoffwechselprozesse handelte. 1970 gab es sensationelle Berichte über die Übertragbarkeit von Gedächtnisinhalten. *G. Ungar* extrahierte bestimmte Eiweißmoleküle aus zerkleinertem Hirngewebe von Ratten, denen „Angst vor Dunkelheit“ antrainiert worden war. Diesen Extrakt spritzte er untrainierten Ratten ein, die daraufhin ebenfalls Dunkelangst zeigten. Allerdings ließen sich Ungars Versuchsergebnisse bisher nicht reproduzieren.

Seit 1970 wird von namhaften Neurophysiologen und Biochemikern eine „Bahnungshypothese“ diskutiert. Demnach soll der Durchlauf von Aktionspotentialen durch das neuronale Netz in den durchlaufenen Synapsen zu molekularen Umbauprozessen führen, die einen erneuten Durchlauf erleichtern *(facilitation)*. *H. Rahmann* hat hierzu eine Hypothese ausgearbeitet und durch Experimente plausibel untermauert [2.1]. Wesentlich ist hierbei eine Wechselwirkung zwischen präsynaptischer und postsynaptischer Region der Synapse. Der präsynaptische *Pol* muß „wissen“, daß seine Transmitterausschüttung zum *tatsächlichen „Zünden“* des folgenden Neurons beigetragen hat. Es mag sein, daß diese Information auch in der

„Somafabrik“ des vorhergehenden Neurons benötigt wird, um Syntheseprodukte zu modifizieren. Hierfür mag der retrograde Transport für die Übermittlung chemischer Information dienen. Oder aber allein der postsynaptische Pol *der betreffenden Synapse* geht in einen Zustand verstärkter Erregbarkeit über.

Für die letztgenannten Hypothesen spricht ihre informationstechnische Plausibilität. Dies wird in Abschnitt 4.2 begründet.

2.3 Die Architektur des menschlichen Gehirns

Zehn, hundert oder mehr Milliarden Nervenzellen (Neurone) im menschlichen Gehirn bilden nicht etwa eine diffuse Masse, sondern sie sind deutlich strukturiert. Dabei findet man einerseits Ansammlungen von Nervenzellen (graue Substanz), andererseits solche von Axonen (weiße Substanz). Die strukturelle Gliederung (Anatomie) ist gut erforscht, sie richtet sich im wesentlichen nach dem äußeren *Erscheinungsbild* (Lage, Form, Farbe, Substanz) in den verschiedenen Hirnbereichen. Weniger erforscht und vielfach noch unbekannt sind die *Funktionen* dieser Bereiche. Es ist nicht sinnvoll, an dieser Stelle in voller Breite auf die äußerst komplexe Anatomie des menschlichen Gehirns einzugehen. Wir wollen uns auf einige wenige Gesichtspunkte beschränken, die im Zusammenhang mit der Thematik dieses Buches bedeutungsvoll und interessant sind. Wenn wir von der „Architektur des menschlichen Gehirns“ sprechen, folgen wir der Terminologie des Computerfachmanns, ohne damit bereits zu Vergleichen herausfordern zu wollen.

Die archaische Strukturierung des Gehirns (Abschnitt 2.1) in Hinterhirn (Metencephalon), Mittelhirn (Mesencephalon), Vorderhirn (Prosencephalon) wird stammesgeschichtlich (phylogenetisch) bis zum Menschenhirn verfeinert. Nichts Altbewährtes wird fortgelassen und vergessen, vielmehr werden neuere Strukturen um ältere herumgebaut. Immer noch gibt es einen Stamm, der die alten, primitiven Funktionen des Überlebens sichert. Diese evolutionäre Entwicklung wird in der individuellen Entwicklung des menschlichen Embryos (in der Ontogenese) getreulich nachvollzogen. Der Weg führt vom Einfachen zum Komplizierten auch im Werden des menschlichen Lebens.

Im ausgereiften menschlichen Gehirn hat phylogenetisch insbesondere das Vorderhirn eine gewaltige Differenzierung erfahren. Es teilt sich zunächst auf in das Endhirn (Telencephalon) und in das Zwischenhirn (Diencephalon) mit seinen Thalamusformationen. Das Endhirn wird auch Großhirn (Cerebrum) genannt. Aus dem Hinterhirn sondert sich das Kleinhirn (Cerebellum) ab. In Richtung zum Rückenmark wird das Hinterhirn um das Nachhirn (Myelencephalon) erweitert. Nach Abbildung 2.8 ordnet die Physiologie (die Lehre von der Arbeitsweise der Organe) diese Bereiche funktional in Großhirn, Kleinhirn und Stammhirn ein. Vereinfachend lassen sich dabei die primitiven Lebensfunktionen dem Stammhirn, die höherwertigen

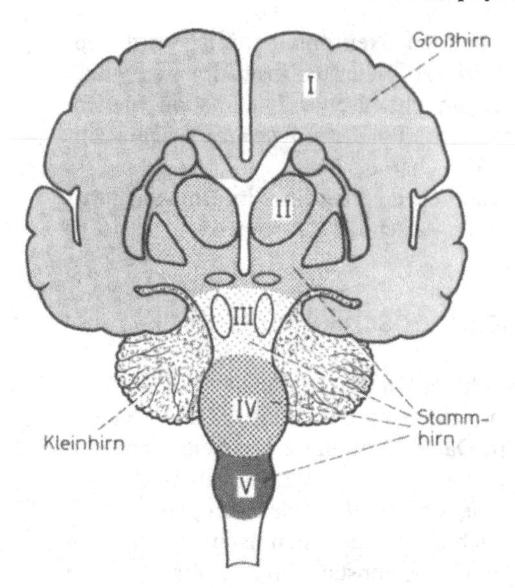

Abb. 2.8. Gegenüberstellung von Großhirn, Stammhirn und Kleinhirn. *I* = Telencephalon, *II* = Diencephalon, *III* = Mesencephalon, *IV* = Metencephalon, *V* = Myelencephalon. (Aus: Forssmann, Heym)

Lebensmerkmale dem Großhirn und die Feinsteuerung von Bewegungsabläufen dem Kleinhirn zuordnen. Dies kann nur eine grobe Orientierung sein, da sich wichtige Funktionen auf Systeme verteilen, die sich über Stammhirn *und* Großhirn erstrecken.

Aus funktionaler Sicht ist interessant, wie sensorische Reize zu motorischen Reaktionen führen. In der einfachsten und unmittelbarsten Form gibt es hierzu den „monosynaptischen Reflexbogen", bei dem eine Rezeptorzelle über nur *ein* dazwischenliegendes Neuron (*eine* Synapse) auf ein *Motoneuron* einwirkt, welches einen Bewegungsvorgang veranlaßt. Hierbei handelt es sich oft um „Eigenreflexe", bei denen die Bewegungen eines Muskels sensorisch erfaßt und zur Weiterbewegung desselben Muskels ausgewertet werden. Wichtiger für *übergeordnete* Lebensfunktionen sind „polysynaptische Reflexe", die sensorische Meldungen aus verschiedenen Sinnesbereichen in Beziehung setzen und damit „integrierende Reaktionen" veranlassen (Fremdreflexe). Wiederum läßt sich verallgemeinernd sagen: Derartige Reflexbögen werden phylogenetisch in Richtung vom Hinterhirn zum Vorderhirn aufgebaut und in ihrer Differenzierung zunehmend komplexer.

Wir wollen auf „Reflexe" nicht näher eingehen, sondern die „Terra incognita" *bewußten menschlichen Verhaltens* zunächst physiologisch einzugrenzen versuchen. Zuständig für dieses Phänomen ist im wesentlichen das *Großhirn.* Dabei ist dieses allerdings im Prinzip nicht ein Merkmal menschlicher Besonderheit, sondern eine stammesgeschichtliche Zugabe, die sich erst bei den Säugetieren stark ausgeprägt hat. Es bedeckt in Form zweier Hemisphären (Hemispheria cerebralia) mehr oder weniger alle anderen Hirnabschnitte wie ein Mantel (Pallium). Sein ältester Teil ist der Paleocortex, er enthält den Riechkolben (Bulbus olfactorius), der in unmittelbarer Verbindung mit dem Archeocortex steht, der Hippocampusformation. Der größte

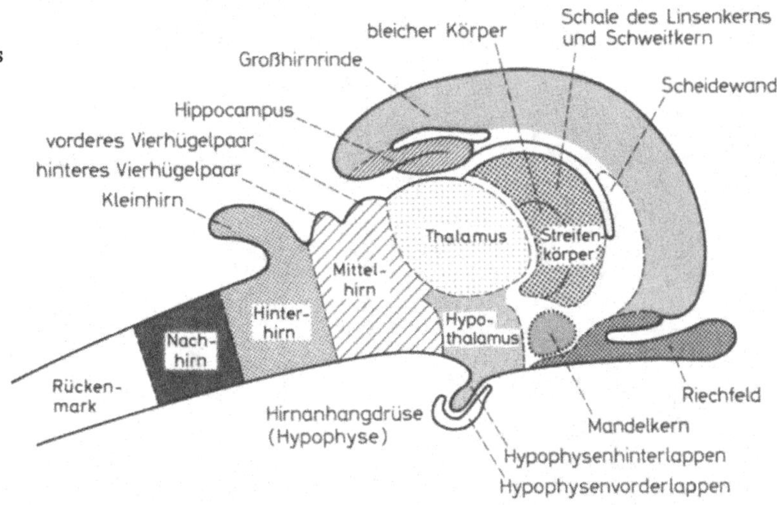

Abb. 2.9. Schematische Darstellung des Zentralnervensystems. (Aus: Bild der Wissenschaft/ Nachzeichnung)

Teil des Großhirns, der entwicklungsgeschichtlich jüngste Neocortex, enthält geschätzt etwa 70% aller Nervenzellen des zentralen Nervensystems. Aus Platzmangel hat sich die Großhirn„rinde" über ihrem Marklager zu Windungen (Gyri) und Furchen (Sulci) gefaltet, ausgebreitet würde sie eine Fläche von etwa 2200 cm^2 (also ca. 47 cm × 47 cm) bedecken. Sie läßt eine Funktionsschichtung erkennen, auf die noch eingegangen wird. Die Rinde ist 1,3 mm bis 4,5 mm dick. Abbildung 2.9 vermittelt einen Überblick über die erwähnten Formationen. Das Vorderhirn ist in seiner Aufteilung auf Zwischenhirn (Thalamus, Hypothalamus) und Endhirn/Großhirn gezeigt. Hippocampus, Mandelkern und Hypothalamus gehören dem *limbischen System* an, das sich wie ein Saum (Limbus) unterhalb der Großhirnrinde (Neocortex) hinzieht. Dieses System ist offenbar für unser emotionales Verhalten verantwortlich. „Das limbische System prägt die Bedeutung der Informationen aus Innen- und Außenwelt des Menschen und bestimmt damit sein so charakteristisches zweckorientiertes Verhalten" [2.2]. Der Thalamus ist eine „Schaltstation" für alle zur Großhirnrinde aufsteigenden (afferenten) Fasern, das „Tor zum Bewußtsein". Nur die Bahnen des Riechfeldes sind nicht über diese Station geführt, sie wirken also unmittelbar auf unser „Bewußtsein" ein. (Wir wollen hier noch nicht präzisieren, was unter „Bewußtsein" zu verstehen ist!)

Topographisch wird die Großhirnrinde jeder Hemisphäre in vier „Lappen" unterteilt: Stirnlappen (Lobus frontalis), Scheitellappen (Lobus parietalis), Schläfenlappen (Lobus temporalis) und Hinterhauptslappen (Lobus occipitalis). Diese Lagebezeichnungen sind hier allerdings nicht so wichtig wie eine an Gewebeunterschieden orientierte (histologische) Einteilung, die *K. Brodmann* 1925 veröffentlicht hat. Hierzu muß zunächst auf die bereits erwähnte Schichtung der Großhirnrinde eingegangen werden.

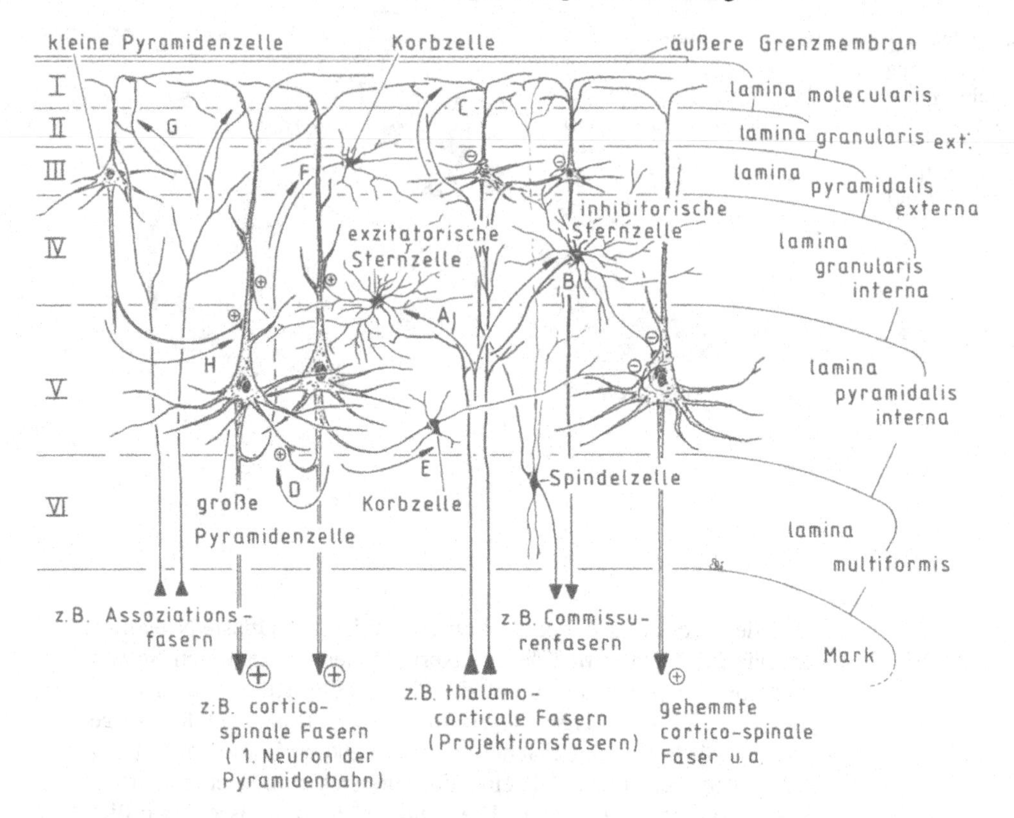

Abb. 2.10. Schematische Zeichnung der Großhirnrinde (nach unterschiedlichen Literaturangaben gezeichnet durch H. Snoei). Für die synaptische Organisation (A-H) vgl. Tabelle 2.1. (Aus: Steinhausen)

Abbildung 2.10 zeigt deren Aufbau beginnend an der Oberfläche mit Schicht I, der Molekularschicht (Lamina molecularis). Dort wird über tangential verlaufende Dendriten Verbindung mit unmittelbar benachbarten Bereichen aufgenommen. Die weiteren Schichten sind nach typischen Zellformationen benannt: II. äußere Körnerschicht (Lamina granularis externa), III. äußere Pyramidenschicht (Lamina pyramidalis externa), IV. innere Körnerschicht (Lamina granularis interna), V. innere Pyramidenschicht (Lamina pyramidalis interna), VI. Spindelzellschicht (Lamina multiformis). Durch vertikal verlaufende Fasern werden kleine „Säulen“ (Kolumnen) mit einem Durchmesser von weniger als einem halben Millimeter abgegrenzt, die viele tausend Zellen enthalten. *J. Szentágothai* sieht in diesen „Modulen“ elementare Einheiten der Informationsverarbeitung. Typische „Verdrahtungsbeziehungen“ sind im Bild eingezeichnet, wobei „+“ erregende und „–“ hemmende Einflüsse kennzeichnet. Mit anderen Hirnbereichen treten die Kolumnen nach unten hin in Beziehung. Beispielhaft sind angedeutet: ankommende *Assoziationsfasern* aus anderen Feldern derselben Großhirnhemisphäre, abgehende *Commissurenfasern* zur anderen Hemisphäre, absteigende (efferente) Fasern, welche Motoneurone erreichen, vom Thalamus aufsteigende

A	Thalamocorticale Faser	→	exzitatorische Sternzelle	→	große Pyramidenzelle	→	corticospinale Faser
B	Thalamocorticale Faser	→	inhibitorische Sternzelle	⊖	große Pyramidenzelle kleine Pyramidenzelle	→ →	gehemmte corticospinale Faser Kommissurenfasern
C	Thalamocorticale Faser	→	große Pyramidenzelle kleine Pyramidenzelle	→ ⇄	corticospinale Faser Spindelzelle	→	Kommissurenfasern
D	Axonkollaterale einer großen Pyramidenzelle	⊖	benachbarte große Pyramidenzelle	→	corticospinale Faser		
E	Große Pyramidenzelle	⊖	Korbzelle	→	große Pyramidenzelle	→	gehemmte corticospinale Faser
F	Große Pyramidenzelle	→	Korbzelle	⊖	kleine Pyramidenzelle	→	Kommissurenfasern
G	Assoziationsfasern	→	kleine und große Pyramidenzelle				
H	Axonkollaterale einer kleinen Pyramidenzelle	⊖	große Pyramidenzelle				

Tabelle 2.1. Synaptische Organisation der Großhirnrinde (Neocortex); vgl. Abb. 2.10. (Aus: Steinhausen)

(afferente) Fasern, welche Sinneseindrücke auf die Großhirnrinde projizieren. Tabelle 2.1 erläutert die mit „A" bis „H" beispielhaft eingetragenen Funktionen [2.3].

Die besprochene Schichtung weist nun im Detail charakteristische Unterschiede auf, die *K. Brodmann* zu der nach ihm benannten Einteilung der Großhirnrinde in etwa 50 Felder veranlaßten. Abbildung 2.11 zeigt die Bereiche nach der Originalveröffentlichung. Auf den ersten Blick überraschend ist die Tatsache, daß sich viele dieser Felder bestimmten Funktionen zuordnen lassen. Dies macht Abbildung 2.12 deutlich. Offenbar erfolgt in nacheinander durchlaufenen Bereichen eine sinnesspezifische „Vorverarbeitung" der von den Sinnesorganen gelieferten Signale, während aus anderen Bereichen spezifische motorische Funktionen gesteuert oder „angestoßen" werden. Diese Funktionszuordnung hat man anhand von Krankheitsbefunden oder durch Ausfallerscheinungen bei Hirnverletzungen festgestellt oder aber auch über die Reizung der Hirnrinde bei Operationen. Abbildung 2.13 geht im einzelnen auf die Funktionszuordnung im somatosensorischen Rindenfeld ein, auf das unser „Körpergefühl" projiziert wird, und zeigt daneben als „Pendant" das motorische Rindenfeld, von dem aus die entsprechenden Bewegungsfunktionen gesteuert werden.

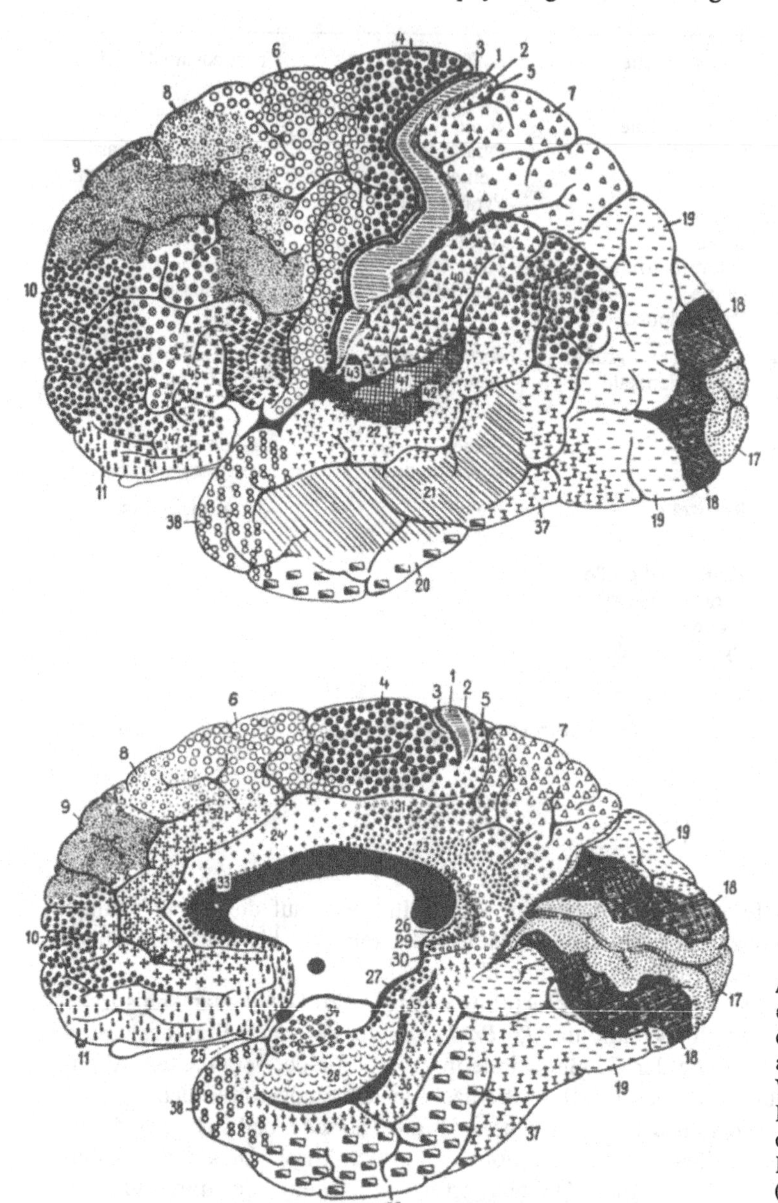

Abb. 2.11. Einteilung der Großhirnrinde durch K. Brodmann aus seinem Buch: Vergleichende Lokalisationslehre der Großhirnrinde. Barth Leipzig, 1925. (Aus: Steinhausen)

Im Zusammenhang mit den späteren Ausführungen dieses Buches sind das sensorische Sprachzentrum *(Wernicke)* und das motorische Sprachzentrum *(Broca)* besonders interessant. Vor mehr als 100 Jahren stellte *Broca* fest, daß Schäden (Läsionen) in jenem motorischen Bereich zu einem Sprachversagen (Aphasie) führen. Bei dieser *motorischen Aphasie* ist das Sprachverständnis noch vorhanden, der sprachliche Ausdruck jedoch ist schwer beeinträchtigt. Nur mit großer Anstrengung bringen Kranke im „Telegrammstil" kurze Sätze hervor, die auf die notwendigsten Substantive, Verben und Adjektive

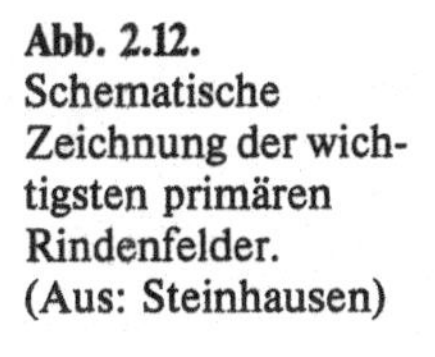

Abb. 2.12. Schematische Zeichnung der wichtigsten primären Rindenfelder. (Aus: Steinhausen)

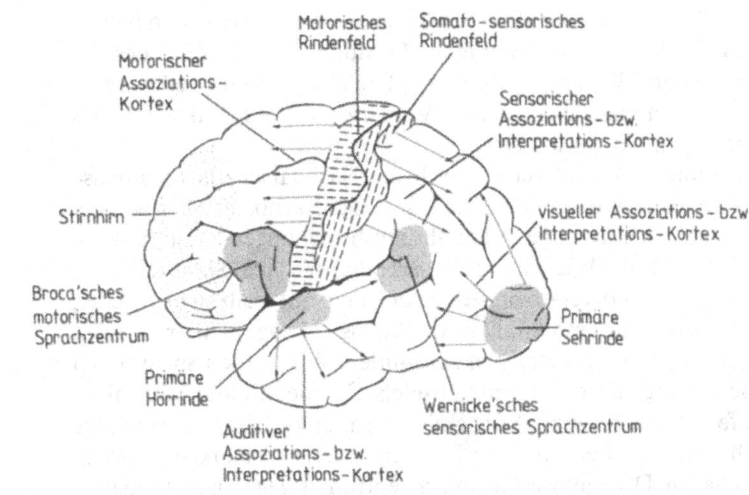

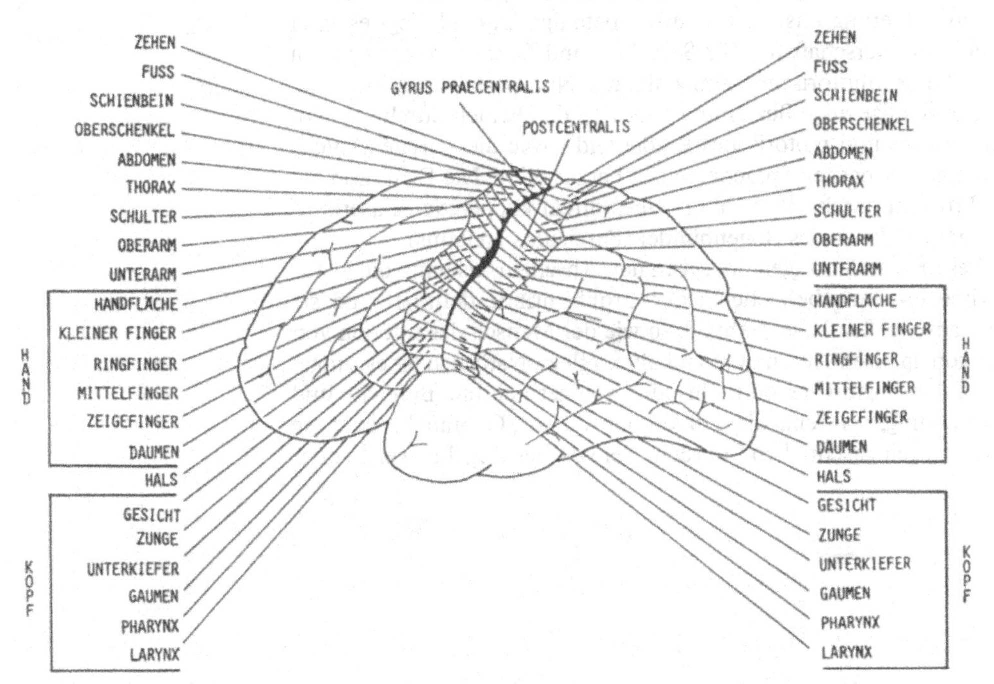

Abb. 2.13. Motorische Repräsentation im Gyrus praecentralis (links) und sensible Repräsentation im Gyrus postcentralis (rechts) des Menschen. Man beachte die großen Areale für Hand- und Sprachmuskulatur im Vergleich zu den kleinen Arealen der übrigen Skelettmuskulatur. (Aus: Steinhausen)

beschränkt sind. Das Gegenstück ist die *sensorische Aphasie,* die *Wernicke* kurze Zeit nach Broca bei Läsionen im sensorischen Teil feststellte. Hierbei ist das Sprachverständnis gestört, während sprachliche Formulierungen keine Schwierigkeiten bereiten. Allerdings sind diese Formulierungen mehr oder weniger unsinnig. Offenbar gehen sprachliche Begriffe verloren, die durch Füllwörter ersetzt werden, die u. U. mit der aktuellen Thematik gar nichts zu tun haben. Störungen der sprachverwandten Leistungen, also des Lesens, Schreibens und Rechnens, treten als Begleitsymptome der Aphasie auf und stehen manchmal auch im Vordergrund des Krankheitsbildes (Alexie, Agraphie, Akalkulie).

Abbildung 2.14 stellt schematisch die Nachbarschaftsverhältnisse der hier interessierenden Bereiche dar. Enge Nachbarschaft bedeutet im allgemeinen auch enge „Verdrahtungsbeziehungen", also funktionale Kooperation. Wie man sieht, arbeiten die den Sinnesorganen zugeordneten „Vorverarbeitungsfelder" eng mit dem sensorischen Sprachzentrum zusammen. Dort treffen also Nervenbahnen aus den verschiedenen Sinnesbereichen zusammen. Wir werden später noch die Bedeutung dieses Zusammenspiels für die Bildung abstrakter Begriffe kennenlernen. Vorsichtig formuliert: Das sensorische Sprachzentrum scheint mit der Bildung unserer Gedanken etwas zu tun zu haben. Das motorische Sprachzentrum dagegen ist offenbar an der Formulierung unserer Gedanken beteiligt. Deshalb liegt es auch in der Nachbarschaft der für Sprechen und Schreiben zuständigen Bereiche des motorischen Rindenfeldes. Nun besteht das Problem, die notwendige enge Beziehung zwischen den beiden durch somatosensorisches und motorisches Rindenfeld sowie die Furche „Sulcus centralis" getrennten Sprachbereiche herzustellen. Die Evolution hat das Problem durch „Verlegung" eines direkt koppelnden Faserbündels gelöst: durch das Bogenbündel (Fasciculus arcuatus).

Diese Formulierungen erwecken den Anschein, als hätte die Natur gewisse Funktionsbereiche in der Großhirnrinde definiert und sie dann anschließend „verdrahtet", so wie der Mensch das mit den von ihm konzipierten Automaten zu halten pflegt. Natürlich ist es umgekehrt: Am Beginn stehen mehr oder weniger neutrale Bereiche und Verdrahtung, während die Funktionen durch „Gebrauch" in diese Bereiche „eingeschrieben" werden. Bei von der Regel abweichender

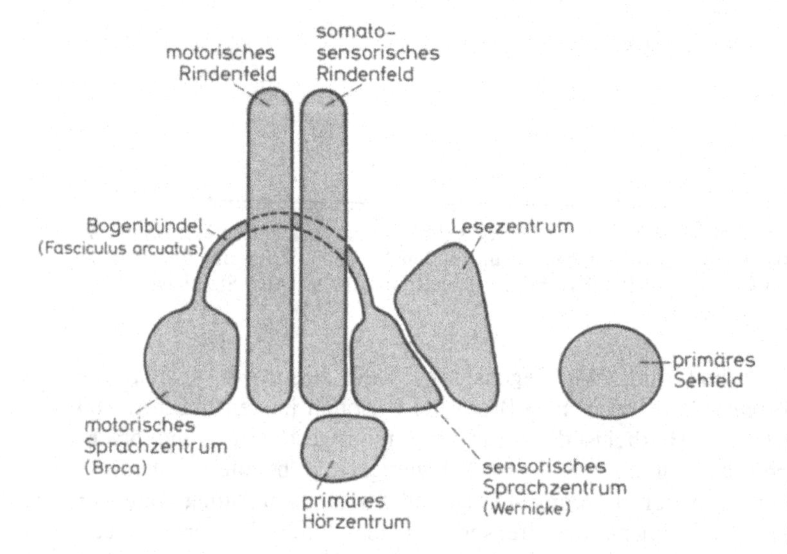

Abb. 2.14. Nachrichtentechnisch relevante Nachbarschaften von Funktionsbereichen

Verdrahtung oder auch bei krankhaftem Ausfall bestimmter Areale können Funktionen von anderen Bereichen übernommen werden. Sehr augenscheinlich wird dies bei Sprachfunktionsstörungen in einer Großhirnhemisphäre. Insbesondere in jungen Jahren (etwa bis zum 8. Lebensjahr) können die gestörten Funktionen von der anderen Hemisphäre übernommen werden.

Das Phänomen der beiden Großhirnhemisphären bedarf noch einiger Erläuterungen. Überwiegend sind beide Hälften symmetrisch, wobei im allgemeinen die rechte Körperhälfte auf die linke Hemisphäre und die linke Körperhälfte auf die rechte Hemisphäre projiziert werden. Beide Hemisphären sind im „Balken" durch Commissurenfasern miteinander verbunden, die einen intensiven Signalaustausch zwischen beiden Großhirnhälften ermöglichen. Wegen dieser engen Kommunikationsbeziehungen ist es normalerweise nicht möglich, die Funktionen der rechten und linken Hälfte isoliert zu analysieren. Es gibt jedoch Patienten, bei denen diese Verbindung operativ getrennt wurde (Split-Brain-Operation), um epileptische Anfälle zu dämpfen. An derartigen Patienten hat *Sprey* mit seinen Mitarbeitern sehr intelligente Untersuchungen angestellt, auf die hier nicht im einzelnen eingegangen werden kann. Es zeigte sich, daß beide Großhirnhälften durchaus nicht gleichwertig sind. Im allgemeinen ist die *linke* Hemisphäre „dominant", sie ist zum Denken mit abstrakten Begriffen fähig. Das ist nicht sehr verwunderlich, denn das sensorische Sprachzentrum ist allein in der linken Hälfte angesiedelt (es kann - wie erwähnt - bei Kindern auf die rechte Hälfte verlagert werden). Ähnliches gilt für das motorische Sprachzentrum, doch ist eine Verlagerung bei Defekten offenbar auch noch in späteren Jahren möglich. Die *rechte* Hemisphäre ist dagegen eher für Form- und Raumerkennen zuständig, auch z. B. Musikalität wird dort vermutet. Verblüffend, aber eigentlich plausibel ist die Tatsache, daß Gegenstände, die allein von der rechten Hemisphäre „gesehen" werden, nicht benannt werden können! Das wird später noch verständlicher werden.

Da von Operationen zur Linderung epileptischer Anfälle die Rede war, soll ein wichtiger - wenn auch recht tragischer - Eingriff nicht unerwähnt bleiben. Einem Patienten wurde der Hippocampus (Teil des limbischen Systems) entfernt, um diese Linderung herbeizuführen. Dies war wohl gelungen, jedoch verlor der Patient damit die Fähigkeit, Erfahrungen aus dem Kurzzeitgedächtnis in das Langzeitgedächtnis zu übertragen. Alte Erfahrungen blieben erhalten, aber neue Erfahrungen konnten nicht gespeichert werden. (Diese Erscheinung findet man bekanntlich auch bei zerebralsklerotischen alten Menschen.) Offenbar spielt das limbische System auch eine Rolle bei der Langzeitspeicherung. Wir werden später sehen, daß dies von der Natur offenbar sehr plausibel so eingerichtet worden ist.

Die faszinierende Lokalisierung von Funktionen auf definierte Bereiche der Großhirnrinde wurde zeitweise überbewertet. Man ist heute etwas vorsichtiger mit einer zu engen Funktionszuweisung geworden. Man erkennt insgesamt integrierende Einflüsse aus verschiedensten Bereichen, die ein zu starres Funktionsschema obsolet erscheinen lassen. Dies ist aufgrund der vielfältigen, zum Teil noch nicht erforschten „Verdrahtungsbeziehungen" der Bereiche untereinander nicht verwunderlich. Denn jede Verdrahtung bedeutet „mögliche Einflußnahme"! Wichtiger Anlaß für die genannten Zweifel ist die Existenz „unspezifischer Areale" in der Großhirnrinde, die weder bestimmten sensorischen noch motorischen Funktionen zugeordnet werden können. Diese Bereiche nehmen beim Menschen den weitaus größten Teil der Großhirnrinde ein. Geheimnisumwittert ist das *Stirnhirn,* weil Läsionen in diesem Bereich zu kaum merkbaren Störungen menschlicher Intelligenz und menschlichen Verhaltens führen (sog. „stumme Zonen"). Hat die Natur hier – wie vermutet wurde – eine Vorleistung auf superintelligente Funktionen weit zukünftiger Menschengenerationen erbracht? Das darf füglich verneint werden, denn die Evolution handelt praktisch, läßt kaum ungenutzte Schnörkel zu. Wir werden später auf dieses Rätsel zurückkommen.

Am Ende dieses Abschnitts muß eingeräumt werden, daß mit den hier vorgetragenen „Bauklötzen" in keiner Weise ein vollständiges Bild der imponierenden *Architektur* des menschlichen Gehirns wiedergegeben werden konnte und sollte. Die einschlägige kompetente Fachliteratur füllt Bücher, von denen einige in den Hinweisen des Abschnitts 11 angegeben sind. Weitere hier noch nicht besprochene Gesichtspunkte zu Architektur und Funktion des menschlichen Gehirns werden zu gegebener Zeit in den folgenden Abschnitten behandelt werden.

Während der hiermit abgeschlossene Hauptabschnitt 2 dem Neurologen und Neurophysiologen natürlich nichts Bemerkenswertes bieten konnte, wird es dem Informationstechniker beim nun folgenden Hauptabschnitt 3 ähnlich ergehen. Das ist ein Nachteil, der in einem interdisziplinär verständlichen Buch in Kauf genommen werden muß.

3. Grundlagen der Informationsverarbeitung

3.1 Information und Informationsdarstellung

„Information ist neben Energie und Materie die dritte fundamentale Größe von entscheidendem Einfluß auf unsere Gesellschaft, auf die Form des Zusammenlebens und Zusammenwirkens in unserer arbeitsteiligen Welt und auf den erreichbaren Lebensstandard." Mit dieser Feststellung aus dem Jahre 1981 hat die von der Landesregierung Baden-Württemberg berufene *Expertenkommission Neue Medien* (EKM) sicherlich recht - aber was ist eigentlich „Information"? Es gibt verschiedene wissenschaftliche und weniger wissenschaftliche Definitionen. Die Nachrichtentechnische Gesellschaft (NTG) sagt in ihrer Empfehlung 1202 zum Stichwort *Information:* „Im Sinne der Umgangssprache Kenntnis von Tatsachen, Ereignissen, Abläufen und dergleichen." Darüber ließe sich lange diskutieren, z. B. mit der Anschlußfrage: „Was ist Kenntnis?" In dem Entwurf der Neufassung (1985) macht es sich DIN 44300 etwas einfacher mit der Feststellung: „Nicht definierter Grundbegriff."

Aber es fehlt natürlich nicht an tiefergehenden Bemühungen - schließlich gibt es ja auch eine Informationstheorie, die sich allerdings nicht mit der Definition der Information, sondern im wesentlichen mit deren Transport beschäftigt [3.1]. H. Völz hat sich in bewundernswerter Ausführlichkeit mit allen Aspekten der Information auseinandergesetzt [3.2]. Er kommt aus seiner Sicht u. a. zu dem Schluß, daß das „Objekt Information eine allgemeine Eigenschaft der Materie" ist.

Zweifellos bedarf die Information tragender Medien, um sie weitergeben, speichern oder verarbeiten zu können. Der Informationsinhalt bleibt gleich, wenn auch die Medien wechseln. In Hinblick auf die kommenden Ausführungen wird hier folgende Definition für zweckmäßig erachtet:

1. Information kennzeichnet Weltinhalte durch Symbole oder Symbolfolgen. Derartige Symbole werden also Weltinhalten *zugeordnet.* Weltinhalte sind z. B. Tatsachen, Ereignisse, Abläufe.
2. Die Symbole und deren Zuordnungen sind innerhalb einer Gruppe verabredet. Die Verabredung ist gelernt (geprägt) oder evolutionär entwickelt bzw. in der Gruppe „selbsterklärend".

Wenn wir in unserem Garten schimpfendes Vogelgezwitscher hören, sind wir ziemlich sicher, daß sich eine Katze in der Nähe aufhält. Die Gruppe der Artgenossen versteht dieses Symbol und ist gewarnt: Information also, die der *Mitteilung* dient. Der Mensch freilich hat mit seiner Sprache ein wesentlich differenzierteres Symbolrepertoire erschlossen. Mit einigen zehntausend Wortsymbolen, die sich ketten lassen, steht ihm ein unbegrenzter „Informationsraum" zur Verfügung (man denke nur an die sich ins Unendliche erstreckende Folge natürlicher Zahlen!), den er mit sinnvoller Information, aber auch mit Unsinn füllen kann. Unsinn sind Symbole, die sich *keinem* Weltinhalt zuordnen lassen. Natürlich kann der Begriff des „Weltinhalts" sehr weit gefaßt werden! Ganz allgemein aber erhebt sich die Frage nach dem *Informationsgehalt* und seiner Meßbarkeit.

Als Kinder haben wir vielleicht ein Fähnchen ins Fenster gehängt, um unseren Freunden auf der anderen Straßenseite die Abwesenheit unserer Eltern und damit die Möglichkeit zu signalisieren, durch Vaters geheiligtes Mikroskop zu schauen. Der Weltinhalt lautet: „Eltern nicht zu Hause." Das zugeordnete, in der Freundesgruppe verabredete Symbol ist das Fähnchen. Die Information besteht aus einer einzigen Aussage: „Eltern nicht zu Hause." Die Aussage mag „wahr" oder „falsch" sein, sie ist mit „ja" oder „nein" zu bestätigen.

Damit haben wir die Elementareinheit des Informationsgehalts kennengelernt, das „bit" (von „binary digit"). *Ein* bit repräsentiert *eine* Aussage, deren Wert entweder „wahr" oder „falsch" sein kann. Statt „wahr" oder „falsch" lassen sich auch andere Gegensatzpaare verabreden: „ja" oder „nein", „eins" oder „null", „Impuls" oder „kein Impuls". Man erkennt bereits, worauf das hinausläuft: „eins" und „null" sind die Ziffern des binären Zahlensystems, „Impuls" und „kein Impuls" bezeichnen die Werte, die elektrische Signale in einem Computer annehmen können! Elemente, die auf diese Weise nur eine von zwei möglichen Aussagen machen, nennt man *binär.*

Das zuvor erwähnte Fähnchen ist also eine binäre Information mit dem Informationsgehalt 1 bit. Diese Information ist nur dem Freundeskreis verständlich, in dem sie verabredet wurde.

Es gibt aber auch Information mit höherem Informationsgehalt. Hierzu ein anderes Beispiel: In einem kleinen Krankenhaus wird für die drei diensttuenden Ärzte eine Personenrufanlage installiert. Sie besteht aus drei verschiedenfarbigen Lampen, die auf dem Flur und in den Krankenzimmern montiert werden. Leuchtet die Lampe „rot", so wird Herr Dr. Mayer gesucht, bei „gelb" gilt die Suche Herrn Dr. Schulze, und bei „grünem" Licht soll sich bitte Herr Dr. Schmidt melden. Drei binäre Einzelaussagen (Lampe an/aus) zu je einem bit, drei Informationen mit dem Informationsgehalt von je einem bit, nur dem in die Verabredung einbezogenen Krankenhauspersonal verständlich.

Jetzt wird das Krankenhaus größer, und ein weiterer Arzt wird eingestellt, Herr Dr. Bäcker. Aber man scheut den Aufwand, nun in der gesamten Personenrufanlage eine weitere, z. B. weiße Lampe zu installieren. Statt dessen beschließt man, die jetzt notwendigen vier Einzelaussagen zu „codieren". Darunter ist verstanden, daß nicht mehr jedem Arztruf individuell eine eigene Lampe zugeordnet wird, sondern daß sich die Ärzte Lampen*kombinationen* merken müssen. Die Elementaraussagen lauten deshalb nunmehr lediglich „rote Lampe leuchtet", „gelbe Lampe leuchtet" usw., die eigentliche Information des Arztrufs aber entsteht aus der Kombination dieser

Elementaraussagen. Am besten läßt sich das in einer Tabelle darstellen (Tab. 3.1):

Tabelle 3.1. Kombination von Elementaraussagen

Arztruf	Lampe rot	gelb	grün
	–	–	–
Dr. Mayer	x	–	–
Dr. Bäcker	x	x	–
Dr. Schulze	–	x	–
NN 1	–	x	x
Dr. Schmidt	–	–	x
NN 2	x	–	x
NN 3	x	x	x

x Lampe leuchtet

NN mögliche weitere Ärzte

Wie man sieht, sind mit der Codierung die früher unabhängigen Arztrufaussagen voneinander abhängig geworden, es können nicht mehr zwei Ärzte gleichzeitig gerufen werden! Die Informations*klasse* „Arztruf" benötigt 3 Lampen, um alle erforderlichen Aussagen symbolisieren zu können, der Informationsgehalt jedes einzelnen Arztrufes beträgt drei Binärelemente, also 3 bit!

Wie aus der Tabelle ersichtlich ist, reicht das Lampensystem jedoch für zusätzliche drei Ärzte NN aus, so daß sich aus Sicht der Personenrufanlage das Krankenhaus weiter vergrößern kann. Die Zahl z der unterscheidbaren Aussagen ist $2^3 = 8$, wenn man die natürlich ebenfalls notwendige Aussage „kein Arzt wird gerufen" mit einbezieht. In allgemeiner Formulierung: Ist n die Zahl der Elemente, die *binäre* Elementaraussagen „ja" oder „nein" machen können, so lassen sich durch Kombination der Elementaraussagen

$$z = 2^n \tag{3.1}$$

Aussagen unterscheiden. Anders ausgedrückt: Mit n binären Elementen können 2^n verschiedene Informationen codiert werden. Umgekehrt: Will man z unterschiedliche Informationen durch binäre Elemente codiert darstellen, so benötigt man *wenigstens*

$$n = \mathrm{ld}\, z \tag{3.2}$$

solche Elemente, wobei n natürlich ggf. zu einer ganzen Zahl aufgerundet werden muß (ld bedeutet „logarithmus dualis").

Im Fall des Arztrufs sind die binären Elemente (also die Lampen) durch Farben zu unterscheiden. Eine andere, allgemein übliche Unterscheidungsmöglichkeit besteht im Stellenwert des Binärelements. Betrachten wir, wie Informationen der Klassen „Buchstaben" und „Ziffern" im sog. CCITT-Alphabet No. 5 codiert werden. (CCITT bedeutet „Comité Consultatif International Télégraphique et Téléphonique". Es handelt sich um ein internationales Standardisierungsgremium der Fernmeldeverwaltungen.) In diesem Alphabet lassen sich mit 7 Stellen für Binärelemente $2^7 = 128$ verschiedene Zeichen darstellen, also Buchstaben, Ziffern, Satzzeichen usw. Einige Beispiele zeigt Tabelle 3.2:

Zeichen	zugeordnetes Codewort Stelle						
	6	5	4	3	2	1	0
a	1	1	0	0	0	0	1
j	1	1	0	1	0	1	0
Null	0	1	1	0	0	0	0
Eins	0	1	1	0	0	0	1
Zwei	0	1	1	0	0	1	0
Drei	0	1	1	0	0	1	1
Vier	0	1	1	0	1	0	0
Sieben	0	1	1	0	1	1	1
Acht	0	1	1	1	0	0	0

Tabelle 3.2. Zuordnung von Codeworten zu Zeichen (CCITT-Alphabet No. 5)

Wir kommen auf die eingangs vorgeschlagene Definition zurück: Weltinhalt „a" wird durch das Symbol - wir wollen es *Codewort* nennen - 1100001 bezeichnet. Die aus zwei Codeworten bestehende *Information* 11010101100001 repräsentiert den Weltinhalt „ja"!

Information dient - wie wir gesehen haben - der Mitteilung von „Weltinhalten" von Individuum zu Individuum innerhalb einer Gruppe. Aber Information läßt sich auch *speichern.* Nach dem Evolutionsschritt der Sprache ist die Erfindung der Schrift der bedeutendste Beitrag zur Entwicklung der Menschheit. Schrift erlaubt die Speicherung von Information, die Speicherung von auf Symbole abgebildeter Erfahrung. Damit können Generationen auf dem Wissen vorangegangener Generationen aufsetzen. Der Fortschritt ist nicht mehr auf die begrenzte Erlebnisfähigkeit des einzelnen begrenzt, Erfahrung kann über Jahrhunderte und Jahrtausende hinweg kumulieren.

Die dritte wichtige Eigenschaft der Information ist ihre *Verarbeitbarkeit.* Information läßt sich *Regeln* oder *Prozeduren* unterwerfen, die Schlußfolgerungen zulassen und damit neue, wahre Information erzeugen. Information erlaubt es, von der Vergangenheit und Gegenwart auf die Zukunft zu schließen, in Symbolen die Realität vorab durchzuspielen. Information verarbeitet nicht nur der Computer, sondern auch der Mensch in seinen Gedankengängen.

So ganz kann uns die Definition des *Informationsgehalts* noch nicht befriedigen. Offenbar ist der Gehalt einer Information davon abhängig, ob und wie sie ziemlich willkürlich codiert wird. Mit dieser Willkür ist die Wissenschaft nicht einverstanden, sie macht deshalb den Informationsgehalt von der Unwahrscheinlichkeit des Auftretens der Information abhängig, gewissermaßen also von ihrem Neuheitswert. Die einleitenden Begrüßungsworte des Tagesschausprechers an jedem Abend um 20.00 Uhr haben keinen Informationsgehalt, wohl aber der Banküberfall, über den er anschließend berichtet. Auch der Informationsgehalt von Buchstaben läßt sich bestimmen. In der deutschen Sprache hat der häufig gebrauchte Buchstabe „e" einen kleineren Informationsgehalt als der seltene Buchstabe „x". Dies kann man sich in einer „bitsparenden" Codierung zu Nutze machen;

ein Beispiel hierfür ist das Morsealphabet, in dem das „e" mit „Punkt" und das „x" mit „Strich-Punkt-Punkt-Strich" codiert wird.

Die wissenschaftliche Betrachtung des Informationsgehalts soll hier nicht weiter vertieft werden, sie spielt in den meisten informationstechnischen Anwendungen keine Rolle. Für den wahrnehmenden Menschen des „Bereichs 1" ist sie in dieser Form auch nicht relevant. 11010101100001 heißt „ja". Ein „ja" vor dem Traualtar hat in diesem Bereich einen anderen Gehalt als die Antwort „ja" auf die Frage: „Haben Sie gut geschlafen?" Ein und dieselbe Information wird durch ihren *Kontext* verschieden bewertet.

Fassen wir zusammen: Information ist die Abbildung von Weltinhalten auf verabredete Symbole und Symbolfolgen. Weltinhalte lassen sich dadurch unabhängig vom gegenwärtigen Geschehen in einem abstrakten Raum verarbeiten. Eine Möglichkeit für die Bildung von Symbolen ist die Kombination von binären Elementaraussagen in Codeworten. Das Binärelement, welches jeweils eine von zwei möglichen Elementaraussagen repräsentiert, wird „bit" genannt.

Von der Informationsdarstellung durch Codeworte macht weitgehend auch die *Informationstechnik* Gebrauch, die sich mit dem Transport, mit der Speicherung und mit der Verarbeitung von Information auf maschineller Basis beschäftigt. Auf welche Weise dies geschieht, ist auszugsweise in den nächsten Abschnitten zu besprechen.

3.2 Technik der Informationsverknüpfung und Informationsspeicherung

In technischen Systemen wird Information meist - wie zuvor erläutert - durch Kombination von Aussagen *binärer* Elemente dargestellt. Dabei werden die logischen Aussagen „wahr" und „falsch" auf elektrische Größen abgebildet, z. B. auf „Impuls" und „kein Impuls". Die binären Aussagen „Impuls/kein Impuls" sind außerordentlich robust und störunempfindlich, so daß sich mit vielstelligen Binärzahlen auch große Zahlenwerte noch genau erfassen und verarbeiten lassen. Das ist ein wichtiger Grund für die Verwendung binärer Elemente in technischen Systemen.

Wir hatten den Vorgang der *Codierung* bereits kennengelernt: „Weltinhalte" werden - evtl. über Zwischenstufen - auf repräsentierende *Codeworte* abgebildet, die aus Binärelementen bestehen. Ein bestimmter Weltinhalt ist durch ein ganz bestimmtes Muster binärer Aussagen gekennzeichnet. Natürlich gibt es auch den umgekehrten Vorgang der *Decodierung:* Aus einem Codewort wird der ursprüngliche Weltinhalt wiederhergestellt, oder es wird eine andere Form der Codierung (eine *Umcodierung*) gefunden. Die Decodierung des Codewortes 0110010 ergibt „zwei", entweder als Ziffernsymbol auf einem Blatt Papier oder - wie hier - in Buchstaben ausgeschrieben oder als gesprochenes Wort oder wie sonst auch immer. Die Decodie-

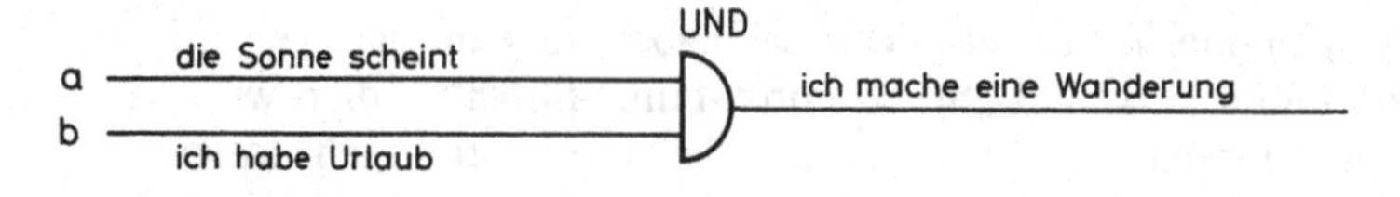

a) Erklärung des „UND-Gatters"

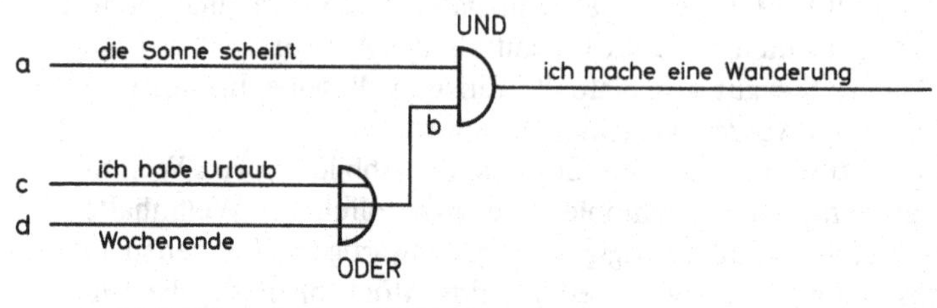

b) Erklärung des „ODER-Gatters"

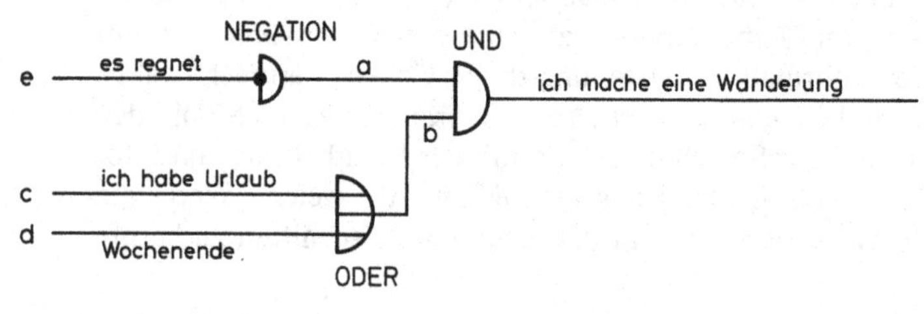

c) Erklärung der NEGATION

Abb. 3.1. Gattererklärungen

rung oder Umcodierung macht also den Weltinhalt für uns leichter erkennbar. Der ursprüngliche Weltinhalt läßt sich allerdings mit allen seinen Details nur dann rekonstruieren, wenn beim Codiervorgang keine Information verloren gegangen ist. Ein solcher Verlust kommt jedoch sehr häufig vor, wie wir noch sehen werden.

Ein zweiter wichtiger Grund für die binäre Darstellungsform der Information besteht darin, daß sich binäre Aussagen nach den Regeln der von *G. Boole* bereits im vorigen Jahrhundert formulierten „Algebra der Logik" auf einfache Weise miteinander verknüpfen lassen. Die verknüpfenden Funktionselemente werden „Gatter" genannt, sie lassen sich technisch durch elektronische oder elektromechanische Schaltungen realisieren. Abbildung 3.1 erklärt elementare Gatter in Symbolik und Funktion anhand eines einfachen Beispiels. (Die hier gewählte Darstellungsweise ist veraltet, gibt jedoch einfache Zusammenhänge übersichtlicher wieder als die neuerdings genormte Gattersymbolik.)

Angenommen, wir bauen uns einen kleinen Automaten, der uns die Entscheidung darüber abnehmen soll, ob wir eine Wanderung antreten können oder nicht. Dieser Automat muß mit gewissen Informationen „gefüttert" werden, die er dann zum Entscheidungsergebnis verknüpft. Abbildung 3.1a ist eine erste Ausbaustufe des Automaten, sie erklärt das sog. UND-Gatter. Das UND-Gatter hat zwei Eingänge a und b, die mit binären Aussagen beschickt werden. Eingang a ist der Aussage „die Sonne scheint" zugeordnet, die Aussage kann „wahr" oder „falsch" („1" oder „0"; „Impuls" oder „kein Impuls") sein. Eingang b repräsentiert die Aussage „ich habe Urlaub", auch sie ist entweder „wahr" oder „falsch". Das Gatter besitzt einen Ausgang mit dem zugeordneten Verknüpfungsergebnis „tritt Wanderung an". Diese Entscheidung ist nur dann wahr, wenn Eingangsaussage a *und* Eingangsaussage b wahr sind, mit anderen Worten: Ich kann wandern, wenn ich Urlaub habe UND wenn gleichzeitig die Sonne scheint. Oder aber - neutral ausgedrückt - das UND-Gatter gibt an seinem Ausgang nur dann eine „1" ab, wenn auf jedem Eingang eine „1" anliegt.

In Abbildung 3.1b wird der Automat um das ODER-Gatter erweitert: Natürlich kann ich eine Wanderung nicht allein während des Urlaubs, sondern auch am dienstfreien Wochenende antreten, also während des Urlaubs ODER am Wochenende. In neutraler Formulierung: Das ODER-Gatter gibt an seinem Ausgang eine „1" ab, wenn auf Eingang a oder b oder a und b eine „1" anliegt.

Abbildung 3.1c ergänzt den Automaten um eine weitere Witterungskomponente. Bei dem notorisch schlechten Wetter hierzulande muß es für den Antritt einer Wanderung bereits genügen, wenn es wenigstens nicht regnet. Die positive Aussage „die Sonne scheint" wird ersetzt durch die Aussage „es regnet", deren NEGATION („es regnet nicht") für den Antritt der Wanderung ausreichend ist (Eingang a). Eine „1" am Eingang der NEGATION wird also in eine „0" am Ausgang gewandelt, und umgekehrt.

Nunmehr ist der Automat vollständig. Die Aufforderung zum Antreten einer Wanderung ergeht, wenn ich Urlaub habe *oder* wenn es Wochenende ist *und* wenn es *nicht* regnet; ein „Verhaltensautomat", der mir die „Denkarbeit" abnimmt, wenn ich ihn mit richtigen Informationen füttere. Dies kann z. B. mit Tasten geschehen (Abb. 3.2), während die Wahrheit der Ausgangsinformation z. B. durch das Leuchten einer Lampe signalisiert wird. In der gezeigten Stellung sind Tasten c und e gedrückt, d. h. also „ich habe Urlaub" und „es regnet". Am UND-Gatter in Abbildung 3.1c steuert Eingang b eine „1" bei, durch die Negation der Aussage „es regnet" verschwindet jedoch die „1" auf Eingang a. Ergebnis: Der Ausgang des Gatters UND verbleibt auf „nein", die Lampe bleibt erloschen, ich werde *keine* Wanderung antreten! In Tabelle 3.3 sind die Verhältnisse übersichtlich dargestellt.

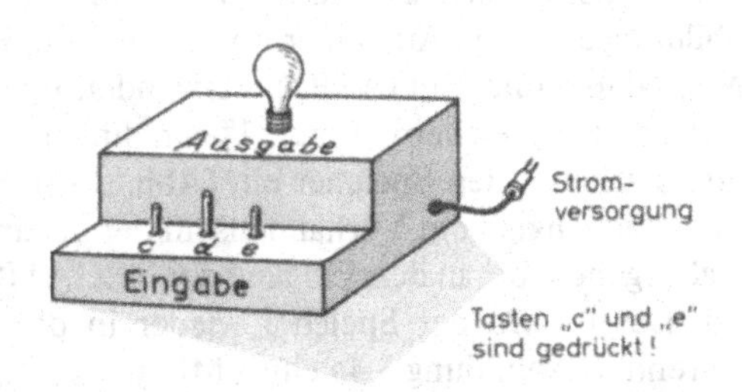

Abb. 3.2.
Verhaltensautomat

Taste c	Taste d	Taste e	Eing. a	Eing. b	Ausgang
ja	ja	ja	nein	ja	nein
nein	ja	ja	nein	ja	nein
ja	nein	ja	nein	ja	nein
nein	nein	ja	nein	nein	nein
ja	ja	nein	ja	ja	ja
nein	ja	nein	ja	ja	ja
ja	nein	nein	ja	ja	ja
nein	nein	nein	ja	nein	nein

Tabelle 3.3. Erläuterung zu Abbildung 3.1c

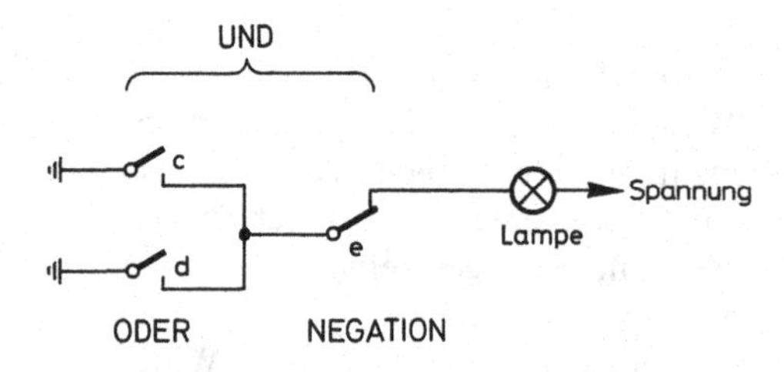

Abb. 3.3. Realisierung von Gattern durch Kontakte

Die logische Funktionen repräsentierenden Gatter lassen sich auf verschiedene Weise realisieren. Abbildung 3.3 zeigt eine Schaltung mit Kontakten. Kontakte c, d und e gehen aus der gezeichneten Ruhelage in die Arbeitslage über, wenn die zugehörige Information „wahr“ ist bzw. „ja“ aussagt. In Computern werden für die Gatterrealisierung allerdings seit langem schnelle elektronische Schaltungen verwendet.

Es läßt sich beweisen, daß mit Kombinationen der drei elementaren Verknüpfungsfunktionen UND, ODER und NEGATION *alle* nur erdenklichen logischen Zusammenhänge darstellbar sind. (Es genügt dafür sogar eine einzige Elementarfunktion, daß sog. NOR-Gatter.) Während die Gatter also in der Lage sind, Information zu verknüpfen und damit zu verarbeiten, müssen die Gatterfunktionen durch *geeignete Verdrahtung* zueinander in Beziehung gesetzt werden. Beide Komponenten gehören unerläßlich zusammen: Erst durch die auf einen speziellen Anwendungsfall zugeschnittene Verdrahtung der universellen Gatter untereinander wird die gewünschte Funktionalität erreicht.

Wir werden noch erkennen, daß die Fähigkeit zur *Informationsspeicherung* Voraussetzung für intelligentes Verhalten ist. Informationsspeicher lassen sich ebenfalls aus Gattern zusammensetzen, wie Abbildung 3.4 zeigt. Auch hier werden die drei Elementarfunktionen UND, ODER und NEGATION verwendet, um z. B. die Aussage „a ist wahr“ zu speichern. Eine „1“ am linken Eingang des ODER-Gatters schaltet den Speicher ein (Abb. 3.4a). Am Ausgang A wird dann unabhängig vom Vorhandensein der „1“ am ODER-Gatter eine „1“ abgegeben, bis an den Eingang der NEGATION eine „1“ angelegt wird. Damit wird der Speicher wieder in die Ruhelage überführt. Während in Abbildung 3.4a eine „Minimalkonfiguration“ angegeben

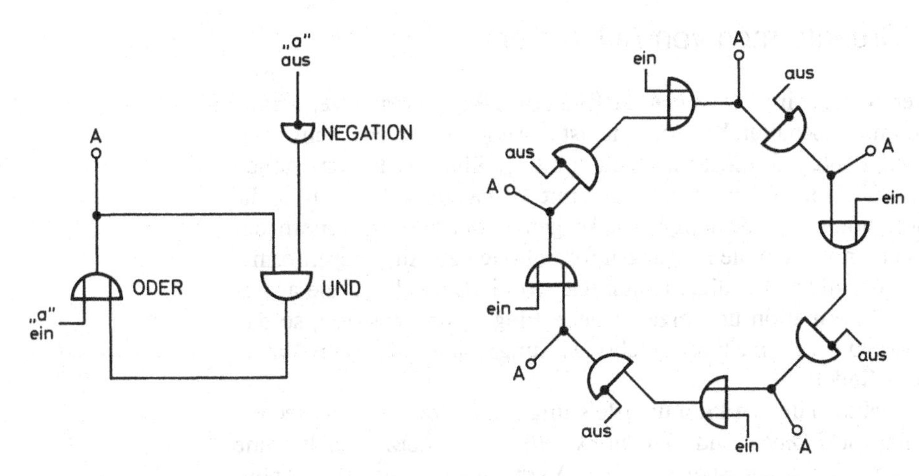

a) Minimalkonfiguration

b) mehrfach steuerbare Konfiguration

Abb. 3.4. Logische Speicherung

ist, zeigt Abbildung 3.4b einen über mehrere Gatter geschlossenen Ring, der aus verschiedenen Positionen gesteuert werden kann. (Die NEGATION ist jeweils als „Punkt“ in einen Eingang des UND-Gatters hineingezogen worden.) Wesentlich für die Speicherung ist die „Rückkopplung“, bei der das Ende einer Gatterkette auf den Anfang zurückgeführt wird, so daß eine „1“ in dem Ring gewissermaßen „kreisen“ kann.

Die logische Abbildung 3.4 kann auf elektronische Gatter übersetzt werden, wodurch die „logische Speicherung“ in eine „elektrische Speicherung“ übergeht. In der Elektronik verwendet man für die elektrische Speicherung jedoch in der Regel keine Gatterkombinationen, sondern Spezialschaltungen, die die Unterbringung von zahlreichen Speicherplätzen auf engstem Raum ermöglichen. (Auf einem einzigen Halbleiterschaltkreis werden in Zukunft viele Millionen „bit“ speicherbar sein!)

Auf einen an sich trivialen Umstand sei hingewiesen: Die elektrische Speicherung in Abbildung 3.4 kann nur dann wirksam werden, wenn über die Verdrahtung eine speicherfähige Konfiguration hergestellt wurde. Die Verdrahtung trägt also auch hier wiederum eine wesentliche Komponente zur Speicherung bei!

3.3 Grundformen von Automaten

Gatter werden in *Automaten* zu funktionsfähigen Gatterverbänden zusammengeschaltet. Ein Automat ist gewissermaßen ein „schwarzer Kasten" (Abb. 3.5) mit Eingängen e_1 bis e_m, über die Informationen aus der Umwelt aufgenommen, und mit Ausgängen a_1 bis a_n, über die Informationen an die Umwelt ausgegeben werden. Im Innern des Automaten werden die Eingangsinformationen zu Ausgangsinformationen verknüpft. Im allgemeinen reagiert die Umwelt auf die ausgegebene Information und erzeugt neue Eingangsinformation, so daß der Automat sich in einem Wechselwirkungsablauf mit seiner Umgebung befindet.

Hinsichtlich der Verknüpfungsleistung von Automaten unterscheidet man *Schaltnetze* und *Schaltwerke.* Ein Schaltnetz enthält keine internen Informationsspeicher. Der „Verhaltensautomat" der Abbildung 3.1 ist ein typisches (wenn auch sehr einfaches) Beispiel hierfür: Er antwortet sofort und immer in derselben Weise auf eine bestimmte Eingangsinformation. Drückt man wiederholt auf die Eingabetasten c und e (Abb. 3.2), so gibt er immer wieder zu verstehen, daß eine Wanderung *nicht* anzutreten sei; er sagt nicht etwa: „Das hast Du mich schon zuvor gefragt"; so etwa würde wohl ein Mensch reagieren! Der Verhaltensautomat aber kann nicht auf diese Weise antworten, weil er sich eine früher gestellte Frage nicht merken kann.

Im Gegensatz dazu besitzt ein *Schaltwerk* interne Speicherplätze s_1 bis s_p für binäre Elementaraussagen. Von ihm kann man im Prinzip also die eben erwähnte Antwort erwarten, denn es hat die Fähigkeit, sich zu erinnern. Allerdings hängt es von der Ausführung und Verdrahtung der Gatterverknüpfungen ab, ob ihm vorhergehende Fragen (und wenn ja, wie viele!) erinnerlich sind.

„Vorhergehende Fragen" machen deutlich, welche Rolle der zeitliche Ablauf für Schaltwerke spielt. Gleiche aus der Umwelt angebotene Eingangsinformationen werden im allgemeinen zu unterschiedlichen Ausgangsinformationen führen, weil die Eingangsinformationen mit den im Inneren gespeicherten Informationen verknüpft werden, und weil sich im allgemeinen der innere Speicherzustand z_s (s_1, --- s_p) von Umweltereignis zu Umweltereignis ändert. Der Verknüpfungsablauf wird also durch die *Folge* der angebotenen

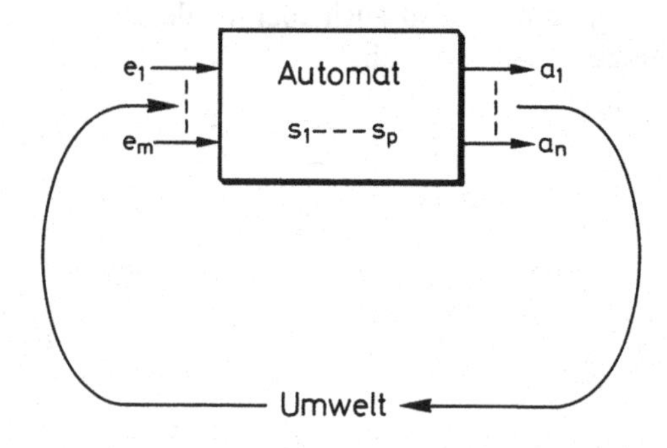

Abb. 3.5. Der Automat als „schwarzer Kasten"

Eingangsinformationen bzw. der diese auslösenden Umweltereignisse angetrieben. Das *muß* übrigens nicht so sein, denn zumindest partiell kann die äußere durch eine innere, im Automaten selbst erzeugte Ereignisfolge ersetzt werden.

Es ist lehrreich, nach der theoretisch möglichen Zahl unterschiedlicher Umweltsituationen zu fragen, auf die ein Automat zu reagieren hat. Beim Schaltnetz ist das recht einfach. Aus m unabhängigen elementaren Binäraussagen auf den Eingängen lassen sich $z_e = 2^m$ unterschiedliche Eingangsinformationen kombinieren. Demzufolge gibt es auch bei eindeutiger *Zuordnung* der Ausgangsinformationen zu den Eingangsinformationen *maximal* $z_a = 2^m$ unterschiedliche Ausgangsinformationen, aber natürlich kann ein und dieselbe Ausgangsinformation auch *mehreren* Eingangsinformationen zugeordnet sein. Wenn man sicher gehen will, daß das Schaltnetz auf jede mögliche Eingangsinformation in definierter, vorbedachter Weise reagiert, muß man alle diese Eingangsinformationen systematisch durchgehen und für jeden Einzelfall die zugeordnete Ausgangsinformation bestimmen.

Wir erläutern dies an einem einfachen Beispiel. Nehmen wir an, wir bauen ein „Addierschaltnetz", dessen Eingängen wir zwei Dezimalziffern zuführen können, die nach CCITT-Alphabet No. 5 (Abschnitt 3.1) codiert sind. Als Summen dieser zwei Ziffern erwarten wir ein- und zweistellige Ergebnisse als Ausgangsinformation. Das Schaltnetz erhält also 2 mal 7 gleich 14 Binäreingänge und ebenso viele Binärausgänge, entsprechend dem siebenstelligen Code jenes Alphabets. Legen wir zweimal die Ziffer „2" an die Eingänge (Codierung 0110010 0110010), so ordnen wir dieser Eingangsinformation die Summe „4" als Ausgangsinformation zu (Codierung 0110000 0110100). Dieselbe Ausgangsinformation müssen wir aber auch z. B. der Eingangsinformation „1 und 3" (Codierung 0110001 0110011) zuordnen. Dementsprechend sind die Verknüpfungen im Innern des Schaltnetzes auszuführen.

Es gibt 100 aus zwei Ziffern bestehende Eingangsinformationen, die zu sinnvollen Ergebnissen führen. Die Zahl der *möglichen* Eingangsinformationen beträgt jedoch $z_e = 2^{14} = 16\,384$. Eine von diesen ist 1101010 1100001 („ja"). Es ist unsinnig, „ja" zu addieren - dieser Eingangsinformation muß also eine als „unsinnig" erkennbare Ausgangsinformation zugeordnet werden, z. B. 0000000 0000000. Entsprechend ist mit den anderen nicht sinnvollen Eingangsinformationen zu verfahren. Versäumen wir ein solches systematisches Vorgehen, können wir nicht *sicher* sein, daß unser Additionsschaltnetz immer richtig reagiert. Es könnte also vorkommen, daß Eingangsinformation „ja" durch eine nicht vorbedachte Verknüpfungswirkung z. B. zur Ausgangsinformation „37" führt, also zu einer *falschen* Aussage!

Was beim Schaltnetz noch einfach und übersehbar erschien, kann sich beim Schaltwerk zu unüberschaubarer Komplexität ausweiten. Dort nämlich müssen wir jede der $z_e = 2^m$ möglichen Eingangskombinationen mit jedem der bei s_p binären Speicherplätzen möglichen

$z_s = 2^p$ internen Speicherzuständen kombinieren. Es müssen also $z = 2^{m+p}$ Kombinationen durchdacht und mit *wahren* Aussagen verknüpft werden. In modernen Schaltwerken (nämlich in Computern, die auch zu den Schaltwerken gehören) kann es viele 10 oder 100 Milliarden binäre Speicherplätze geben, so daß die Zahl der durchzudenkenden Kombinationen irrwitzig groß wird. Durch Bildung von Speicherplatzklassen läßt sich diese Zahl zwar deutlich reduzieren, sie bleibt aber immer noch groß genug, um ein systematisches „Durchdenken" im allgemeinen auszuschließen. Daraus resultiert letztlich das bekannte Phänomen der „Softwarefehler" in großen Programmen, die sich manchmal erst nach jahrelangem praktischen Einsatz bei nicht vorbedachten Umweltsituationen herausstellen.

Die Zahl der unterscheidbaren Automatenzustände ist übrigens auch ausschlaggebend für die Klassifizierung der Automaten in „finite-state machines" (Endlich-Zustand-Automaten) und „in finite-state machines" (Unendlich-Zustand-Automaten). Wir Menschen betrachten unsere Computer als „finite-state machines" und überlegen uns in Computer- und Programmentwicklung möglichst genau, welche begrenzte Zahl von Zuständen die Computer annehmen *sollen*. Woran wir häufig zu wenig denken, ist das bereits erwähnte Phänomen, daß die meisten Computer ungeheuer viele Zustände einnehmen *können* und damit *praktisch* „in finite-state machines" sind.

Es ist deutlich geworden, daß menschähnliches Verhalten eines Automaten - etwa wie eingangs geschildert - als *notwendige* Bedingung Schaltwerkeigenschaften voraussetzt. Aber natürlich ist dies bei weitem noch keine *hinreichende* Bedingung. Die Frage drängt sich auf, unter welchen Umständen man einen Automaten als *intelligent* bezeichnen könnte. Dies ist sicher der Fall, wenn sein Verhalten von dem eines Menschen nicht zu unterscheiden ist. Der Mathematiker *A. Turing* (1912–1954) hat folgenden Test vorgeschlagen: Ein Experimentator ist über ein Terminal (Einrichtung zur Telekommunikation von Menschen mit Computern) wechselweise mit einem Automaten oder mit einem Menschen verbunden, die in anderen Räumen, also dem Experimentator nicht sichtbar, untergebracht sind. Der Wechsel zwischen Automaten und Mensch vollzieht sich zufällig, z. B. durch Würfeln nach dem Kriterium „gerade/ungerade". Der Experimentator stellt nun über das Terminal Fragen und entscheidet, ob die Antwort vom Menschen oder vom Automaten kommt. Ist die Zahl der als „menschlich" beurteilten Automatenantworten größer als 50%, so verhält sich der Automat intelligent! (Diese Darstellung ist gegenüber dem „Original-Turing-Test" vereinfacht [3.3].)

Wir spinnen den eingangs begonnenen Dialog weiter. Die Vorbedingungen mögen günstig sein (es ist Wochenende und regnet nicht), so daß dem Experimentator am oben erwähnten Terminal geantwortet wird: „Du kannst wandern." Nun schließt der Experimentator die Frage an: „Soll ich meine Zahnbürste mitnehmen?" Zwei der möglichen Antworten: „Warum Zahnbürste?" Und die andere Antwort: „Nein, du mußt abends wieder zu Hause sein, denn heute ist bereits Sonntag, und morgen früh wartet das Büro." Die erste Antwort kann ein Mensch geben, aber auch ein Automat. Der Automat würde damit z. B. einer einprogrammierten Antwortstrategie folgen, die Intelligenz vortäuschen soll, letztlich jedoch zu keinem Ergebnis führt. Daß aber die zweite Antwort von einem Automaten herrührt, ist recht unwahrscheinlich, denn sie verlangt sehr viel „Weltwissen", also Hintergrund- oder Alltagswissen. Zunächst ist offenbar bekannt, daß eine Zahnbürste zur abendlichen und morgendlichen Körperpflege gehört und daß ihre Mitnahme somit eine Übernachtung außer Haus signalisiert. Zweitens gibt es ein „Kalendergedächtnis" (es ist Sonntag!) und drittens das Wissen, daß am Montag wieder die Arbeitswoche beginnt. Dieses Alltagswissen kann man im Prinzip auch einem Automaten beibringen, jedoch muß man dazu schon genau vorbedenken, was sich alles im Zusammenhang mit „Wandern" fragen läßt. Das reicht von „drückenden Schuhen" über „Anreisemöglichkeiten" und „Wurstbrot" bis zum „Schlafanzug". Die Frage- und Antwortmöglichkeiten scheinen unermeßlich zu sein - im Grunde genommen kann sich das Fragespiel über die ganze Breite menschlicher Lebenserfahrung erstrecken. Ist es nicht aussichtslos, einem Automaten diese Lebenserfahrung beizubringen? Eine wichtige Frage, die später noch zu diskutieren sein wird!

Automaten sind nicht Selbstzweck, sondern sie existieren - wie Abbildung 3.5 andeutet - in einer *Umwelt.* Es gibt Menschen, die sie mit Eingangsinformationen „füttern", aufgrund derer sie Ausgangsinformationen für diese Menschen erarbeiten. Es gibt aber auch technische Prozesse, in denen Eingangsinformationen automatisch von „Sensoren" erfaßt und an den Automaten (z. B. Computer) abgegeben werden, woraufhin dieser Verknüpfungsergebnisse an „Aktoren" ausgibt, welche die Prozesse beeinflussen. In allen Fällen werden Informationen verarbeitet, deren Erscheinungsform (oder „Symbolik") während der Verarbeitung wechseln kann.

Abbildung 3.6 beschreibt als vereinfachtes Prozeßbeispiel die Telefonvermittlung. Links im Bild sind 1000 Telefonteilnehmer an ein „Koppelnetz" angeschlossen, das elektrische Verbindungen zu 1000

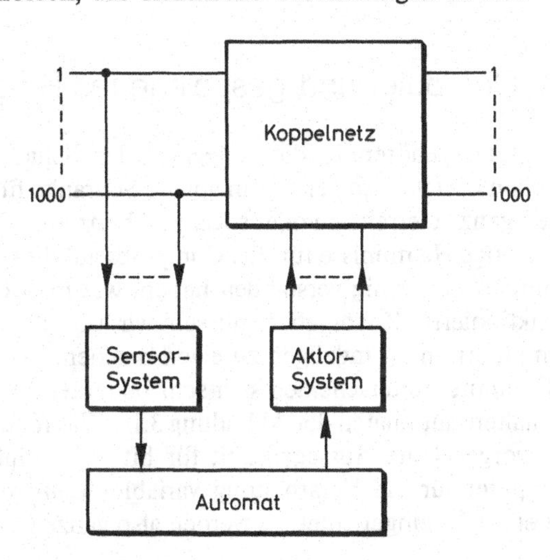

Abb. 3.6. Prozeß Telefonvermittlung

Gesprächszielen schalten kann entsprechend den von den Teilnehmern gewählten Ziffern. Die Teilnehmer wählen mit ihrer Wählscheibe die Ziffern der gewünschten Rufnummern. Die Ziffern werden in Form von Stromunterbrechungen an die Telefonvermittlung gemeldet. Wird eine „3“ gewählt, so wird diese Information in drei Stromunterbrechungen codiert, bei einer gewählten „9“ sind es neun Stromunterbrechungen usw. Im „Sensor-System“ werden diese Informationen aufgenommen und in das für den Automaten besser verständliche CCITT-Alphabet No. 5 umcodiert. Außerdem muß das Sensor-System für den Automaten eine Information darüber mitgeben, auf welcher der 1000 Teilnehmerleitungen die Wahlinformation eingetroffen ist. Im Sensor-System erfolgt also eine *Vorverarbeitung* der empfangenen Information in der Weise, daß sie durch den Automaten weiterverarbeitet werden kann. Dazu muß das Sensor-System über ein gewisses Maß an „Intelligenz“ verfügen.

Im Automaten wird aufgrund der vom Sensor-System empfangenen Information ein Weg durch das Koppelnetz bestimmt. Die Bestimmungsgrößen dieses Weges werden im CCITT-Alphabet No. 5 an das Aktor-System abgegeben, welches diese Information in Schaltbefehle für das Koppelnetz umrechnet. Im Aktor-System findet also eine *Decodierung* der empfangenen Codeworte (Alphabet No. 5) in physikalische *Wirkungen* statt, die über elektromagnetische Kräfte eine Anzahl von Kontakten betätigen und damit einen Stromkreis zum gewünschten Ziel schließen. - Ein anderes Beispiel zur Erläuterung der Decodierfunktion: Eine (sog. „Teletex“-) Fernschreibmaschine empfängt das Codewort 1101010. Sie decodiert das Codewort zur Wirkung „Ausdruck j“. Ein anderes Codewort 1100001, das sich in Anzahl und Lage der „Einsen“ und „Nullen“ unterscheidet, wird zur Wirkung „Ausdruck a“ decodiert.

Zu den in Abschnitten 3.2 und 3.3 beschriebenen Gatter- und Automatenfunktionen gibt es sehr viel einführende und vertiefende Literatur. Der Hinweis [3.4] kann deshalb nur ein Beispiel geben.

3.4 Computer und gespeichertes Programm

Computer gehören in die Kategorie der Schaltwerke; von daher gesehen besteht also keine prinzipielle Schranke für sie, menschliche Intelligenz zu erreichen oder sogar zu übertreffen. Wir werden später gewichtige Hemmnisse für den Computer auf diesem Weg erkennen, wenn wir ein wenig verstanden haben, wie menschliche Intelligenz „funktioniert“. Zuvor aber müssen wir uns die Arbeitsweise von Computern in Grundzügen zu eigen machen.

Computer unterscheiden sich sehr bedeutend von dem einfachen Verhaltensautomaten der Abbildung 3.1c. Während in diesem wenige fest vorgegebene Aussagen „bit für bit“ verknüpft werden, ist der Computer für die Verarbeitung variabler *Codeworte* - etwa wie in Tabelle 3.2 - eingerichtet. Es werden also ganze Codeworte bestimm-

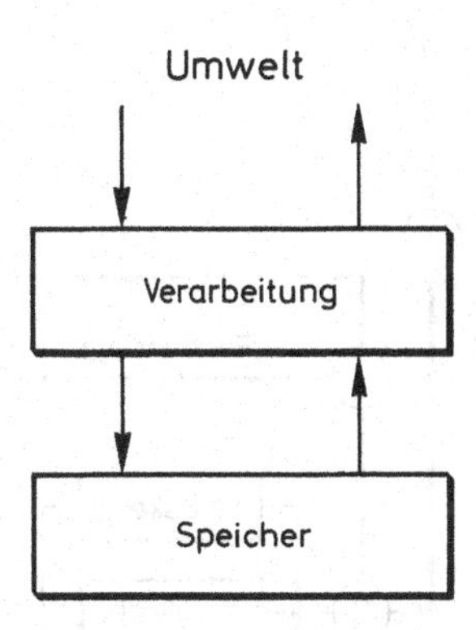

Abb. 3.7. Prinzip des Computers (1)

ten Verarbeitungs„prozeduren" unterworfen! Dies geschieht nach Abbildung 3.7 in einem eigenen Bereich. Der zweite, davon getrennte Bereich ist der „Speicher". Aus diesem Speicher werden die zu verarbeitenden Codeworte herausgelesen, nach der Verarbeitung werden sie dort im allgemeinen wieder eingeschrieben. Ein Verarbeitungsschritt besteht also grundsätzlich aus einem Zyklus „Speicher auslesen - verarbeiten - Speicher wieder einschreiben". Eine bestimmte Aufgabenstellung erfordert im allgemeinen sehr viele solcher Zyklen nacheinander, ihre Folge wird im sog. „Programm" festgelegt. Gelegentlich ist auch Kommunikation mit der Umwelt notwendig, entweder um neue Codeworte zur Verarbeitung aufzunehmen und im Speicher abzulegen, oder um der Umwelt Verarbeitungsergebnisse mitzuteilen. Um es noch einmal hervorzuheben: Verarbeitung und Speicherung von Information geschieht in *getrennten* Bereichen, Codeworte werden zwischen beiden Bereichen hin- und hertransportiert. Wir werden später sehen, daß die Informationsverarbeitung im Gehirn wahrscheinlich anders abläuft.

Abbildung 3.8 geht etwas mehr ins Detail. Für die einzelnen Verarbeitungsfunktionen gibt es spezielle „Einheiten", z. B. „Addierer" zur Addition von zwei codierten Ziffern, „Vergleicher" zur Prüfung der Identität eines Codewortes mit einem vorgegebenen Codewort, „Masken" zum Ausblenden einzelner Bits eines Codewortes usw. Nach der früheren Feststellung, daß sich alle logischen Zusammenhänge durch Gatterkombinationen aus nur drei Grundtypen darstellen lassen, überrascht es nicht, wenn dies sinngemäß auch für die Verarbeitung von Codeworten gilt: Mit wenigen der erwähnten elementaren Verarbeitungseinheiten lassen sich beliebige Verarbeitungsfunktionen für Codeworte realisieren, wenn man die Einheiten in geeigneter Weise miteinander verknüpft. Genauer gesagt: Codeworte lassen sich in jeglicher Weise bearbeiten und verändern, wenn man sie nacheinander nach den Anweisungen des für den speziellen Anwendungsfall festgelegten Programms den verschiedenen Verarbeitungseinheiten zuführt. Das Zuführen und Abführen der Codeworte erfolgt über ein transparentes „Straßensystem" (BUS-System genannt), über das die Codeworte ohne jegliche Veränderung transportiert werden können. Um das ganz deutlich zu machen: Über ein

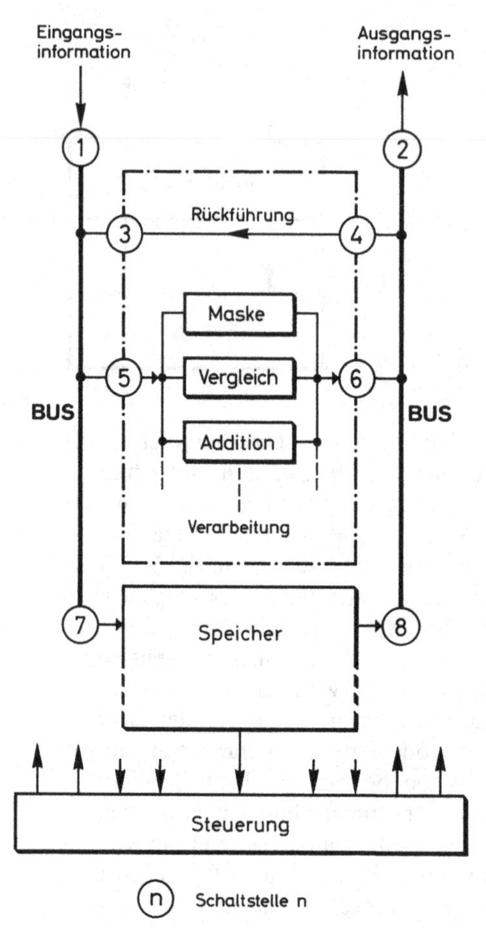

Abb. 3.8. Prinzip des Computers (2)

und dasselbe Straßensystem kann z. B. sowohl das Codewort „a" (1100001) als auch das Codewort „3" (0110011, vgl. Tab. 3.2) geschickt werden. Im menschlichen Gehirn gibt es für den Informationstransport vermutlich derartige *transparente* Straßensysteme nicht.

Abbildung 3.8 dient der Verdeutlichung. Dick ausgezogen sind die beiden Transportstraßen für Informationen. Zwischen ihnen liegen die Verarbeitungseinheiten, die über als Kreise eingezeichnete Schaltstellen fallweise angesteuert werden. Über Schaltstellen 1 und 2 besteht Kontakt mit der Umwelt, Schaltstellen 7 und 8 beziehen den für Schaltwerkfunktionen benötigten Speicher in die Verarbeitungsvorgänge ein. Die Steuerung ist für die Betätigung der „richtigen Schaltstelle zur richtigen Zeit" zuständig. Dies ist - wohlgemerkt - ein sehr einfaches Modell eines Computers.

Ich möchte gern wissen, wieviel 3^2 ist. Ich teile dem Computer meinen Wunsch als „Eingangsinformation" mit. Die Steuerung läßt die Information über Schaltstelle „1" hereinkommen und interpretiert meinen Wunsch. Sie leitet die Information 3 über die Schaltstelle 5

zwecks Addition auf die Additionseinheit: „3 + 0 = 3“. Das Ergebnis bleibt in der Additionseinheit zwischengespeichert, die Information 3 wird über die Schaltstellen 6, 4, 3 und 5 zum zweiten Mal auf den Eingang der Additionsbaugruppe geführt und zum zwischengespeicherten Ergebnis addiert: „3 + 3 = 6“. Das neue Ergebnis bleibt im Zwischenspeicher, die Information 3 wird abermals auf ihren Rundweg geschickt: „3 + 6 = 9“. Das ist auch bereits das Ergebnis, es wird über Schaltstellen 6 und 2 ausgegeben. - In diesem simplen Beispiel, das keinen direkten Bezug zur Realität hat, wurde darauf verzichtet, auch den Speicher in die Betrachtung einzubeziehen.

Der hohe Anteil der *Steuerung* am Verarbeitungsablauf ist offensichtlich. Sie bezieht ihre Kenntnis über die auszuführenden Schaltfolgen aus den von den Programmierern erstellten *Programmen.* Nach einem Vorschlag des Mathematikers *J. v. Neumann* (1903–1957) sind neben den zu verarbeitenden Informationen auch die Programme *im Speicher* aufgehoben. Übrigens muß sich der Programmierer sehr präzise ausdrücken, damit ihn die Computersteuerung auch richtig versteht. Um dem Programmierer diese Arbeit zu erleichtern, sind zahlreiche formale *Programmiersprachen* entwickelt worden, die trotz strenger syntaktischer Regeln dem menschlichen Sprachverständnis entgegenkommen. Programmiersprachen lassen sich *automatisch* in die der Steuerung verständliche *Maschinensprache* übersetzen. Bekannte Beispiele für Programmiersprachen sind COBOL (common business oriented language) für den kommerziellen Bereich, ALGOL (algorithmic language) und FORTRAN (formula translation) für technisch-wissenschaftliche Anwendungen, PL1 für beide Gebiete geeignet, BASIC (beginner's all-purpose symbolic instruction code) als einfach zu lernende Programmiersprache für den Anfänger. Im Zusammenhang mit „künstlicher Intelligenz“ sind Programmiersprachen wie PROLOG (programming in logic) und LISP (list processing) mit Vorteil einzusetzen.

Die *serielle* Arbeitsweise des Computers, also die Informationsverarbeitung in vielen aufeinanderfolgenden Schritten, ist wegen des damit verbundenen Zeitbedarfs ein echtes Hindernis für manche Aufgaben der Informationsverarbeitung, man spricht vom „v. Neumann-Engpaß“! Dieser Engpaß wird übrigens besonders hinderlich bei Aufgabenstellungen, deren Lösungen dem Menschen ausgesprochen leicht fallen. So ist z. B. bei Vorlage eines Landschaftbildes das Erkennen eines Autos im Mittelgrund „auf den ersten Blick“ beim Menschen problemlos möglich, während dies für den Computer eine außerordentlich schwierige Aufgabe bedeutet. Wir werden später sehen, wie das zu erklären ist.

Für die Computerhersteller ist die Erschließung immer neuer, früher allein dem Menschen vorbehaltener Anwendungsbereiche eine Herausforderung, den „v. Neumann-Engpaß“ zu überwinden. In Japan läuft in diesem Zusammenhang das Forschungs- und Entwicklungsprogramm der „fünften Computer-Generation“ [3.5]. Abgesehen von der Verwendung immer schnellerer Schaltkreise sieht man einen (schwierigen) Lösungsweg in der Verteilung der Aufgaben auf viele koordiniert zusammenarbeitende Computer; Hunderte von Computern sollen zu einem System zusammengeschaltet werden. Für spezielle Anwendungen gibt es sogenannte „Vektorprozessoren", die gleichartige Informationen („Vektoren") gewissermaßen „auf dem Fließband" in aufeinanderfolgenden Stationen bearbeiten. Dort sind heute bereits Milliarden Operationen je Sekunde realisiert! Einen derzeitigen Höhepunkt dürfte ein an der Princeton University entwickelter Supercomputer darstellen, der 61,4 Giga Flops (Milliarden „floating-point operations per second") leisten soll mit 128 zusammenarbeitenden Prozessoren [3.6].

Es gibt aber auch neuartige Ansätze wie die sog. „Connection machine" [3.7], die das neuronale Netz des menschlichen Gehirns nachzuahmen versucht. Die Maschine besteht aus 65 536 (= 2^{16}) einfachen Prozessoren mit individuell zugeordneten 4-kbit-Speichern, die untereinander vernetzt sind und von einem zentralen Mikrocontroller synchron gesteuert werden. Ein „Element" dieser Maschine übernimmt also sowohl einfache Verarbeitungs- wie auch Speicherfunktionen.

Jedoch wird die Leistungsfähigkeit eines Computers nicht allein durch seine Arbeitsgeschwindigkeit bestimmt, sondern auch durch die Größe seines Speichers, insbesondere des Speichers, auf den er gemäß Abbildungen 3.7 und 3.8 von der Verarbeitung aus direkt zugreifen kann. (Es gibt auch „periphere Speicher", die außerhalb des Computers in der „Umwelt" angeschlossen sind, und bei denen der Zugriff auf Informationen naturgemäß länger dauert.) Natürlich existiert nicht nur die Kategorie der „Supercomputer", vielmehr wird ein breites Spektrum unterschiedlich leistungsfähiger und damit natürlich auch unterschiedlich teurer Computer angeboten, optimal für den jeweiligen Anwendungsfall auszuwählen. Ein Beispiel bildet die Produktpalette eines bekannten Herstellers, die *auszugsweise* in Tabelle 3.4 wiedergegeben ist.

Typ	MIPS	Arbeitsspeicher (MByte)	periphere Speicher (MByte)
PC D	0,2 - 0,8	1	ca. 14
PC 2000	0,12 - 0,4	4	73
7560	1,5 - 3,5	32	*)
7580	3,4 - 11	128	*)
7590	15 - 27	128	*)

*) Je Gerät (Plattenspeicher) 3700 MByte (also ca. 28 Gigabit); Anzahl der anschließbaren Geräte nur durch praktische Gesichtspunkte begrenzt

Tabelle 3.4. Leistungsfähigkeit verschiedener Computertypen

Einige Erläuterungen zu der Tabelle: „MIPS" sind „Millionen Instruktionen pro Sekunde", ihr Wert hängt von den spezifischen Eigenschaften der abzuwickelnden Aufgaben ab. Man bestimmt die Werte in sog. „Benchmarktests", die auf verschiedenen „Standard"-

Aufgabenstellungen beruhen. In der Tabelle sind die Werte des PC D mit den übrigen Zeilen nicht vergleichbar.

Die Speicherkapazitäten sind in „Megabyte“ (MByte) angegeben; das sind „Millionen Byte“, wobei ein Byte acht Bit umfaßt. Diese Werte sind den äquivalenten Werten des menschlichen Gehirns gegenüberzustellen (vgl. Abschnitt 4.3)! Der technologische Trend zielt übrigens auf nicht absehbare Zeit hinaus auf die Realisierung immer größerer Speicherkapazitäten.

Nochmals zur oft so genannten „Intelligenz“ des Computers: Wir wollen hier noch nicht über „künstliche Intelligenz“ sprechen - ein Arbeitsgebiet, das seit einigen Jahren immer mehr Beachtung findet (vgl. Abschnitt 10). Doch welche Fähigkeiten zur Informationsverarbeitung hat der Computer? Hier seien - etwas unkonventionell - zwei Urkategorien unterschieden, nämlich „eingebaute Fähigkeiten“ und „einprogrammierte Fähigkeiten“. Eingebaute Fähigkeiten liegen in fest verdrahteten Gatterverknüpfungen, also in der sog. *Hardware,* die von vornherein im Computer existent ist. Dazu gehören „prozedurale Basisfunktionen“ wie das Erkennen, ob eine Zahl größer oder gleich Null ist oder ob sich zwei Informationen gleichen. Einprogrammierte Fähigkeiten dagegen sind diejenigen, die auf die Tätigkeit von Programmierern zurückgehen, die also in den Bereich der sog. *Software* fallen. Bis zu ihrer fallweisen Aktivierung „ruhen“ alle einprogrammierten Fähigkeiten im Speicher. Je umfangreicher und komplizierter die einprogrammierten Fähigkeiten werden, desto größer muß auch der Speicher sein.

Die „Intelligenzfunktionen“ des Computers entstehen aus dem Zusammenwirken von eingebauten und einprogrammierten Fähigkeiten mit einem gewaltigen Übergewicht bei den letztgenannten. Riesige, höchst „intelligente“ Programmsysteme aber sind funktionsunfähig ohne die wenigen *eingebauten Fähigkeiten!*

3.5 Das menschliche Gehirn als Automat

Wir befinden uns in der Diskussion des „Bereichs 2“, also im objektivierbaren, durch naturwissenschaftliche und informationstechnische Gesetze beherrschten Bereich des menschlichen (und auch tierischen) Lebens. Hier ist es erlaubt und notwendig, das Gehirn als „Automaten“ aufzufassen. Aufbauend auf Abschnitt 2.3 entwirft Abbildung 3.9 ein grobes Abbild der Hirnarchitektur, sinngemäß vergleichbar etwa mit dem Strukturbild 3.8 des Computers [3.8]. Wir fassen in Hauptabschnitt 2 besprochene Gesichtspunkte zusammen: Somatosensorische Nervenzellen, Innenohr, Augennetzhaut u. a. liefern als „Sensoren“ Eingangssignale an die Großhirnrinde. Aus der Großhirnrinde werden Ausgangssignale an das autonome Nervensystem und an die motorischen Nervenzellen als „Aktoren“ abgegeben. In der Großhirnrinde werden die Eingangssignale verknüpft und fallweise zu Ausgangssignalen verarbeitet, wobei wir es erfahrungs-

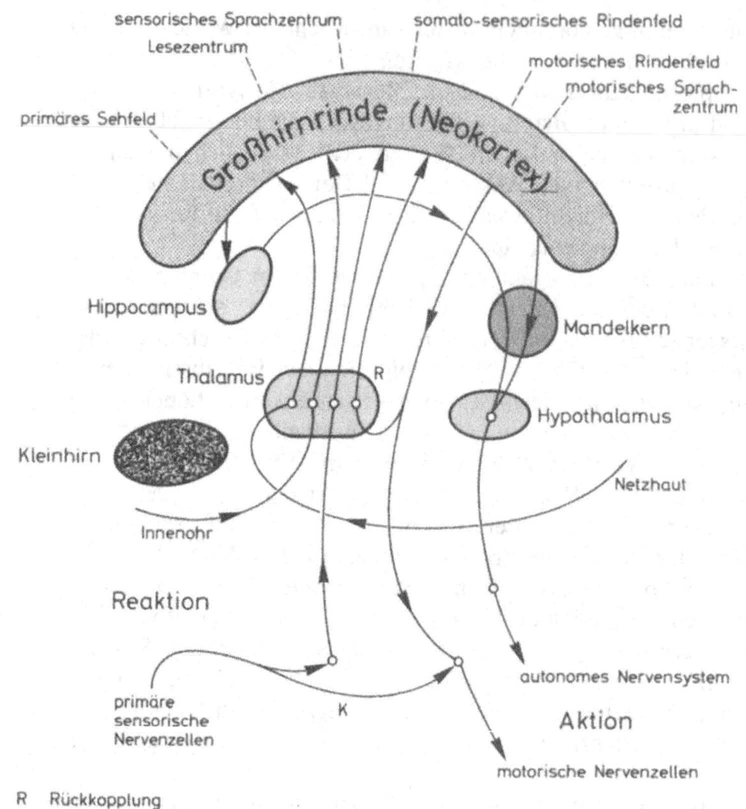

Abb. 3.9. Stark schematisierte Architektur von Teilen des menschlichen Gehirns

gemäß beim Menschen mit einem speicherfähigen *Schaltwerk* zu tun haben. Die Signalübertragung und -verarbeitung geschieht ähnlich wie beim Computer auf der Basis *elektrischer Impulse,* die eigentliche Verarbeitung erfolgt - wie noch gezeigt wird - in Nervenzellen (Neuronen), deren Wirkung mit der von *Gattern* vergleichbar ist. Die dargestellten Pfeile deuten repräsentativ Nervenbahnen an, deren Zahl ungeheuer groß ist - gewissermaßen die „Verdrahtung" des Gehirns! Die angegebenen Verdrahtungsbeziehungen zwischen den verschiedenen Hirnbereichen sind keineswegs die einzigen, sie bilden jedoch gewisse Schwerpunkte.

Es ist plausibel, daß sich über schwerpunktmäßige Verdrahtungsbeziehungen, über die Signale bestimmter Herkunft weitergeleitet werden, auch funktionale Schwerpunkte in bestimmten Hirnbereichen bilden (nach *Brodmann,* vgl. Abschnitt 2.3). Offenbar werden Signalaktivitäten über mehrere „Stufen", in denen eine gewisse *Vorverarbeitung* der Signale stattfindet, weitergeleitet. Beispiele hierfür sind das „primäre Sehfeld" und das „primäre Hörzentrum". Im hier zu besprechenden Zusammenhang ist es wichtig zu wissen, daß aus diesen sinnesspezifischen Bereichen ein gemeinsamer Bereich, das *sensorische Sprachzentrum (Wernicke),* mit Signalen beschickt wird. Dort können also Eindrücke verschiedener Sinnesorgane miteinander in Beziehung treten. Man nimmt an, daß das sensorische Sprachzentrum an der Bildung sinnvoller Gedanken beteiligt ist. Darüber hinaus gibt es das *motorische Sprachzentrum (Broca),* welches eng mit dem sensorischen Sprachzentrum gekoppelt ist und für die Ausformulierung von Gedanken zuständig zu sein scheint. Beide Sprachzentren zusammen sind offenbar wesentlich für die intellektuellen Leistungen des Menschen verantwortlich; diese Bereiche sind beim Menschen auch im Vergleich zu den Tieren stärker ausgeprägt. Nun steht natürlich am Anfang eines Lebens nicht die *funktionale* Struktur, die auf zweckmäßige Weise verdrahtet wird, sondern umgekehrt sind die Verdrahtungsbeziehungen gegeben, über die mehr oder weniger zwangsläufig die erwähnten Funktionsbereiche durch Prägungen entstehen.

Von großer Bedeutung für den Menschen (und auch für das Tier) ist das sog. *limbische System,* hier repräsentiert durch die Bereiche Hippocampus, Mandelkern und Hypothalamus (Abb. 3.9). Man vermutet, daß die Emotionen unseres subjektiven Erfahrungsbereichs (Bereich 1) von dort her beeinflußt werden. Auch hat das limbische System offenbar mit der Bildung des Langzeitgedächtnisses zu tun. Übrigens entsprechen Zusammenhänge zwischen Emotion und Langzeitspeicherung auch unserer persönlichen Erfahrung: Ereignisse, die von starker Emotion begleitet waren, behalten wir unser Leben lang!

Auch technisch - also im Bereich 2 - könnte das limbische System eine wichtige Rolle spielen, auf die wir später eingehen werden. Vorerst ist zu konstatieren, daß zahlreiche Nervenbahnen aus der Großhirnrinde in das limbische System einmünden. In den Bereich 1 übersetzt bedeutet dies, daß in der Großhirnrinde verarbeitete Signale Emotion wachrufen können!

Schließlich sei noch das Kleinhirn erwähnt, das offenbar für gelernte (und mehr oder weniger in das Unbewußte übergegangene) Bewegungsabläufe mitverantwortlich ist [3.9]. Es ist gewissermaßen der Großhirnrinde „parallel geschaltet", aber aus Gründen der Übersichtlichkeit in seinen Verdrahtungsbeziehungen hier nicht im einzelnen dargestellt. Es entspricht unserer subjektiven Erfahrung, daß zunächst bewußt gelernte Funktionen (z. B. Laufen, Autofahren) mit der Zeit in das Unterbewußtsein abgedrängt werden, und daß damit im Bewußtsein Platz für höhere Funktionen geschaffen wird, die gleichzeitig mit unbewußten Tätigkeiten ablaufen können. Hier dürfte der Aufgabenbereich des Kleinhirns liegen.

Abbildung 3.10 deutet ein noch stärker abstrahierendes „Blockschaltbild" der hier interessierenden Teile an in Analogie zum Computerbild 3.8. Es gibt offenbar kein für die *verschiedensten* Informationen verwendetes „Bus-System", die verschiedenen Blöcke treten untereinander in *individuelle Verdrahtungsbeziehungen.* Aus der Umwelt werden von sinnesspezifischen Sonden *Sinneseindrücke* aufgenommen; in sinnesspezifischen Vorverarbeitungsbereichen werden relevante Signale ausgefiltert und insbesondere der hier

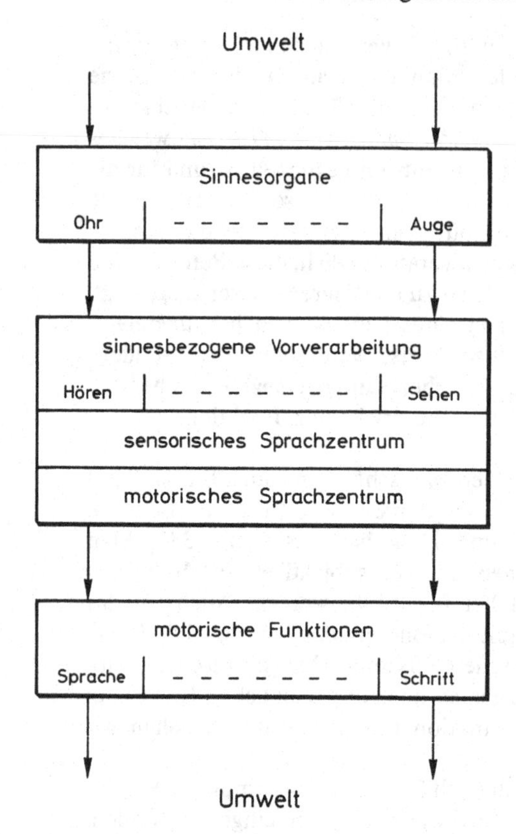

Abb. 3.10. Stark vereinfachtes „Blockbild" des Automaten „menschliches Gehirn"

interessierenden Verarbeitung in den Sprachzentren zugeführt. Von dort aus werden motorische Funktionen gesteuert, die auf die Umwelt Einfluß nehmen können und damit im allgemeinen auch auf die Eingangssonden rückwirken.

Die zuvor für den Computer definierten „Urfähigkeiten" finden sich im Prinzip auch beim Menschen wieder: Das menschliche Gehirn verfügt über „angeborene" (also „eingebaute") und über „erworbene" (also „einprogrammierte") Fähigkeiten. Welche Fähigkeiten hat die Evolution uns zur Verbesserung unserer Überlebenschancen a priori mitgegeben? Vermutlich sind es solche, die in sog. „Intelligenztests" bereits unseren Schulanfängern abverlangt werden, die noch nicht viel Erfahrung sammeln konnten - wobei es wohl darum geht, den Reifezustand des Nervensystems zu testen. Zu den möglicherweise evolutionär angelegten Fähigkeiten könnten das Erkennen der Ähnlichkeit von Figuren, die Feststellung von Größenverhältnissen (Objekt A ist größer als Objekt B!) oder das Zeitgefühl für „vorher" und „nachher" gehören. Daß diese Fähigkeiten ausschließlich durch prägende Erfahrungen aufgebaut werden, ist schwer vorstellbar, denn es handelt sich um technisch sehr schwierig realisierbare Funktionen. Demgegenüber sind natürlich Beziehungen wie „3 mal 3 gleich 9" oder „der Hund hat einen Schwanz" durch prägende Erfahrung erworbenes *Wissen* (Knowledge). (Wissen ist hier nicht ein philosophischer, sondern ein technischer Begriff, wie er im Bereich der „künstlichen Intelligenz“ (vgl. Abschnitt 10.4) verwendet wird.) - Wir wollen die zuvor genannten *angeborenen* Fähigkeiten *Prozeduren* nennen im Gegensatz zum erworbenen Wissen.

Dem Computer werden „Intelligenzfunktionen“ in Form von Programmen und zugehörigen Daten über die zwischengeschaltete Intelligenz des *programmierenden Menschen* beigebracht, der sich dabei letztlich an die vom Computer verstandene „Maschinensprache“ anpaßt. Einen derartigen Übersetzer zur Abspeicherung von Wissen im menschlichen Gehirn gibt es nicht. Der Mechanismus zur Aufnahme von Wissen (Erfahrung) muß vielmehr an die prägende Umwelt angepaßt sein. Es ist notwendig, daß prägende Umwelteindrücke *unmittelbar* als Erfahrung abgespeichert und als solche auch *unmittelbar* wieder abgerufen werden können. Dies muß das Gedächtniskonzept des Nervensystems leisten!

4. Die Nervenzelle als Elementarbaustein der Informationsverarbeitung

Strukturen und elementare Funktionsmechanismen der Nervenzelle (des Neurons) wurden in Abschnitt 2.2 bereits ausführlich erläutert. Im folgenden sind die informationsverarbeitenden Eigenschaften der Neurone darzulegen. Generell geht es dabei um die Verarbeitung elektrischer Signale, die über Nervenfasern übertragen werden. Träger der Information ist der *elektrische Impuls.* Die Information liegt im Vorhandensein eines Impulses; seine Amplitude (also seine Stärke) scheint eine geringere Rolle zu spielen, sie wird hier vernachlässigt. Dagegen ist die Häufigkeit des Auftretens von Impulsen, also die „Impulsfolgefrequenz", im allgemeinen ein Maß für die *Intensität eines Reizes.* Dies sind die physikalischen Größen, die in Neuronen zu verarbeiten sind.

4.1 Verknüpfungsfunktionen

Neurone sind mit *Gattern* zu vergleichen [4.1]: Sie liefern einen Ausgangsimpuls an nachfolgende Neurone ab je nach den an ihren Eingängen vorliegenden Bedingungen. Es gibt „exzitatorische" und „inhibitorische" Eingänge. Impulse auf exzitatorischen (erregenden) Eingängen tragen zum „Feuern" („Zünden") des Neurons bei, Impulse auf inhibitorischen (hemmenden) Eingängen versuchen, diese Zündung zu verhindern. Eine Zündung findet statt, wenn die Impulswirkungen auf erregenden Eingängen die hemmenden Wirkungen überwiegen. Das Zünden führt zum Aussenden eines Ausgangsimpulses, der die Eingänge nachfolgender Neurone beaufschlagt. Die für das Zünden erforderliche Verarbeitung der Eingangssignale findet in den Synapsen statt.

Die elementare Funktion der Informationsverarbeitung liegt beim Neuron darin, daß Eingangssignale nur unter einer ganz bestimmten Bedingung zum Zünden führen und damit ein Ausgangssignal erzeugen: Die Summenwirkung der erregenden Eingangssignale muß eine Schwelle überschreiten, die ihrerseits nicht konstant ist, sondern wiederum von der Summenwirkung der hemmenden Eingangssignale abhängt. Man könnte dies eine „Schwellenwertlogik mit variabler Schwelle" nennen, wobei sich dahinter die bereits bekannten Grundverknüpfungen UND, ODER und NEGATION verbergen. Abbildung 4.1 zeigt die Entsprechungen auf und führt eine hinfort verwendete Symbolik ein. Der eigentliche Zellkörper (Soma) wird durch einen Kreis symbolisiert. Dendriten und Synapsen sind durch Eingangs-

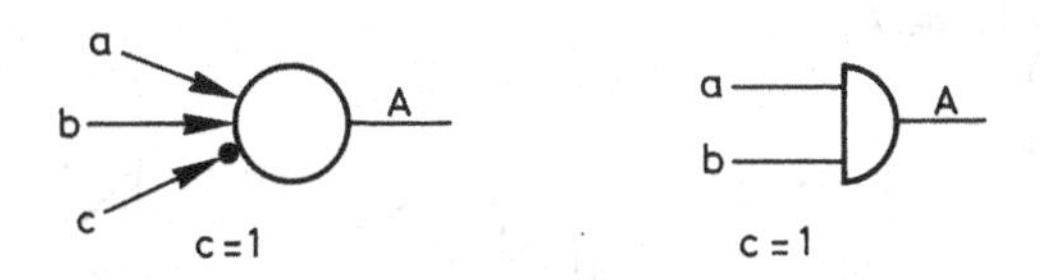

a) Wirkung des UND-Gatters $a \wedge b = A$ (wenn $c = 1$ ist !)

b) Wirkung des ODER-Gatters $a \vee b \vee c = A$

Abb. 4.1. Entsprechungen zwischen Neuronengattern und Computergattern

pfeile gekennzeichnet (a, b, c), hemmende Eingänge erhalten einen Punkt an der Pfeilspitze (c). Das Axon ist durch einen Ausgangsstrich (A) beschrieben, der zum Eingangspfeil an den nachfolgenden Neuronen wird (nicht dargestellt). Die Konfiguration der Abbildung 4.1a wirkt als UND-Gatter (rechts dargestellt), sofern der hemmende Eingang aktiv ist ($c = 1$). Die hemmende Wirkung kann nur durch zwei aktive erregende Eingänge überspielt werden ($a = 1$ *und* $b = 1$). Das Zeichen „ $\wedge$ " in der Bildunterschrift bedeutet UND. Vorausgesetzt ist in dieser Modellbetrachtung, daß die erregenden und hemmenden Eingänge mit gleichem absoluten Gewicht wirken und daß wenigstens der Überschuß *eines* erregenden Eingangsgewichts zum Überwinden der Hemmschwelle notwendig ist. So exakt wird die Natur allerdings vermutlich nicht vorgehen, außerdem sind ja nicht nur 3 Eingänge wie in der Modelldarstellung des Bildes, sondern ggf. Tausende von Eingängen zu berücksichtigen. Qualitativ jedoch sind UND-Bedingungen *(Konjunktionen)* im Neuronennetz zu erfüllen.

Abbildung 4.1b zeigt entsprechend das Äquivalent zur ODER-Verknüpfung *(Disjunktion)*. Das Zeichen „ $\vee$ " in der Bildunterschrift bedeutet ODER. Wenn keine Hemmschwelle zu überschreiten ist, kann ein Ausgangsimpuls auf A erzeugt werden durch Aktivität *allein* auf Eingang a *oder* b *oder* c. Projiziert auf die Schwellenwertlogik bedeutet dies: Ein Schwellengatter wirkt als UND-Gatter, solange die Hemmschwelle noch nicht erreicht ist, und als ODER-Gatter, sobald diese Schwelle überschritten wird. Der Einfluß der NEGATION ist durch aktive hemmende Eingänge repräsentiert.

Neuronengatter haben gegenüber binären Computergattern weitere, interessante Eigenschaften. „Keine Aktivität" bedeutet auch „keine Wirkung", während bei Computergattern die „Null" (kein Impuls wird ausgesendet) durchaus logische Funktionen auslösen kann. Ferner gibt es den wichtigen Effekt der „zeitlichen Summation": Einzelne Impulse auf einem erregenden Eingang mögen ein Neuron nicht zünden. Wenn die Impulse jedoch rasch genug nach-

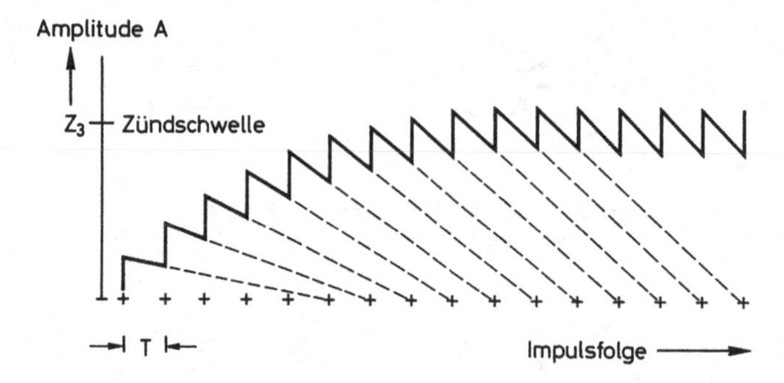

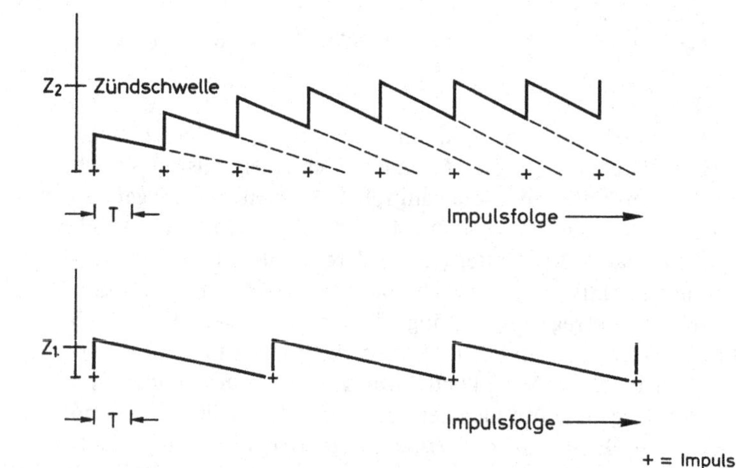

Abb. 4.2. Modell der zeitlichen Summation

einander auftreten, stocken sich die Erregungswirkungen gewissermaßen aufeinander auf und führen dadurch zur Zündung. Abbildung 4.2 entwirft ein Modell dieses Vorgangs.

Zahlreiche Vorgänge in der Natur, insbesondere auch in der Elektrophysik, klingen mit der Zeit t nach einer Exponentialfunktion $f(t) = A \cdot e^{-t/T}$ ab, wobei A die Anfangsgröße ist. T nennt man die *Zeitkonstante* des Abklingvorgangs. Nach Ablauf einer Zeitkonstante ist die Anfangsgröße auf 1/e abgefallen, nach fünf Zeitkonstanten ist sie praktisch zu Null geworden (genauer: 0,67% ihrer ursprünglichen Größe). Hier sei angenommen, daß A die jeweils resultierende erregende Wirkung eines Eingangs beschreibt, der durch aufeinanderfolgende Signalimpulse beschickt wird. Die erregende Wirkung möge wie beschrieben mit der Zeit abklingen. In Abbildung 4.2 wurde aus Gründen der einfachen Darstellung die e-Funktion durch die Abklingfunktion $f(t) = A\,(1 - \frac{t}{5T})$ ersetzt. Jeder Impuls stockt sich auf den jeweils vorhandenen Rest des vorhergehenden Impulses auf, die resultierende neue Impulsamplitude fällt nach fünf Zeitkonstanten (5T) auf Null ab. Oben im Bild folgen die Impulse im Abstand *einer* Zeitkonstante aufeinander, so daß eine hohe Zündschwelle Z_3 überschritten werden kann. Im mittleren Bild beträgt der

Impulsabstand zwei Zeitkonstanten; die schließlich erreichbare Zündschwelle Z_2 ist deutlich niedriger als Z_3, während im unteren Bild mit einem Impulsabstand von 5T sich keine stärkere Erregungswirkung aufbauen kann. Die Bedeutung dieses Effektes der „zeitlichen Summation" liegt darin, daß die *Reizintensität* eines Sensors (die sich, wie erwähnt, im allgemeinen durch die Höhe der Impulsfolgefrequenz äußert) auf einfache Weise auszuwerten ist. Evolutionär entwickelte Neuronenschaltungen können auf *einer* Nervenbahn eintreffende Reize entsprechend ihrer Intensität zu der einen (z. B. Unbehagen) oder der anderen (z. B. Behagen repräsentierenden) Auswerteschaltung umschalten. In unserer technischen Computerwelt ist die Intensitätsbewertung oft ein recht schwieriges Problem. Die Evolution hat jedoch für die Codierung der Intensität den einfachen Weg der „Pulsfrequenzmodulation" gewählt, die zugehörigen Bewertungsprinzipien sind an anderer Stelle beschrieben [4.2], sie sollen hier nicht näher diskutiert werden.

Wir haben Neurone als sehr universelle Gatter kennengelernt. Die Schwellenwertlogik umfaßt zugleich die klassische binäre UND/ODER/NEGATION-Logik und ist demnach geeignet, alle nur erdenklichen logischen Zusammenhänge darzustellen. Man könnte also einen Computer auch aus Neuronengattern bauen! Die Evolution hat allerdings die Funktionsintelligenz nicht in den „Speicher", sondern in die „Verdrahtung" gelegt. Über unzählige Generationen hinweg konnten sich Neuronenschaltungen entwickeln, die zu den komplexen Verhaltensformen geführt haben, die wir „Instinkt" nennen. Zugvögel finden ihren Weg über Tausende von Kilometern hinweg, das Känguruh-Embryo schlüpft allein in den lebensbewahrenden Beutel des Muttertieres, der Mensch hat ein „Zeitgefühl" und kann Ereignisse in ihrer zeitlichen Folge unterscheiden. Dies sind offenbar zumeist „eingebaute Fähigkeiten", die sich mit „fest verdrahteten" Schaltungen aus Neuronengattern realisieren lassen. Freilich fehlt ihnen deshalb auch weitgehend die Flexibilität, sich an wechselnde Umweltbedingungen anzupassen.

Sicherlich sind auch im menschlichen Gehirn zahlreiche Fähigkeiten „eingebaut", wir hatten sie zuvor „Prozeduren" genannt. Wie wertet der Mensch Ähnlichkeiten oder den Unterschied zwischen groß und klein aus? Diese *Auswertung* von Sinneseindrücken hinsichtlich Größe und Ähnlichkeit ist vermutlich ein Erbteil der Evolution, um der *Art* bessere Überlebenschancen einzuräumen. Mit der universellen Schwellenwertlogik sind verschiedene technische Lösungen möglich; es ist müßig, darüber nachzudenken, welchen Lösungsweg die Evolution im einzelnen eingeschlagen haben mag.

Die Realisierung von Prozeduren im menschlichen Gehirn kann man sich demnach als - wenn auch schwierige - „Neuronenschaltungstechnik" denken. Zu bewundern ist allerdings die Evolution, die sich diese Schaltungen „ausgedacht" hat. Prozeduren sollen aber nicht Thema der folgenden Ausführungen sein, wir nehmen sie als „irgendwie verwirklicht" hin. Uns interessiert vielmehr die Komponente „Wissen", also der Erwerb von Erfahrung. Wie „lernt" der

Mensch solches Wissen? Um dies verstehen zu können, muß die „Technik der Speicherung" im menschlichen Gehirn näher betrachtet werden.

4.2 Speicherfunktionen

Das Gedächtnis gehört zu den interessantesten Phänomenen des menschlichen und tierischen Nervensystems. Es ist ja nicht allein mit der Informationsspeicherung getan, sondern die gespeicherte Information muß auch wieder aufgerufen werden können. Während dies beim Computer gelegentlich ein längerdauernder Prozeß im Sekundenbereich sein kann, wissen wir aus unserer Erfahrung, daß wir Menschen Information „schlagartig" zu speichern und auch wieder aufzurufen vermögen - mit einem Zeitbedarf also, der im Bereich weniger Millisekunden liegen dürfte. Das gilt auch für entlegene Bereiche unseres „Weltwissens". Ein Geruch, ein Bild, ein Geräusch lassen urplötzlich eine Erinnerung aus längst vergangener Zeit wiedererstehen. Es sind Teilinhalte, die in unserem Gedächtnis zum Aufruf eines Erlebnisses führen, der Aufruf erfolgt *assoziativ.* Im Computer sind dagegen mehr oder weniger komplizierte Berechnungen notwendig, um an die gewünschten Speicherinhalte heranzukommen.

Das Erstaunliche an unserem Gedächtnis ist das uns unbegrenzt erscheinende Gedächtnisvolumen. Tatsächlich aber speichern wir gar nicht so ungeheuer viele Erlebnisse. Nehmen wir an, wir würden im Wachzustand jede Sekunde einen Eindruck abspeichern, so wären das über unsere Lebenszeit ungefähr eine Milliarde Ereignisse. An wie viele Lebenssekunden aber erinnern wir uns tatsächlich? Da gibt es unzählige Wiederholungen - das immer wieder aufgerufene „Alltagswissen". Den größten Teil der „Sekundenerlebnisse" registrieren wir gar nicht, oder wir vergessen sie bald wieder unwiederbringlich, weil sie mehr oder weniger unbedeutend sind. Eine vergleichsweise kleine Zahl von Ereignissen - einmaligen Ereignissen - bleibt jedoch in unserem Gedächtnis haften, kann auch nach Jahrzehnten noch durch Assoziationen wieder aufgerufen werden. Es sind dies Erlebnisse, die in uns mehr oder weniger starke Emotionen wachgerufen haben - ein überschwengliches Glücksgefühl, Entsetzen, ein schrecklicher Unfall, den wir nur sekundenlang im Vorbeifahren sahen! Wie viele derartige Eindrücke mögen wir abgespeichert haben? Das hat noch kein Mensch gezählt, vermutlich liegen sie im Bereich vieler „zehntausend" oder „hunderttausend", aber womöglich nicht mehr im Millionenbereich. Zu jedem Eindruck gehören einige Details, Kennzeichen einer Situation. Auch dafür wird natürlich Speicherkapazität benötigt.

Einerseits also eine Kurzzeitspeicherung, die mehr oder weniger rasch abklingt, andererseits eine Langzeitspeicherung, die in vielen Fällen ein Leben lang bestehen bleibt. Welche Lösung hat die Natur für beide Phänomene gefunden? Es gibt Untersuchungen und Abschätzungen über die „Kapazität“ des Kurzzeitspeichers. So spricht z. B. *H. Frank* von einem Volumen von etwa 10^3 bis 10^4 bit [4.3], während *H. Völz* den Informationsinhalt einer Unterrichtsstunde zugrunde legt [3.2]. Letztere Annahme übertrifft natürlich um Größenordnungen an Bit-Kapazität die Franksche Schätzung. Woraus sich die Problematik fundierter Annahmen ergibt.

Überlegungen dieser Art legen den Schluß nahe, daß es in unserem Gedächtnis tatsächlich topographisch getrennte Bereiche für Kurzzeit- und Langzeitspeicherung gibt, wobei der Kurzzeitspeicher ein „Allzweckspeicher“ für die verschiedensten, gerade aktuellen Informationsbereiche ist (vergleichbar etwa den „Registern“ in der Computertechnik). Das ist mit großer Wahrscheinlichkeit nicht der Fall, denn dann müßte es Transportwege von den verschiedenen sensorischen Bereichen zum unspezifischen Kurzzeitspeicher und ebensolche Transportwege zwischen Kurzzeitspeicher und den verschiedenen Bereichen der Langzeitspeicherung geben. Dabei treten schwierige Adressierungs- und Verarbeitungsprobleme auf.

Als Beispiel folgendes Problem: Wir Menschen verhalten uns sowohl im Kurzzeitbereich wie im Langzeitbereich vernünftig und folgerichtig in allen Lebenssituationen. Also müßte auch im Kurzzeitbereich das bereits erwähnte universelle „Weltwissen“ einbezogen und ausgewertet werden. Die zugehörigen komplizierten Verdrahtungswege und Bewertungsschaltungen müßten durch Erfahrung geprägt werden können. Technische Realisierungen sind schwer vorstellbar. Deshalb ist zu vermuten, daß die Natur einen strukturell wesentlich einfacheren Weg eingeschlagen hat. Ein plausibles Konzept ergibt sich aus der in Abschnitt 2.2 bereits erläuterten Hypothese der Speicherung durch Änderung der synaptischen Wirkung.

Erregende Synapsen tragen in außerordentlich vielseitiger Form zur Informationstechnik des Gehirns bei, indem sie ihre „Durchlässigkeit“ bzw. ihren individuellen Erregungsbeitrag in Abhängigkeit von ihrer „Benutzung“ ändern. (Ob auch hemmende Synapsen ähnliche Beiträge liefern, ist nicht bekannt.) *E. R. Kandel* hat an Nervenzellen der kalifornischen Meeresschnecke sowohl „Gewöhnungseffekte“ als auch „Sensibilisierungseffekte“ festgestellt [4.4]. Gewöhnung bedeutet: Die Nervenzelle „stumpft ab“ bei ständiger Wiederholung von Reizen, das „postsynaptische Potential“, also der Erregungsbeitrag der Synapse, wird geringer. Die Nervenzelle wird durch den Reiz nicht mehr gezündet. Wir selbst kennen diesen Effekt z. B. als Gewöhnung an Geräusche. Andererseits ist auch eine Sensibilisierung der Nervenzelle durch eine begleitende schmerzhafte Erfahrung (Emotion!) möglich, der Erregungsbeitrag der Synapse verstärkt sich.

Im Zusammenhang mit der Informationsspeicherung ist der Sensibilisierungseffekt bedeutungsvoll. Aufbauend auf den in Abschnitt 2.2 vorgetragenen Hypothesen wird folgender technischer Gedächtnismechanismus postuliert (Abb. 4.3):

Ein Neuron 1 trage mit seinem Aktionspotential zur Zündung eines Neurons 2 bei (das Zünden ist durch einen Blitz gekennzeichnet). Dann wird die Erregungswirkung der beide Neurone verbinden-

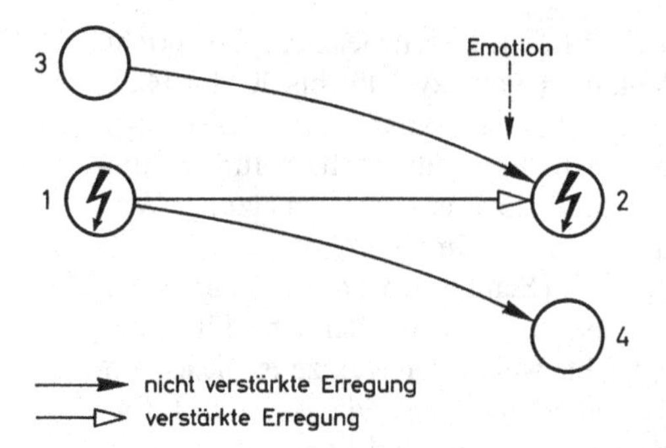

Abb. 4.3. Hypothese der Erregungsverstärkung

den Synapse verstärkt. Dauer und Grad der Verstärkung mögen (erfahrungsgemäß) abhängig von der beteiligten Emotion sein. Damit bringen wir an dieser Stelle einen Beitrag aus unserer subjektiven Erfahrungswelt (Bereich 1) ein. Wir greifen die Vermutung auf, daß das limbische System wesentlich an unserer emotionalen Erfahrung beteiligt ist. Wenn dies richtig ist, muß also das limbische System auf alle Synapsen zugreifen können, um den Gedächtniseffekt ggf. bleibend verstärken zu können. Einen möglichen Weg aus einer Art „Emotionszentrum" hat man bei der Meeresschnecke festgestellt, nämlich den Zugriff über einen spezifischen Zugang zu dem in Frage kommenden Neuron. Beim Menschen erscheint dieser Weg wegen der dafür notwendigen, vom limbischen System ausgehenden umfangreichen Verdrahtung eher unwahrscheinlich. Eine andere Möglichkeit könnte eine vom limbischen System veranlaßte hormonelle Ausschüttung sein, die über die Blutbahn an alle Neurone verteilt wird und bei den gerade gezündeten Neuronen die Langzeitverstärkung bewirkt. Dies sind Hypothesen! (Vgl. Abschnitt 8.2.)

Wesentlich für das informationstechnische Funktionieren der Neuronenlogik ist, daß der von Neuron 3 herrührende Eingang an Neuron 2 *nicht* verstärkt wird, weil Neuron 3 nicht aktiv ist. Entsprechendes gilt für den von Neuron 1 beschickten Eingang des nicht gezündeten Neurons 4.

Aus zwingenden informationstechnischen Gründen ist eine weitere Differenzierung der Hypothesen notwendig. Diese Erweiterung ist nicht unplausibel, obgleich die zugehörigen Phänomene offenbar noch nicht untersucht wurden. Sie wird hier zunächst kurz vorgestellt und später ausführlich begründet (Abb. 4.4). Von den vielen tausend Synapsen (Eingängen) eines Neurons sind die meisten ursprünglich in „loser Kopplung" gewissermaßen als „Knospen" angelegt, die noch nicht oder nur in sehr geringem Maße in der Lage sind, erregende Aktionspotentiale an das postsynaptische Neuron weiterzuleiten (Abb. 4.4a). Eine relativ geringe Zahl der Synapsen (z. B. etwa tausend) ist von vornherein zur Weitergabe von Aktionspotentialen befähigt. Der zwischen zündenden Neuronen einsetzende Vorgang der Erregungsverstärkung wird - wie beschrieben - im Fall dieser tausend Synapsen wirksam (Abb. 4.4c). Aber auch „Knospen", die zwischen gezündeten Neuronen liegen, werden zu übertragungsfähi-

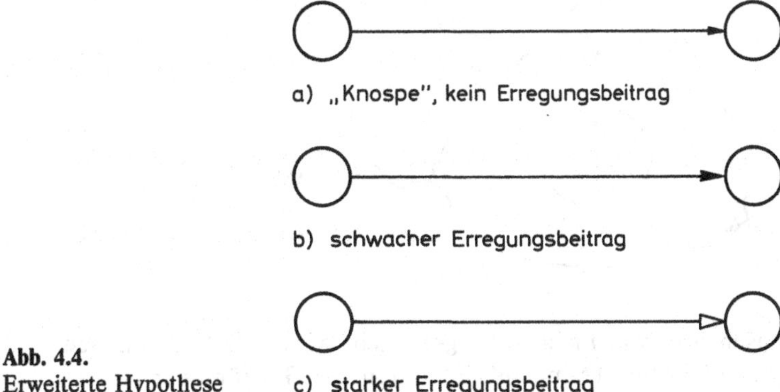

Abb. 4.4.
Erweiterte Hypothese

gen Synapsen ausgebaut, obgleich sie selbst keinen Zündbeitrag liefern konnten; sie gehen also z. B. von Konfiguration Abbildung 4.4a in Konfiguration Abbildung 4.4b über. In diesem Fall wird gewissermaßen ein zwischen zwei Neuronengattern verlegter „Draht" eingelötet!

Das Motto „wer rastet, der rostet" scheint zumindest partiell auch für Synapsen zu gelten. Während sie einerseits durch „Gebrauch" wachsen und ihren Erregungsbeitrag verstärken, können sie andererseits bei permanentem Nichtgebrauch degenerieren, so daß sie kein Aktionspotential mehr übertragen (vgl. Abb. 4.4a). Sind alle Synapsen eines Neurons erst einmal degeneriert (also auch die ursprüngliche Kategorie der Abbildung 4.4b), so kann das betreffende Neuron nie mehr gezündet werden, es ist vom Neuronengeschehen „abgekoppelt" [4.5]. Es gibt Experimente zur Sehfähigkeit junger Katzen, die diesen Vorgang bestätigen.

Diese Aussagen und Hypothesen erlauben plausible Deutungen für die verschiedenen Kategorien „Langzeit- - Kurzzeitgedächtnis". Während bei starker emotionaler Beteiligung Eindrücke unvergeßlich „eingraviert" werden, eine Degeneration der Synapsen also nicht stattfindet, wird bei geringer oder fehlender emotionaler Beteiligung eine Abschwächung der Synapsenwirksamkeit einsetzen, die nur durch „Neugebrauch" unterbrochen bzw. rückgängig gemacht werden kann.

Es steht noch die Erklärung aus, in welcher Weise diese synaptischen Änderungen einen Speichereffekt bewirken. Das wird später deutlich werden. In allgemeiner Formulierung: Durch die Weitergabe von Aktionspotentialen werden Übertragungswege im Neuronennetz „durchlässiger" geschaltet, so daß im Wiederholungsfall diese bereits gebahnten Wege bevorzugt werden. Dies ist die Grundlage unseres Gedächtnisses.

Ein veranschaulichendes Bild: Ein Mensch geht über eine mit hohem Gras bestandene Wiese. Ein zweiter Mensch wird der Spur des ersten Menschen folgen, weil dies weniger mühsam ist. Das gilt für alle weiteren Menschen. Es entsteht zunächst ein „Trampelpfad", später vielleicht sogar ein Weg. Natürlich kann der Weg auch wieder

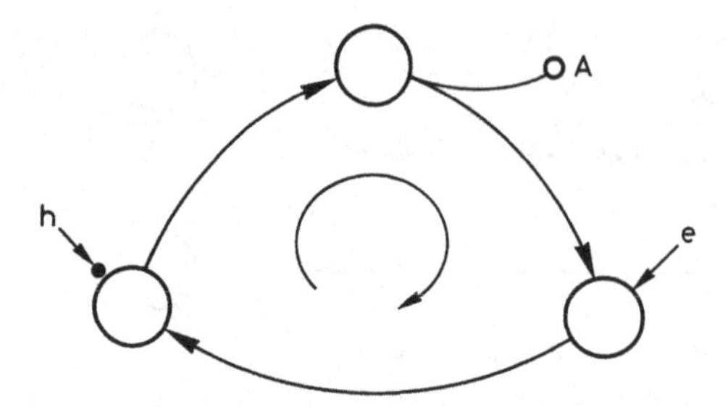

Abb. 4.5. Elektrisch aktive Speicherung in einem Rückkopplungskreis

zuwachsen, wenn er nicht mehr gebraucht wird. – So bahnen sich elektrische Signale „Trampelpfade" durch das Gestrüpp der Neuronenvernetzung!

Größere Durchlässigkeit im Neuronennetz bedeutet jedoch eine nur *passive* Speicherwirkung. Die Wege sind eingerichtet, aber ob sie benutzt werden, hängt u. a. von den jeweiligen Sensormeldungen über die Umweltsituation ab. Einfluß nehmen auf Entscheidungsvorgänge können aber nur *aktive* Speicherkomponenten, die *selbst* Aktionspotentiale aussenden. Soll z. B. der Mensch, der mehrfach nach der Zweckmäßigkeit einer Wanderung gefragt wird, antworten können: „Das hast du doch bereits gefragt" (vgl. Abschnitt 3.3), so muß in seinem Gehirn ein entsprechender Speicher für das Faktum der bereits erfolgten Abfrage vorhanden sein. Dieser Speicher darf aber nicht nur passiv darauf „warten", daß *vielleicht* Aktionspotentiale über ihn hinweglaufen, sondern er muß aktiv mit Aktionspotentialen dafür sorgen, daß nun die oben erwähnte Antwort erfolgt.

Aktive Speicherkonfigurationen sind deshalb solche, in denen Aktionspotentiale umlaufen können (vgl. Abb. 3.4). Abbildung 4.5 zeigt eine solche Konfiguration an einem einfachen Modell: Drei Neurone sind in einem geschlossenen *Rückkopplungskreis* miteinander verbunden. Ein bei Eingang „e" eingekoppeltes Aktionspotential kreist so lange, bis dieser Umlauf über den hemmenden Eingang „h" gestoppt wird. Für die Dauer des Umlaufs wird am Ausgang „A" eine Impulsserie abgegeben, die Schaltvorgänge aktiv beeinflussen kann. Freilich wird der Rückkopplungskreis im allgemeinen nicht a priori vorhanden sein, vielmehr muß er oft erst durch die Erfahrung geprägt werden, wie zuvor beschrieben. Hierauf wird später noch zurückgekommen.

Zusammengefaßt: Nervenzellen sind informationstechnisch in ihren Synapsen nicht nur Träger der „logischen Verknüpfung", sondern es spricht viel dafür, daß sie auch die Effekte der Langzeit- und Kurzzeitspeicherung bewirken, indem sie an sich vorhandene Wege durch das Neuronennetz „durchlässiger" schalten (Bahnung). Diese Durchlässigkeit kann vermutlich je nach begleitender Emotion ein Leben lang bestehen bleiben oder mehr oder weniger rasch wieder vergehen.

Voraussetzung für die Bahnung der Wege sind *prägende Ereignisse,* die zunächst von außen einwirken, später aber auch rein oder überwiegend „intern" wirksam sein können. Wir erkennen im menschlichen Gehirn ein Konzept der Informationsverarbeitung, das auf extrem verteilten Verknüpfungs- und Speicherfunktionen beruht - geradezu diametral entgegengesetzt dem klassischen Konzept des v. Neumann-Computers, bei dem wir ja die getrennten und sehr kompakten Einheiten für Verarbeitung und Speicherung kennengelernt haben (Abb. 3.7 und 3.8).

Wir haben „eingebaute" und „einprogrammierte" bzw. „angeborene" und „erworbene" (gelernte) Fähigkeiten beim Computer und im menschlichen Gehirn unterschieden. Naturgemäß sind beim Menschen die Speicherfunktionen in erster Linie für das *Lernen* von Fähigkeiten zuständig, sie sind also für den Aufbau und die Nutzung von *Wissen* verantwortlich. Dagegen lassen sich Prozeduren im Sinne der Beispiele des Abschnitts 3.5 vermutlich nicht oder nur sehr eingeschränkt lernen. Erwerb und Gebrauch von Wissen werden - wie erwähnt - das Thema der späteren Ausführungen sein.

4.3 Nervenzellen im Verband

Die Intelligenz des Computers - wenn man seine „intellektuellen Fähigkeiten" so nennen mag - steckt in den gespeicherten Programmen, also nicht in den „eingebauten", sondern in den „einprogrammierten" Fähigkeiten. Die Programme beschreiben Zeile für Zeile die von der Steuerung nacheinander zu veranlassenden Operationen und sind in dem von der Verarbeitung getrennten Speicher abgelegt (vgl. Abschnitt 3.4). Sie erlauben, die universell angelegte Hardware für beliebige intellektuelle Aufgaben zu nutzen.

Im menschlichen Gehirn gibt es aller Wahrscheinlichkeit nach in diesem Sinne kein gespeichertes Programm. Die Natur hat sich etwas anderes einfallen lassen, um die gegebene Hardware - etwa 10 oder 100 Milliarden Nervenzellen - für die verschiedensten „Anwendungsfälle" nutzen zu können, nämlich die *Verdrahtung* mittels Nervenfasern. „Anwendungsfälle" sind hierbei die ganz unterschiedlichen Erfahrungswelten der Individuen. Im menschlichen Gehirn werden mithin „verdrahtete Programme" eingelegt! Das ist uns nicht unvertraut: Bevor *J. v. Neumann* das gespeicherte Programm erfand, haben wir Menschen für die damals noch nicht so anspruchsvollen maschinellen Steuerungsaufgaben verdrahtete Programme verwendet. Viele hundert Relais wurden mit ihren Kontakten zu Steuerungseinheiten verdrahtet, um z. B. Aufgaben der Telefonvermittlung zu erfüllen.

Die Natur hatte jedoch mit dem verdrahteten Programm ein gewaltiges Problem zu lösen: Wie läßt sich erfahrungsgesteuert so rasch ein „Draht" zwischen zwei Nervenzellen produzieren, wie es die Erfahrungsaufnahme (z. B. im Vorbeifahren der erwähnte schreckliche Unfall) erfordert? Wie können in Sekundenschnelle u. U. zentimeterlange Nervenfasern wachsen? Die Antwort ist von genialer Einfachheit, wenn auch nur mit den Mitteln der Natur zu lösen: Die Evolution leistet eine Art „Maximalverdrahtung" vor und aktiviert durch die zuvor besprochenen synaptischen Veränderungen Teile der Verdrahtung entsprechend der individuellen Erfahrungswelt. Erlebnisfähigkeit und Wissen des einzelnen sollten also durch die individuell angeborene, im wesentlichen vorgeleistete Verdrahtung begrenzt sein.

Das erscheint uns befremdlich, obgleich wir oft genug selbst die Grenzen unserer eigenen „Verdrahtung“ zu spüren bekommen. Wir bewundern das phänomenale Gedächtnis des einen, die mathematischen Fähigkeiten des anderen und sprechen von „Begabung“. In Wahrheit ist vermutlich deren „Hirnverdrahtung“ in Teilen besser strukturiert, mit mehr Verbindungsmöglichkeiten ausgestattet als unser eigenes Gehirn.

Wie groß ist denn die Zahl der vorgeleisteten Drähte? Wollte die Natur prophylaktisch jedes Neuron mit jedem anderen Neuron verbinden, so wären bei 10^{10} oder 10^{11} Neuronen etwa 10^{20} oder 10^{22} „Drähte“ erforderlich. Diese riesige Zahl bewältigt selbst die Natur nicht. Immerhin aber gibt es einige 10^{14}, also Hunderte von Billionen Synapsen im menschlichen Gehirn, die Verbindungsmöglichkeiten, also „Drähte“, repräsentieren. Auch das ist schon eine unvorstellbar große Zahl!

Wir wollen uns die Leistungsfähigkeit dieser Verdrahtung an einem regelmäßig strukturierten *Modell* klarmachen. Wir wissen, daß Neurone viele tausend Eingänge und Ausgänge besitzen (Abschnitt 2.2). In Abbildung 4.6 nehmen wir an, daß jedes Neuron 5000 Eingänge und 5000 Ausgänge hat und daß es höchstens *eine* Verbindung zwischen zwei Neuronen gibt. Abbildung 4.6a zeigt, daß von irgendeinem von 125 Milliarden Eingangsneuronen ein ganz bestimmtes Ausgangsneuron über nur zwei dazwischenliegende Neuronenstufen erreichbar ist. Sinngemäß gilt für Abbildung 4.6b die Erreichbarkeit irgendeines von 125 Milliarden Ausgangsneuronen von einem bestimmten Eingangsneuron aus über nur zwei Zwischenstufen. Man sieht also, daß sich die erwähnte Maximalverdrahtung durch geeignete Strukturen (hier Mehrstufigkeit) ersetzen läßt. – Natürlich ist dieses Modell idealisiert! Aber wir wissen, daß auch die Natur bei der Strukturierung des Gehirns (vgl. Abschnitt 2.3) mehrstufig vorgeht.

Vielfach wird der Versuch unternommen, die Speicherkapazität des menschlichen Gehirns in „Bit“ anzugeben. Nach den vorhergehenden Ausführungen bedeutet Speicherkapazität eigentlich „gängig zu machende Verdrahtung“. Man müßte also Verdrahtung in Bit ausdrücken. Das ist gar nicht so schwierig. Wir gehen von 10^{11} Neuronen im menschlichen Gehirn aus und geben jedem dieser Neurone eine eigene Nummer. Wollen wir 100 Milliarden Nummern binär codieren, um damit jedes Neuron einzeln ansprechen zu können, so benötigen wir etwa 37 bit, aufgerundet 40 bit. Jedes der 10^{11} Neurone kann z. B. 5000 andere Neurone erreichen (vgl. Abb. 4.6), die Nummern dieser Neurone sind mit je 40 bit anzugeben. Jedes Neuron ist also in der Lage, mit $5000 \cdot 40 = 200\,000$ bit (0,2 Mbit) alle von ihm aus erreichbaren Neurone zu bezeichnen. Die Gesamtkapazität über alle

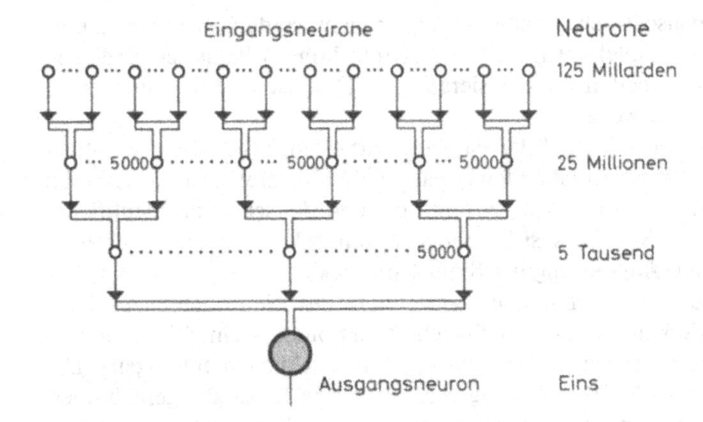

a) von vielen Eingängen zu einem Ausgang

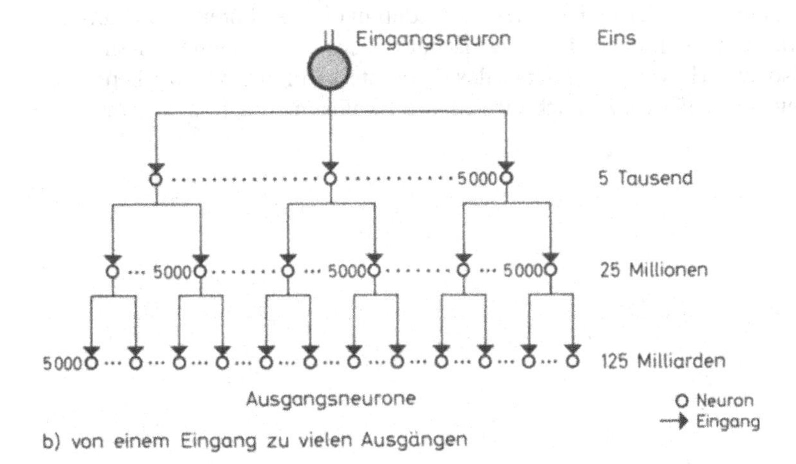

b) von einem Eingang zu vielen Ausgängen

Abb. 4.6. Theoretische Neuronenerreichbarkeit

10^{11} Neurone beträgt damit $0{,}2 \cdot 10^{11}$ Mbit = 20 Millionen Gigabit (1 Gigabit = 1 Milliarde bit). Dies ist in der Tat eine beträchtlich größere Kapazität, als sie heutigen Computern unmittelbar zur Verfügung steht. Allerdings muß man berücksichtigen, daß die Natur in dieser Kapazität die insgesamt *möglichen* Erfahrungen eines Individuums vorhalten muß, während im Computer natürlich nur effektiv nützliche „Erfahrung" den Speicher belegt. Dennoch: Selbst wenn nur 10% aller Verbindungsmöglichkeiten im menschlichen Gehirn tatsächlich durch Erfahrung genutzt werden, bedeutet eine Kapazität von 2 Millionen Gigabit im Millisekunden-Zugriff eine bewundernswerte Leistung der Evolution (die allerdings nicht ganz außerhalb der Möglichkeiten einer weit zukünftigen *technischen* Realisierung liegen dürfte).

Über dieser Bit-Betrachtung darf man nicht die Tatsache vergessen, daß das „verdrahtete Programm" erst die extreme Parallelverarbeitung ermöglicht, die das menschliche Gehirn gegenüber dem Computer auszeichnet. Menschtypische intellektuelle Leistungen können also durch Computer nicht erreicht werden, solange sich eine extreme Parallelarbeit *oder* eine extrem hohe Schaltgeschwindigkeit in Serienarbeit nicht realisieren läßt. Dies ist *eine* Voraussetzung, aber es gibt weitere!

Was ist der Vorteil der Parallelverarbeitung? Sie ist ein wichtiger Beitrag zur schritthaltenden („real time") Mustererkennung. Erinnert sei an das „Auto im Mittelgrund", das der Mensch sofort identifiziert (Abschnitt 3.4). Dies ist Ergebnis der durch Verdrahtung realisierten parallelen Auswertung der Sinneseindrücke.

Zusammenfassend: Die *Verdrahtung* des Neuronennetzes ist - nach Verknüpfungs- und Speicherfunktionen - ein dritter, unverzichtbarer Beitrag der Evolution zur menschlichen Intelligenz. Die abschließende Formulierung des Abschnitts 3.4 ist sinngemäß übertragbar: Die Intelligenzfunktionen des Menschen entstehen aus dem Zusammenwirken von angeborenen und durch Erfahrung angelernten Fähigkeiten mit einem gewaltigen Übergewicht bei den letztgenannten. Angelernte Fähigkeiten werden in die angeborene Verdrahtung eingeschrieben. Die Eigenschaften des Neuronennetzes sind also ähnlich wie der Speicher des Computers in hohem Maße kennzeichnend für die letztlich erreichbare Intelligenz des Individuums.

5. Prinzipien der Ereignisabbildung im Gehirn

In Abschnitt 4 wurden neurophysiologische Fakten oder zumindest von vielen Wissenschaftlern vertretene Hypothesen aus informationstechnischer Sicht interpretiert. Nun gilt es, daraus Schlußfolgerungen zu ziehen. Ausgangspunkt ist eine plausible Annahme: Ein Sinneseindruck, der aus vielen einzelnen Sinnesreizen bestehen möge, wird über ganz bestimmte Nervenbahnen und ganz bestimmte Neurone über mehrere Stufen weitergeleitet. Die bei diesem Vorgang aktivierten Neurone haben in dieser spezifischen Kombination, also in einem ganz bestimmten Aktivitätsmuster, mit dem betreffenden Sinneseindruck zu tun. - Wird nun dieser Sinneseindruck unter absolut gleichen Randbedingungen wiederholt, so wird sich dasselbe Aktivitätsmuster der Neurone ergeben (abgesehen von toleranzbedingten Abweichungen). Das Aktivitätsmuster repräsentiert einen ganz bestimmten Sinneseindruck, der durch ein ganz bestimmtes äußeres Ereignis veranlaßt wurde. Dieses äußere Ereignis wird also auf ein zuzuordnendes Neuronenaktivitätsmuster abgebildet.

5.1 Die Abbildung zeitlicher Folgen

Äußere Ereignisse haben eine räumliche, parallel wirksame und eine zeitliche, seriell wirksame Komponente, die im allgemeinen in Kombination auftreten. Parallel wirkt z. B. das Bild einer Landschaft über unseren „optischen Sinneskanal", seriell z. B. ein gesprochenes Wort über den „akustischen Sinneskanal". Zunächst soll die Abbildung serieller Ereignisse auf Aktivitätsmuster betrachtet werden.

Es gibt Ereignisfolgen in unterschiedlichen Zeitbereichen. Ereignisse im Bereich von Mikrosekunden (Millionstelsekunden) lassen sich vom menschlichen Gehirn nicht mehr auflösen, da sich die „Schaltzeiten" der Neurone im Millisekunden-Bereich (Tausendstelsekunden) bewegen. Immerhin stellt das menschliche Ohr noch ca. 50-Mikrosekunden-Ereignisse fest (entsprechend 20 kHz!), was durch mechanisch-elektrische Resonanzen erklärbar sein dürfte (im Ohr gibt es Zellen, von denen jede ein einziges „Sinneshaar" besitzt). Ereignisse im Bereich der Millisekunden-Folgen (bis hinauf zu einigen hundert Millisekunden) liegen gut im Schaltzeitbereich der Neurone, so daß z. B. Phoneme, Silben und einfache Worte zu verarbeiten sind. Über diesem Zeitbereich liegende Ereignisse (z. B. ein Vortrag!) müssen als Folgen von Einzelereignissen betrachtet werden.

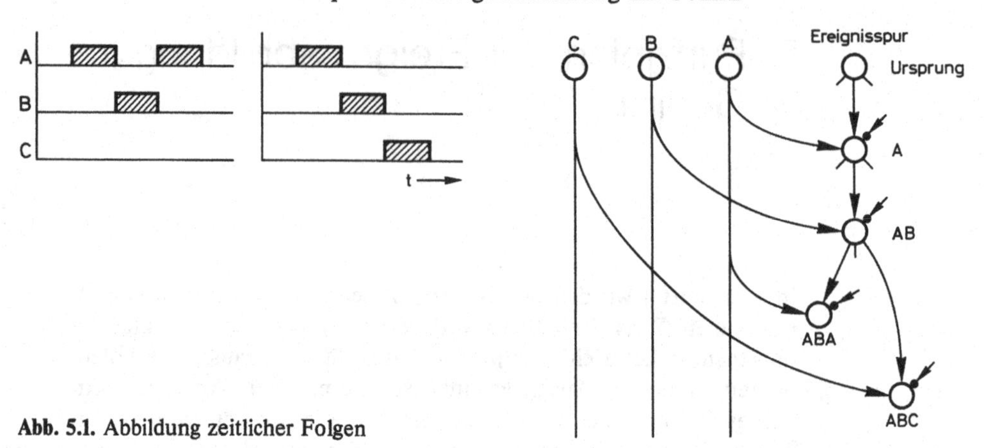

Abb. 5.1. Abbildung zeitlicher Folgen

Das Interesse gilt hier zunächst den Millisekunden-Folgen. Abbildung 5.1 zeigt links Folgen der Ereignisse A, B, C, die entsprechende Sinnesreize auslösen. Zwei nicht unplausible Voraussetzungen werden gemacht: Erstens greifen Sinnesreize über mehrere Neuronenstufen hinweg auf Folgeneurone durch. Dies ist bei der nicht streng systematischen Neuronenverdrahtung nicht unwahrscheinlich. Zweitens werden Erregungswirkungen in den Synapsen kurzzeitig gespeichert. Das ist aus dem Effekt der „zeitlichen Summation“ (vgl. Abb. 4.2) zu schließen. Dieser Effekt ist ohne jene Speicherwirkung nicht denkbar.

In Abbildung 5.1 rechts ist ein daraus folgendes Modell entworfen. Als senkrechte „Verteilschienen“ sind die durchgreifenden Sinnesreize A bis C gezeichnet. Die abbildenden Aktivitätsmuster entstehen rechts daneben, von einem Aktivitätsursprung ausgehend (Ereignisspur). In der Modellkonfiguration bilden die Neurone A, AB, ABA und ABC UND-Gatter, die nur aktiviert werden können, wenn die Einflüsse von Ereignisspur und Sinnesreiz zusammenwirken. Beim Übergang von einem Sinnesreiz zum nächsten bleibt die Erregungswirkung in der Ereignisspur kurzzeitig erhalten, so daß die Aktivität gewissermaßen „dynamisch“ von einem zum nächsten Neuron weitergegeben wird. Nehmen wir an, die Aktivität ist bereits durch aufeinanderfolgende Impulse auf Reizleitungen A und B zum Neuron AB durchgelaufen, Neuron AB ist damit gezündet. Der Ausgangsimpuls des Neurons wirkt auf Neurone ABA und ABC ein, die erregende Eingangswirkung bleibt in den Synapsen dieser Neurone kurzzeitig gespeichert. Folgt nun ein Impuls auf Reizleitung A, so wird Neuron ABA zünden; tritt der Impuls aber auf Reizleitung C auf, kann Neuron ABC aktiv werden.

Das wichtige Ergebnis dieser Modellbetrachtung: Unterschiedliche Ereignis*folgen* werden auf unterschiedliche *räumliche* Aktivitätsmuster abgebildet. Im Modell aktiviert die Folge ABA das Neuron ABA, die Folge ABC das Neuron ABC. Die Umsetzung zeitlicher Folgen auf räumliche Positionen nennt man in der Informationstechnik „Serien-Parallel-Wandlung“. Sie wird im menschlichen Gehirn sicherlich nicht so exakt wie in diesem Modell durchgeführt. Für die folgende Betrachtung genügt jedoch die Feststellung, daß unterschiedliche zeitliche Ereignisse eine Abbildung in unterschiedlichen Aktivitätsmustern erfahren. Das Entsprechende gilt - was ohne weiteres einzusehen ist - für unterschiedliche räumliche Ereignisse. Wie wirken sich derartige Aktivitätsmuster in unserem Gehirn aus? Wir versuchen, diese Frage an einer Modellüberlegung zu diskutieren.

5.2 Ein Modell für die Verarbeitung von Aktivitätsmustern

Angenommen sei ein abgeschlossener Bereich des Neuronennetzes nach Abbildung 5.2. Es gibt v Eingangsneurone (Stufe 1), die durch Sinneseindrücke in Mustern aktiviert werden. Die Eingangsneurone sind in zufälliger und willkürlicher Weise mit w Ausgangsneuronen (Stufe 2) verbunden, die aufgrund des Eingangsmusters ein Ausgangsmuster erzeugen. Wir fragen nach den Eigenschaften des Musters der Ausgangsaktivitäten.

Einige Erläuterungen zu dem Bild: Die Matrizendarstellung (nach *G. Palm* [5.1]) macht die „Verdrahtungsverhältnisse" übersichtlicher. Übrigens gibt es im Gehirn tatsächlich derart matrizenförmige Anordnungen, am deutlichsten erkennbar in einer Schicht der Kleinhirnrinde (Molekularschicht). In Abbildung 5.2 sind senkrecht die

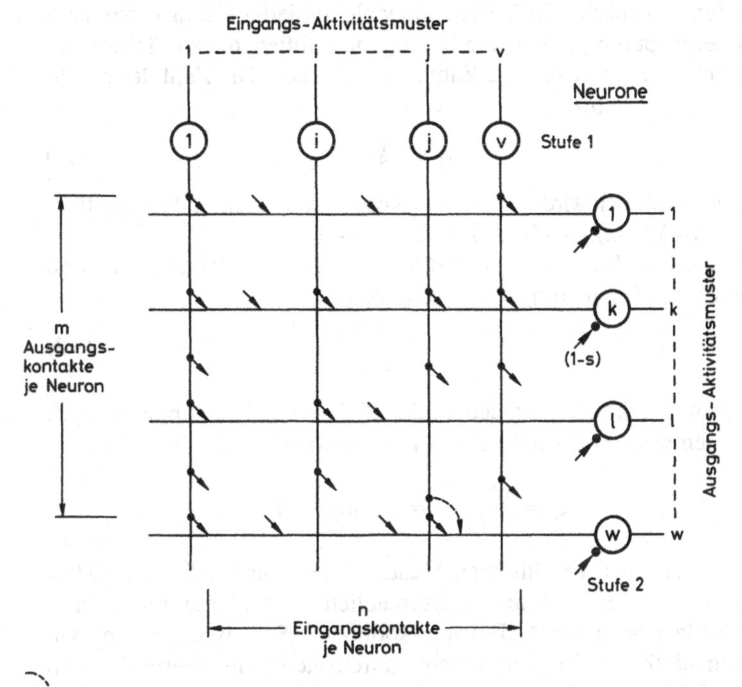

Abb. 5.2. Verarbeitungsmodell für Aktivitätsmuster

Axone der Eingangsneurone (Stufe 1) gezeichnet, jedes Eingangsneuron erreicht über m „Ausgangskontakte" ebenfalls m Neurone der zweiten Stufe, d. h. „Doppelkontakte" (gestrichelt angedeutet) werden ausgeschlossen. Die w Ausgangsneurone (Stufe 2) haben je n Synapsen („Eingangskontakte"), die mit Axonen der ersten Stufe verbunden sind. Für die Neurone der zweiten Stufe möge eine einheitliche Hemmschwelle (1-s) gelten, so daß s Erregungsbeiträge notwendig sind, um einen zum Zünden des Neurons erforderlichen Erregungsüberschuß vom Gewicht „+1" zu erzeugen. - Wir lassen ein Muster von a aktiven Neuronen der Stufe 1 auf die Anordnung einwirken und fragen nach der Zahl x der aktiven Neurone der Stufe 2.

Ein bestimmtes Neuron der Stufe 2 wird zünden, wenn zufällig im Eingangsmuster wenigstens s Neurone aktiviert wurden, die mit diesem Neuron der Stufe 2 über Synapsen verbunden sind. Da man weder über die Eingangsmuster noch über die synaptischen Verbindungen im Detail etwas weiß, kann es sich also nur um eine Wahrscheinlichkeitsbetrachtung handeln, die um so zuverlässiger wird, je größer die beteiligten Zahlen sind.

Aus der Sicht eines bestimmten Neurons der Stufe 2 stellt sich also die Frage, mit welcher Wahrscheinlichkeit in dem angebotenen Muster aus a gezündeten Neuronen der Stufe 1 wenigstens s Neurone über Synapsen mit dem betrachteten Neuron der Stufe 2 verbunden sind. (In Parallele zum Lottospieler: Dieser fragt sich, mit welcher Wahrscheinlichkeit sein Sechsertip-Zahlenmuster, d. h. s = 6, in dem von der Lottogesellschaft gezogenen Sechsermuster enthalten ist.) Hierfür ist zunächst zu klären, wie viele anbietbare Eingangsmuster es überhaupt gibt, welche die Bedingung erfüllen, die zur Schwellenüberschreitung notwendige Zahl s zu erreichen. Die Zahl der möglichen Muster beträgt

$$q = \binom{v}{s} \tag{5.1}$$

(dieser Ausdruck wird „v über s" gelesen und bedeutet den Quotienten v (v-1) (v-2) --- (v-s) / 1 · 2 · 3 --- s).

Wir gehen davon aus, daß s ≪ v (s ist sehr viel kleiner als v), und können damit näherungsweise schreiben

$$q = \frac{v^s}{s!} \tag{5.2}$$

(s! heißt „s Fakultät" und bedeutet 1 · 2 · 3 --- s). Ein Zahlenbeispiel: Nehmen wir v = 10 000 und s = 4 an, so wird

$$q = \frac{10\,000^4}{24} = \text{ca } 400 \cdot 10^{12}.$$

Es gibt also etwa 400 Billionen Muster, die jeweils 4 aktive aus 10 000 Neuronen der ersten Stufe unterschiedlich kombinieren. Ein Neuron der Stufe 2 habe n = 4 „Eingangskontakte" (Synapsen). Wenn man systematisch alle Eingangsmuster durchspielt, wird dieses Neuron einmal durch das Angebot eines ganz bestimmten von 400 Billionen

Mustern zünden. Die „Zündchance" z des Neurons, bei irgendeinem beliebigen Muster zu zünden, ist also 1 : 400 Billionen.

Nun haben die Neurone der Stufe 2 allerdings wesentlich mehr als nur 4 Kontaktstellen (Synapsen) mit den Neuronen der Stufe 1. Nehmen wir $n = 1000$ an. Dann ist über die 1000 Kontaktstellen natürlich bereits eine große Zahl r der anbietbaren Eingangsmuster der ersten Stufe erfaßt. Auch für r gilt unter der Voraussetzung $s \ll n$ sinngemäß die Beziehung (5.2):

$$r = \frac{n^s}{s!} \tag{5.3}$$

Um im Zahlenbeispiel zu bleiben: Mit $1000^4/24$, also etwa 40 Milliarden erfaßbaren Kombinationen erhöhen sich die Zündchancen z eines Neurons der Stufe 2 beträchtlich. Die Zündchance wird in allgemeiner Formulierung

$$z = \frac{r}{q} = \left(\frac{n}{v}\right)^s \tag{5.4}$$

oder im Zahlenbeispiel 1 : 10 000.

Diese Betrachtung ist korrekt für $a = s$, d. h. es sind gerade so viele Neurone der Stufe 1 aktiv, wie es zum Überwinden der Zündschwelle in Stufe 2 notwendig ist. Im allgemeinen Fall ist aber $a > s$. (Für $a < s$ kann natürlich kein Neuron der Stufe 2 zünden!) Selbstverständlich erhöht sich mit $a > s$ die Zündchance abermals, und zwar um den Faktor t:

$$t = \binom{a}{s} \tag{5.5}$$

t gibt die Zahl der Kombinationen an, die sich mit s Elementen aus der Menge von a Elementen bilden lassen. Die Zündchance eines Neurons der Stufe 2 wird (für $z \ll 1$)

$$z = \frac{r}{q} \cdot t = \left(\frac{n}{v}\right)^s \cdot \binom{a}{s} \tag{5.6}$$

Die Zahl x der *im Mittel* in Stufe 2 zündenden Neurone, nach der eingangs gefragt wurde, ergibt sich nun aus der Zündchance jedes einzelnen Neurons multipliziert mit der Zahl der Neurone in Stufe 2:

$$x = z \cdot w = \left(\frac{n}{v}\right)^s \cdot \binom{a}{s} \cdot w \tag{5.7}$$

In Tabelle 5.1 wird diese Beziehung ausgewertet, wobei einheitlich $v = w = 10\,000$ und $n = 1000$ gesetzt ist. Der Ausdruck (5.7) vereinfacht sich damit zu $x = \binom{a}{s} \cdot 10^{(4-s)}$. Die Ergebnisse lassen sich folgendermaßen interpretieren:

Durch unterschiedliche äußere Ereignisse werden zwischen $a = 4$ bis $a = 20$ Neurone der ersten Stufe aktiviert. Die oberste Tabellenzeile gilt für eine Zündschwelle (-3) der Neurone in der zweiten Stufe (also $s = 4$). Mit x ist jeweils die Anzahl der im Mittel in Stufe 2 zündenden Neurone angegeben. Man erkennt mit wachsendem a ein starkes Ansteigen der Aktivitäten in der zweiten Stufe. Ähnlich wird

	a=4	a=8	a=12	a=16	a=20
s=4	x=1	70	495	1820	
5		5,6	79,2		Explosion
6		0,28	9,24	80,08	
7			0,79	11,44	
8				1,29	12,59
9	Konzentration				1,68 „Grat"

Tabelle 5.1. Mittelwerte x zündender Neurone

sich eine anschließende dritte Stufe verhalten. Das bedeutet: Sinnesreize führen zu explosionsartig sich vervielfachenden Neuronenaktivitäten im Gehirn! Das kann nicht in der Absicht der Natur liegen.

Der Fehler liegt im Modell, das von einer gleichbleibenden Zündschwelle ausgeht. In der Realität aber erzeugt eine größere Anzahl a von aktiven Neuronen in Stufe 1 auch zusätzliche *hemmende* Einflüsse in Stufe 2. Im Modell wird angenommen, daß sich diese hemmenden Einflüsse gleichmäßig auf alle Neurone der Stufe 2 auswirken. Die Konsequenzen einer dadurch verstärkten Hemmschwelle zeigen die folgenden Zeilen für die Werte s = 5 bis s = 9. Wieder findet sich zeilenweise die explosionsartige Vervielfachung der Neuronenaktivitäten. Bewegt man sich jedoch längs der eingezeichneten Diagonale nach unten, so bleiben die Aktivitäten in Stufe 2 zahlenmäßig etwa gleich denen in Stufe 1. Die Diagonale bildet einen schmalen „Grat", der das Gebiet „Explosion" oberhalb von dem der „Konzentration" unterhalb des Grates trennt. Im Konzentrationsbereich reduzieren sich die Aktivitäten deutlich von Stufe 1 zu Stufe 2.

Es ist unwahrscheinlich, daß die Natur exakt den schmalen Grat mit seinen sehr genau definierten Bedingungen beschreitet. Als Arbeitsbereich noch unwahrscheinlicher ist jedoch (für das gesunde Gehirn) das Explosionsgebiet. Also verbleibt das Feld der Konzentration als wahrscheinlichster Bereich für die Weitergabe der Aktivitäten von Stufe zu Stufe. Das ist eine auch informationstechnisch plausible Folgerung.

Formel 5.7 ist übrigens nur eine Näherung, die für Werte von $r \cdot t \ll q$ gilt. Der mathematisch exakte Zusammenhang für dieses Problem der „Überdeckung zufälliger Mengen" ist wesentlich komplizierter (nach *H. Störmer* [5.2]). Wir prüfen, ob die obige Bedingung hinreichend erfüllt ist. Aus Formeln 5.3, 5.5 und 5.2 ergibt sich als Forderung

$$\frac{n^s}{s!} \cdot \binom{a}{s} \ll \frac{v^s}{s!} \qquad (5.8)$$

$$\binom{a}{s} \ll \left(\frac{v}{n}\right)^s \qquad (5.9)$$

Diese Bedingung wird auf dem „Grat“ und im Bereich der „Konzentration“ eingehalten (Tabelle 5.1). Im „Explosionsbereich“ hingegen ist sie z. T. nicht mehr erfüllt, d. h. die dort angegebenen Zahlenwerte geben eine Tendenz, aber keine exakten Werte wieder (auf die es im hier zu behandelnden Zusammenhang auch nicht ankommt).

Aber auch an dem Modell läßt sich viel aussetzen, man kann es auch noch verfeinern. Zum Beispiel ist die Annahme einer über alle Neurone der Stufe 2 einheitlichen Zündschwelle sicher nicht real. Dasselbe gilt für die regelmäßige Kopplungsstruktur. Dennoch sei die Konsequenz dieser groben Modellbetrachtung wegen ihrer Plausibilität als Tendenz den folgenden Überlegungen vorangestellt: *Die Weitergabe von Neuronenaktivitäten über das Neuronennetz führt zu einer Konzentration dieser Aktivitäten!* Das bedeutet, daß auch aus vielen tausend oder Zehntausenden Reizen bestehende Sinneseindrücke über mehrere Stufen auf relativ wenige aktive Neurone konzentriert werden. Bei identischer Wiederholung des Sinneseindrucks wird sich dasselbe Aktivitätsmuster ergeben. Der Sinneseindruck und das diesem zugrundeliegende äußere Ereignis werden auf ein bestimmtes Aktivitätsmuster abgebildet. Wir wollen dieses Aktivitätsmuster ein *Codewort* nennen. *Äußere Ereignisse werden also durch Codeworte repräsentiert!*

Wie viele unterschiedliche äußere Ereignisse lassen sich auf unterschiedliche Codeworte abbilden? – Die Zahl ist unermeßlich. Um uns einen Überblick zu verschaffen, verlassen wir das Modell und nehmen an, daß aus einem Reservoir von (nur!) 100 000 Neuronen Codeworte aus je (nur!) 10 aktiven Neuronen gebildet werden. Die Anzahl der möglichen Kombinationen wird durch den Ausdruck $\binom{10^5}{10}$ beschrieben, den wir annäherungsweise durch $(10^5)^{10}/10!$ ersetzen.

Die Zahl 10! beträgt etwa $3{,}6 \cdot 10^6$, also weniger als 10^7. Damit ergeben sich mehr als 10^{43} unterschiedliche Codeworte! Ein schier unendliches Repertoire für die Repräsentation von Ereignissen! Aber auch wenn man bescheidener bei dem zuvor diskutierten Modell bleibt, lassen sich z. B. mit Codewortlänge $x = 5$ aus $w = 10\,000$ Neuronen etwa $8{,}3 \cdot 10^{17}$ verschiedene Codeworte bilden. Das ist erheblich mehr, als für die Unterscheidung der zuvor (Abschnitt 4.2) erwähnten „Sekundenerlebnisse“ eines Menschenlebens notwendig wäre.

Es ist unsinnig anzunehmen, daß alle Codeworte gleich lang sind. Es wird kürzere und längere Codeworte geben, kürzere Codeworte können vielleicht sogar Teil längerer Codeworte sein. Damit erhebt sich die Frage nach der Eindeutigkeit der Codeworte. Angenommen, ein Codewort besteht allein aus der Aktivität *eines* Neurons. Kann dieses *eine* Neuron nicht durch *mehrere* verschiedene Ereignisse aufgerufen werden? Repräsentiert dieses Neuron damit nicht eine Vielzahl von Ereignissen? Erinnert sei an das Modell der Abbildung 5.2, in dem jedes Neuron der 2. Stufe $n = 1000$ Eingänge hat, mithin von maximal 1000 verschiedenen Ereignissen aktiviert werden kann. Gilt ähnliches nicht für Codeworte der Länge 2 und mehr? Können nicht dieselben zwei (oder mehr) Neurone durch ganz unterschiedliche Ereignisse aufgerufen werden?

Das ist natürlich möglich. Allerdings ist nach der Wahrscheinlichkeit zu fragen, mit der solche Mehrdeutigkeiten auftreten werden. Zur überschlägigen Abschätzung läßt sich von den Zündchancen z der Neurone im Modell der Abbildung 5.2 ausgehen. (Für sehr viel kleinere Werte als eins kann man die Zündchance gleich der Zündwahrscheinlichkeit setzen. Erläuterung zum Unterschied: Zündwahrscheinlichkeiten sind $\leqq 1$, Zündchancen können > 1 werden.) Wie wahrscheinlich ist es, daß z. B. ein Neuron k beim Durchspielen der Eingangsmuster mehrfach zündet?

Um dies abschätzen zu können, wird die individuelle Zündwahrscheinlichkeit jedes Neurons *einheitlich* zu z angenommen, wobei $z \ll 1$ ist. x gibt die Zahl der Neurone eines Codewortes an, u bedeutet die Zahl der im Einzelfall gezündeten Neurone dieses Codewortes. Die Wahrscheinlichkeit, daß diese u Neurone beim Durchspielen der Eingangsmuster zünden, ist

$$p = z^u \cdot \binom{x}{u} \qquad (5.10)$$

Beispiel: Es zünden 3 Neurone eines Codewortes, das eine Länge von 4 Neuronen hat. Die Wahrscheinlichkeit, daß 3 *bestimmte* Neurone des Codewortes gleichzeitig aktiv werden, ist z^3. Jedoch lassen sich $\binom{4}{3} = 4$ Kombinationen aus jeweils drei Neuronen dieses Codewortes bilden. Die Wahrscheinlichkeit dafür, daß irgendwelche drei Neurone des Codewortes zünden, erhöht sich deshalb um diesen Faktor.

Um zu numerischen Werten zu kommen, wird die Zündwahrscheinlichkeit des einzelnen Neurons einheitlich zu $z = 10^{-4}$ angenommen. Dieser Wert befindet sich etwa in Übereinstimmung mit dem Konzentrationsgebiet der Tabelle 5.1. In der Tabelle 5.2 werden einige Werte angegeben, die auszugsweise diskutiert werden. Wir gehen davon aus, daß ein Codewort einem äußeren Ereignis bereits zugeordnet worden ist.

Es zeigt sich, daß das Zünden *eines* Neurons dieses Codewortes (u = 1) nicht zur eindeutigen Identifikation des auslösenden Ereignisses ausreicht. Besteht das Codewort z. B. aus 5 Neuronen (x = 5), so ist die Wahrscheinlichkeit für das Zünden irgend*eines* Neurons dieses Codewortes $5 \cdot 10^{-4}$. Werden eine Milliarde unterschiedliche „Sekundenereignisse" angeboten, so wird etwa 500 000mal ein Neuron des betrachteten Codewortes gezündet. Daß allerdings zwei Neurone des Codewortes gleichzeitig aktiviert werden (u = 2), geschieht bei diesem Milliardenangebot relativ selten, nämlich nur 100mal. Drei

	x=1	x=2	x=3	x=4	x=5	
u=1	p=1	2	3	4	5	$\cdot 10^{-4}$
2		1	3	6	10	$\cdot 10^{-8}$
3			1	4	10	$\cdot 10^{-12}$
4				1	5	$\cdot 10^{-16}$
5					1	$\cdot 10^{-20}$

Tabelle 5.2. Zündwahrscheinlichkeiten p zur Frage der Mehrdeutigkeit von Codeworten

Neurone des Codewortes zünden beim Milliardendurchlauf sehr wahrscheinlich nicht ein weiteres Mal durch ein anderes Ereignis (die Wahrscheinlichkeit dafür ist 10^{-2}). Daß vier oder sogar fünf Neurone des Codewortes noch ein zweites Mal aktiviert werden, ist (bei Wahrscheinlichkeiten von $5 \cdot 10^{-7}$ bzw. 10^{-11}) so gut wie ausgeschlossen. Ergebnis: Codeworte *aus mehreren Neuronen* sind praktisch *eindeutig* den auslösenden Ereignissen zugeordnet. Eindeutigkeit wird auch schon bei *Teilaufruf* eines Codewortes erzielt!

Um die Zusammenhänge etwas transparenter zu machen, werden sie mit einem Lottospiel verglichen. Neurone, die durch ein äußeres Ereignis gezündet werden, entsprechen etwa den wenigen Gewinnern von namhaften Beträgen bei einer bestimmten Ziehung. Die Frage ist, wie oft identisch dieselben Gewinner (oder ein mehr oder weniger großer Teil dieser Gewinner) abermals *gemeinsam* bei irgendeiner nächsten Ziehung gewinnen werden!

Das mit Abbildung 5.2 diskutierte Neuronenmodell hat eine interessante Eigenschaft: Es reagiert empfindlich auf Parameteränderungen. Wird z. B. die Zahl der Synapsen für die Neurone der Stufe 2 von 1000 auf 10 000 erhöht, so geschieht Unsinniges - es zünden nämlich bei jedem Ereignis, bei dem a größer oder gleich s ist, sämtliche Neurone der zweiten Stufe. Reduziert man die Synapsenzahl von 1000 auf 100, so können erst Ereignisse mit a-Werten ab etwa 25 in der Stufe 2 registriert werden. Ähnlich wirken sich Änderungen der Zündschwelle aus. Es gibt also einen gar nicht so breiten Parameterbereich, in dem das Modell informationstechnisch sinnvoll arbeitet. Informationstechnisch sinnvoll heißt: Außenereignisse werden auf (nicht zu umfangreiche) Codeworte konzentriert, die sich (in noch zu diskutierender Weise) weiter verarbeiten lassen. Eine wichtige, hier nur pauschal erfaßte Rolle kommt den hemmenden Synapsen zu. Sie tragen automatisch regelnd dazu bei, daß Neuronenaktivitäten nicht explodieren!

Es ist nicht unplausibel, die Eigenschaften des Modellnetzes (Abb. 5.2) auf das reale Neuronennetz im menschlichen Gehirn zu übertragen. Die Funktionsbereiche im menschlichen Gehirn sind zwar (vermutlich) wesentlich größer, doch könnte auch dort (deshalb erst recht!) das Prinzip der relativ kleinen Zündwahrscheinlichkeit eines Neurons wirksam sein, so daß Sinneseindrücke auf Codeworte konzentriert werden. In der Informationstechnik nennt man diesen Vorgang „Zuteilung von Betriebsmitteln". Für jeden Arbeitsablauf müssen Speicherplätze bereitgestellt werden - ein nicht trivialer, sondern sogar intelligenter Prozeß. Betriebsmittel dürfen nicht „gar nicht" oder „mehrfach" vergeben werden. Die Natur könnte durch „geringe Zündwahrscheinlichkeit" und das „Gesetz der großen Zahl" dafür sorgen, daß dieser Prozeß auch im menschlichen Gehirn einigermaßen eindeutig abläuft, d. h. also, daß Codeworte nicht mehrfach belegt werden.

Nun läßt sich auch eine der zusätzlichen Speicherhypothesen des Abschnitts 4.2 verdeutlichen: Neurone verfügen im allgemeinen über wesentlich mehr als 1000 Synapsen (Eingänge). Im Modell der Abbildung 5.2 würde dieser Umstand zu „explosionsartigen" Neuronenaktivitäten führen. Somit ist es mit Rücksicht auf eindeutige Ereignisabbildungen plausibel anzunehmen, daß nur ein Bruchteil aller Synapsen a priori merkliche Zündbeiträge zu liefern in der Lage ist. Andererseits ist es aus noch zu erläuternden Gründen notwendig, daß Neurone mit großer Wahrscheinlichkeit von vorgeordneten Neuronen erreicht werden können, daß also gewissermaßen zahlreiche „Drähte" vorgeleistet sind, während die verbindenden „Lötstellen" größtenteils erst unter bestimmten Voraussetzungen hergestellt werden. Diese Mehrzahl potentieller Verbindungen sollte also in Form von „Knospen" lediglich topographisch angelegt sein. Die nachrichtentechnische Notwendigkeit hierfür wird später erläutert.

Der beschriebene Konzentrationsvorgang der Neuronenaktivitäten kann auch zur Erklärung eines oft diskutierten Effektes beitragen. Verschiedene Wissenschaftler haben aus Untersuchungen geschlossen, daß das menschliche Gehirn nicht mehr als einige 10 bit/s zu *verarbeiten* in der Lage ist [3.2]. Allein über den visuellen Kanal aber werden dem Menschen hundert und mehr Millionen bit/s zur Verarbeitung angeboten. Wie also erfolgt die Reduktion dieses Bitflusses auf den geringen, zu verarbeitenden Wert? Diese Frage läßt sich mit dem beschriebenen Konzentrationseffekt beantworten. Allerdings geht mit der Abbildung von Ereignissen auf Codeworte in der Regel ursprünglich vorhandene Information verloren. Deshalb können wir im allgemeinen auch nicht „aus dem Gedächtnis" das auslösende Ereignis im Detail rekonstruieren. Ein typisches Beispiel hierfür ist das „Phantombild". Wir erkennen typische Merkmale eines Menschen wieder, wenn sie uns gezeigt werden, aber wir sind nicht in der Lage, Details „aus dem Gedächtnis" aktiv anzugeben (Spezialbegabungen ausgenommen).

Wenn das menschliche Neuronennetz nach den geschilderten, informationstechnisch plausiblen Prinzipien arbeitet, ist sein Funktionsbereich zwischen neuronaler Verkettung und Wirksamkeit von Erregungen und Hemmungen vermutlich relativ eng eingegrenzt. „Begabung" dürfte damit nicht allein von der Verflechtung der Neurone, sondern auch von der Balance der erregenden und hemmenden Synapsen abhängig sein. Alle diese Einflüsse (und weitere, die noch diskutiert werden) kommen zusammen, um das Phänomen der „unterschiedlichen Intelligenz" menschlicher Individuen zu deuten!

Zusammenfassend: Von den Sinnesorganen herrührende Neuronenaktivitäten führen zur Abbildung der verursachenden äußeren Ereignisse auf „Codeworte". Ein Codewort repräsentiert *eindeutig* ein äußeres Ereignis. Das Codewort wird gebildet durch anläßlich des Ereignisses gleichzeitig gezündete Neurone, der Zusammenhang zwischen den Neuronen eines Codewortes wird durch die Verdrahtung hergestellt. (Damit können die zu einem Codewort gehörenden Neurone über einen größeren Bereich räumlich verteilt sein.) Codeworte sind praktisch auch noch eindeutig, wenn nur ein Teil der zugehörigen Neurone aufgerufen wird. Dies kommt der Störunempfindlichkeit (der „Fehlertoleranz") des menschlichen Gehirns zugute. Diese Eigenschaften sind übrigens charakteristisch für die von einigen Wissenschaftlern vermutete Holographie-ähnliche Speicherung von Sinneseindrücken in unserem Gehirn [3.9].

In diesem Abschnitt wurde deutlich, worauf dieser Effekt zurückzuführen sein dürfte. Auch das in Abschnitt 2.3 erwähnte Rätsel der „stummen Zonen" im Stirnhirn kann mit den Prinzipien der „verteilten Verarbeitung" und der „redundanten Verarbeitung" zu deuten sein.

5.3 Ereignisspeicherung und Ähnlichkeitsprinzip

Die Abbildung von Ereignissen auf Codeworte ist eine notwendige, aber noch nicht hinreichende Bedingung für die Informationsverarbeitung im menschlichen Gehirn. Der Einfluß der in Abschnitt 4.2 diskutierten Speicherfunktionen muß wesentlich berücksichtigt werden.

Wir überlegen am Modell qualitativ die Auswirkungen der Speicherung. Ausgangssituation ist der Anblick eines Ereignisses „Kreuz" (Abb. 5.3a). Dieses Ereignis möge in einem „Punktraster" 50 000 Neurone aktivieren. (Dies ist eine grobe Vereinfachung! So haben *D. H. Hubel und T. N. Wiesel* gezeigt, daß Lichtreize bereits in Retina und primärem Sehfeld (Abb. 2.14) eine „Vorverarbeitung" erfahren, die auf Neigungswinkel und Objektbewegungen anspricht [5.3]!) Abbildung 5.4 zeigt die Auswirkung. Die in der folgenden Neuronenstufe wirksame Hemmschwelle wird einheitlich zu -99 angenommen, so daß Erregungseinflüsse von 100 Neuronen zu deren Überwindung notwendig sind. Die damit verbundene Aktivitätskonzentration läßt in dieser Stufe nur 500 Neurone zünden. - In einer weiteren Neuronenstufe erfolgt unter gleichen Bedingungen eine weitere Konzentration auf die 5 Neurone des Codewortes, welches diesem und nur diesem Kreuz zugeordnet ist. - Das ist lediglich eine einfache Modellvorstellung ohne mathematische Absicherung.

Nun gibt es aber Kreuze ganz unterschiedlicher Größe und Lage. Abbildung 5.3b z. B. zeigt ein geneigtes Kreuz, bei dem nur ein Teil der bei der ersten Abbildung (Abb. 5.3a) aktivierten Neurone gezündet wird. Jetzt wird der Speichereffekt wirksam. Dank der Verstärkung der Erregungswirkung der Synapsen wird das Codewort des

a) ursprüngliches Ereignis

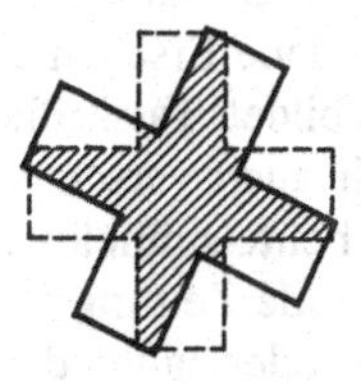

b) geneigtes Kreuz

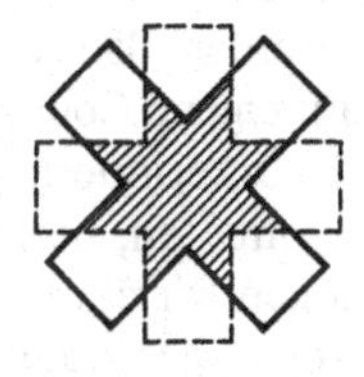

c) liegendes Kreuz

Abb. 5.3. Ereignisse (Schraffur: Überdeckung mit ursprünglichem Ereignis)

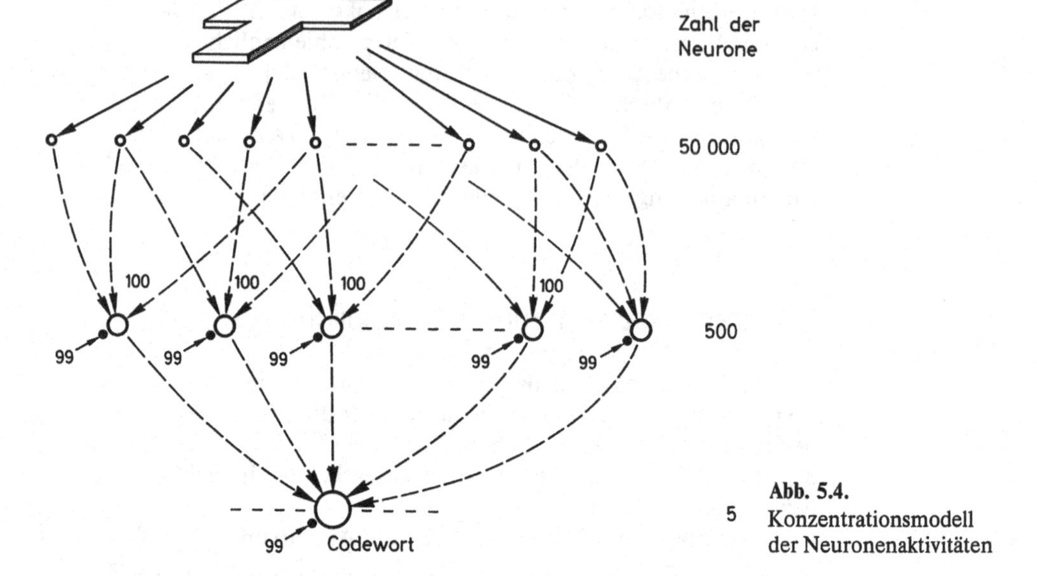

Abb. 5.4. Konzentrationsmodell der Neuronenaktivitäten

Kreuzes über drei Stufen auch noch aufgerufen, wenn z. B. nur ca. 70% der ursprünglich aktiven 50 000 Neurone gezündet werden. Erst wenn aus dem ursprünglichen Ereignis ein liegendes Kreuz wird (Abb. 5.3c), sinkt der Anteil der gezündeten Neurone auf etwa 50%, was zum Aufruf des Codewortes nicht mehr ausreichen möge. Das Ereignis „liegendes Kreuz" muß also als eigenständige Ereigniskategorie ein neues Codewort belegen.

Das ist eine qualitative Betrachtung. Vermutlich ist das zugrunde gelegte Punktraster viel anfälliger gegenüber Doppeldeutungen als das nach Hubel und Wiesel vorverarbeitete Aktivitätsmuster im primären Sehfeld. Wesentlich ist jedoch die Erkenntnis, daß der Speichereffekt, also die Erregungsverstärkung der Synapsen, Voraussetzung für das „Wiedererkennen" von Ereignissen ist. Denn so gut wie ausgeschlossen ist die *identische* Wiederholung von Ereignissen. (Zumindest ändert sich die Erlebniszeit!) Wer aus Ereignissen zweckmäßiges Reagieren lernen will, muß demnach in der Lage sein, auch *ähnliche* mit den *ursprünglichen* Ereignissen zu korrelieren. Dafür hat offenbar die Evolution mit ihrem Speicherkonzept im Gehirn gesorgt! Lernen aus Erfahrung wird möglich - ein ungeheurer Vorteil für das Überleben des Individuums und der Art.

Es werden also sehr verschiedene Erscheinungsformen von Kreuzen auf eigene Codeworte abgebildet. Tatsächlich ist es so - wenn wir uns zurückerinnern -, daß wir auch verschiedene Schriftarten erst lernen mußten, bevor wir sie heute mühelos erkennen. Tatsächlich vermögen wir eine schräg liegende Zeitung nicht oder nur mühsam zu lesen - wir rücken sie gerade oder halten den Kopf schief, weil wir „schräg liegende Schrift" nicht gelernt haben.

Wie aber wird das Ereignis „Kreuz" der Abbildung 5.3 vom jeweiligen Szenario entkoppelt? Einmal ist es auf einem Rettungswagen, ein anderes Mal auf einer Kirchturmspitze zu sehen. Wie läßt sich die Erscheinung „Kreuz“ vom Hintergrund isolieren? - Eine Erklärungsmöglichkeit: Die gleichbleibende Erscheinung „Kreuz“ wird vor wechselnden Hintergründen gelernt. Allein durch die größere Häufigkeit der gleichbleibenden Prägung erfolgt eine bevorzugte Speicherung gegenüber den wechselnden Prägungsinhalten des Hintergrundes. Ein solcher Mechanismus beschreibt auch „erste Prägungen“. So etwa - vor wechselnden Hintergründen - könnte sich dem Säugling auch das Gesicht der Mutter einprägen! Später - in der Schule - werden Symbole (Buchstaben) vor neutralem Hintergrund (weißes Papier) gelernt. Im Schulbuch begleitende Bilder wecken Emotionen, die erfahrungsgemäß die Langzeitspeicherung unterstützen (vgl. Abschnitt 4.2).

Das hier für den „optischen Sinneskanal“ Diskutierte gilt natürlich entsprechend für die anderen Sinneskanäle. Die Verallgemeinerung lautet: Eine Abbildung des Ereigniskontinuums im menschlichen Gehirn erfordert unendlich viel Speicherraum und ist deshalb unmöglich. Sie ist nicht nur unmöglich, sie wäre auch unzweckmäßig und unsinnig. Die Evolution hat uns mit der Fähigkeit ausgestattet, durch speichernde Abbildung von Einzelereignissen „Erfahrung zu sammeln“, damit sich neue Ereignisse auf bereits erlebte Ereignisse projizieren lassen. Neue Ereignisse können damit zu bereits bewährten Reaktionen führen. Aber neue Ereignisse sind in den meisten Fällen nicht ganz identisch mit erlebten Vorgängern. Deshalb müssen auch *ähnliche* Ereignisse archetypischen Vorgängern zugerechnet werden können. Dies wird durch das Speicherkonzept der Erregungsverstärkung benutzter Synapsen ermöglicht. Die Erregungsverstärkung realisiert das *Ähnlichkeitsprinzip* als Voraussetzung für das Nutzen von Erfahrung.

„Technisch“ gesehen findet eine Art „Ähnlichkeitscodierung“ statt: Ähnliche Ereignisse werden ähnlich codiert! (Ähnlich ist hier nicht im mathematischen Sinn verstanden, sondern als „nicht sehr unterschiedlich“.) Während im CCITT-Alphabet No. 5 z. B. eine Menge „7“ mit 0110111 und eine Menge „8“ mit 0111000 - also sehr unterschiedlich - codiert werden (s. Tab. 3.2), würde eine *ähnliche* Codierung dieser Mengen nahezu identische Aktivitätsmuster erzeugen (Abb. 5.5). Man könnte dies auch als eine „natürliche Codierung“ bezeichnen.

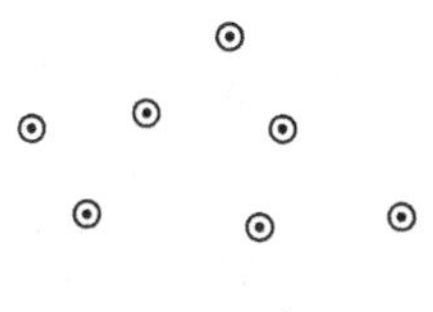

○ Codierung Menge „7“
• Codierung Menge „8“

Abb. 5.5. Ähnlichkeitscodierung

5.4 Ereignisabbildung und Eingabefunktion

Erinnert sei an Abbildung 3.10: Der Automat „menschliches Gehirn“ wird mit Eingangsinformation „gefüttert“, die offenbar im sensorischen Sprachzentrum zu gedanklicher Verarbeitung führt und anschließend in motorische Ausgangsinformation, z. B. Sprache, umgesetzt werden kann. (Bei „Reflexen“ entfällt die gedankliche

Verarbeitung.) Auf allen sensorischen Kanälen werden uns ständig Eingangsinformationen angeboten, die zum großen Teil „unwichtig“ sind. Um den (etwas problematischen) Bezug zum „Bit“, der Informationseinheit, herzustellen: Wenn wir vor dem Farbfernseher sitzen, der nur den zentralen Teil unseres Gesichtsfeldes belegt, strömen etwa 100 Millionen bit in der Sekunde (100 Mbit/s) auf uns ein. Ich sehe in einem Vortrag über „Kirchturmkreuze“ ein Dorf, eine Dorfkirche, den Kirchturm, aber ich „interessiere“ mich nur für das Kreuz auf der Spitze und beachte die schöne Turmzwiebel nicht. In einem anderen Vortrag über „Kirchtürme“ wiederum ist das Kreuz für mich unbedeutend, wird es mir u. U. gar nicht „bewußt“. Ich selektiere aus dem Hundertmillionen-Bitstrom einen kleinen Teil, einmal diesen, einmal jenen, um z. B. darüber zu diskutieren. Wie geschieht das? Wie werden aus 100 Millionen bit/s der Eingangsinformation die größenordnungsmäßig 10 000 bit/s (10 kbit/s) einer Ausgangsinformation „Sprache“? Ein Faktor 10^4!

Eine Komponente dieser „Informationsreduktion“ haben wir bereits kennengelernt: Neuronenaktivitäten im Eingabebereich werden stufenweise um Größenordnungen reduziert (Tab. 5.1, Abb. 5.4). Dabei geht natürlich ein großer Teil des Informationsinhalts der ursprünglichen Information verloren (wie bereits erwähnt), was für das „Wiedererkennen“ jedoch keine große Rolle spielt (im Gegensatz zum „Rekonstruieren“).

Eine zweite Komponente könnte aus der Abbildungsspeicherung und einem „Aufmerksamkeitseffekt“ resultieren. Die Abbildungsspeicherung bewirkt, daß die zugehörigen Abbildungswege leichter gangbar gemacht worden sind. Bereits bekannte Komponenten *neuer* Eingabeereignisse finden somit „mühelos“ ihren bereits gebahnten Weg, während *neue* Komponenten im noch „unwegsamen Gestrüpp“ des Neuronennetzes möglicherweise „hängenbleiben“. Neue Eingabeereignisse werden also *vorhandene* Abbildungscodeworte aufrufen, sofern die neuen Ereignisse den früheren ähneln. Im zuvor diskutierten Modellbeispiel könnten also gleichzeitig die Codeworte „Kirchturm“ und „Kreuz“ aufgerufen werden. Ein solcher Doppelaufruf findet jedoch erfahrungsgemäß im Bereich bewußter Denkvorgänge nicht statt, wir fassen nur *einen* Gedanken in der Zeiteinheit. Je nach Thema des Vortrages, den wir gerade im Fernsehprogramm hören, werden wir uns also entweder auf den Kirchturm oder das Kreuz konzentrieren. Die Zielrichtung unserer Aufmerksamkeit ist somit durch den jeweiligen *Kontext* gegeben: Im Vortrag über Kirchtürme beachten wir die Kreuze nicht, im Vortrag über Kreuze geschieht das gleiche mit den Kirchtürmen. Unsere durch den Kontext gesteuerte „Aufmerksamkeit“ wirkt wie ein Filter, das zahlreiche nicht relevante Einflußgrößen abblockt. Eine technische Erklärung dieses Vorgangs wird später versucht.

6. Prinzipien der Informationsausgabe

Abschnitt 5 erläuterte im wesentlichen die „Belegung von Betriebsmitteln", also die Bildung von Codeworten aus Eingangsinformationen, eine Voraussetzung für die eigentliche Verarbeitung im sensorischen Sprachzentrum (Abb. 3.10). Abschnitt 6 bildet in gewisser Weise das Pendant hierzu, nämlich die Erzeugung von die Umwelt beeinflussenden *Wirkungen* - also von Ausgangsinformationen - aus den Ergebnissen der Codewortverarbeitung.

6.1 Codewortdecodierung

Im Gehirn gibt es die sog. „motorischen Nervenzellen" (Motoneurone, vgl. Abb. 3.9), deren Aktivierung ganz spezifische Bewegungsvorgänge auslöst. Es besteht eine eindeutige und von Anbeginn an fest „verdrahtete" Zuständigkeit von bestimmten Motoneuronen für bestimmte Bewegungsvorgänge. Um Bewegungsvorgänge zu veranlassen, müssen also Codeworte ggf. über Zwischenstufen mit Motoneuronen verbunden werden. Denn Codeworte sind ja letzten Endes die Träger der Informationen, von denen Bewegungsvorgänge ausgehen sollen.

Es ergibt sich folgendes Problem: Codeworte repräsentieren nach dem zuvor Gesagten als Aktivitätsmuster zwar praktisch eindeutig zugeordnete Informationen, jedoch gilt das keineswegs für die einzelnen beteiligten Neurone. Im Modell der Abbildung 6.1 gehören die beiden mittleren der oben gezeichneten Neurone verschiedenen Codeworten an. *Alle* Neurone eines Codewortes müssen also zusammenwirken, um eine exakt eindeutige Wirkung auszuüben. Im Modell der Abbildung 6.1 ist dies der Fall: Codewort 1 überwindet mit 4 Neuronenaktivitäten die Schwelle -3 der Wirkung 1. Dabei ist es

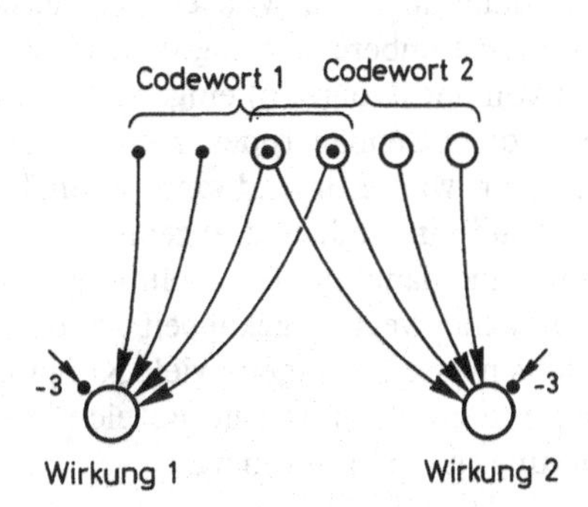

Abb. 6.1. Decodierung von Codeworten

belanglos, daß zwei der Neurone auch die Wirkung 2 *mit* auslösen können, solange nicht die übrigen beiden Neurone des Codewortes 2 aktiv sind.

Der beschriebene Vorgang wird „Decodierung“ genannt (vgl. Abschnitt 3.3). In der Informationstechnik gibt es - abhängig vom Codierverfahren - zugehörige *eindeutige* Decodierungsalgorithmen, auf die hier nicht eingegangen werden soll. Im Gehirn wird die Decodierung von Codeworten sicher nicht so exakt erfolgen wie im Modell der Abbildung 6.1 angegeben. Erinnert sei daran, daß gar nicht alle Neurone eines Codewortes aktiviert werden müssen, um die Codewortbedeutung aufzurufen (Abschnitt 5.2). Wenn man jedoch die erwähnte „Ähnlichkeitscodierung“ berücksichtigt, wird sich ein Decodierfehler im allgemeinen nicht katastrophal auswirken. Mit anderen Worten: Wirkung 1 und Wirkung 2 sind wahrscheinlich nicht sehr unterschiedlich, wenn auch Codewort 1 und Codewort 2 nicht sehr viele Unterschiede aufweisen (vgl. Abb. 5.5). Wir werden in Abschnitt 7 noch einmal auf dieses Problem zurückkommen.

Zusammenfassend: Die Decodierung ist eine Maßnahme, die das Aktivitätsmuster eines Codewortes in eine definierte Wirkung umsetzt. Im Decodiervorgang selbst geht keine Information verloren, jedoch kann er keine Information rekonstruieren, die beim Codiervorgang bereits verloren gegangen ist. Ein solcher Informationsverlust beim Codieren tritt allerdings - wie bereits bemerkt - im menschlichen Gehirn weitgehend auf, wie übrigens auch oft in technischen Systemen. Wesentlich ist das Erkennen und Decodieren der Bedeutung! Für eine automatische Briefsortierung zum Beispiel ist das Erkennen der Postleitzahl wichtig, eine Rekonstruktion aller handschriftlichen Schnörkel ist für die Sortieraufgabe nicht relevant.

6.2 Das Prinzip der Leitinformation

Während bei der Abbildung von Ereignissen auf Codeworte durch „geringe Zündchancen“ dafür gesorgt ist, daß Neuronenaktivitäten nicht „explodieren“, tritt bei der Kopplung von Codeworten mit Wirkungspunkten für Bewegungsabläufe ein geradezu entgegengesetztes Problem auf. Nehmen wir an, ein Mensch sieht ein Auto auf sich zufahren. Dann wird er sich durch eine Fluchtbewegung aus dem Gefahrenbereich bringen. Das ist aber sicherlich keine a priori (also von der Evolution) eingebaute Kopplung eines hypothetischen Codewortes „annäherndes Auto“ mit der Bewegungsmuskulatur! Vielmehr wurde irgendwann einmal ein Ereignis „annäherndes Auto“ auf ein Codewort abgebildet, und die Neurone dieses Codewortes sind dann mit den evolutionär *vorhandenen* Wirkungspunkten der Fluchtbewegung gekoppelt worden. Das setzt zweierlei voraus: Erstens müssen genügend viele Kopplungsmöglichkeiten vorhanden sein, und zweitens ist eine Bezeichnung oder Markierung der Ziel-Wirkungspunkte notwendig.

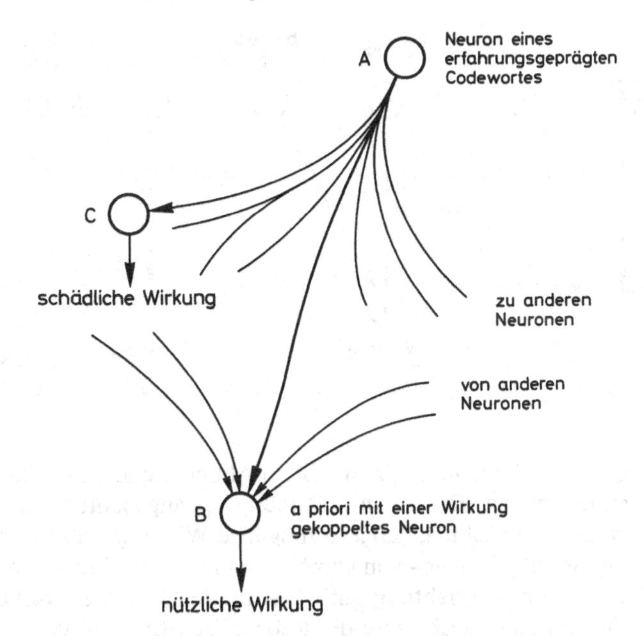

Abb. 6.2. Aufgabenstellung zur Kopplung mit Wirkungspunkten

Abbildung 6.2 erläutert die Aufgabenstellung. Neuron A gehöre einem Codewort an, das durch Erfahrung geprägt wurde. Neuron B veranlasse einen „nützlichen" Bewegungsvorgang, der durch die Erfahrung A ausgelöst werden soll. Vom Axon des Neurons A gehen zahlreiche Wirkungen zu nachfolgenden Neuronen aus, u. a. auch zu Neuronen B und C. Neuron C sei zuständig für eine bei Erfahrung A schädliche Reaktion (z. B. „Stehenbleiben" bei Erfahrung „annäherndes Auto"). Natürlich konnte die Natur bei Anlage der Verdrahtung nicht „wissen", daß Neuron A („annäherndes Auto") einmal mit Wirkung B („Fluchtbewegung") zu koppeln sein würde. Deshalb mußte sie prophylaktisch zahlreiche Kopplungsmöglichkeiten vorsehen, u. a. auch zu Neuron C. Wie läßt sich erklären, daß die Verbindung A-B verstärkt wird und nicht irgendeine andere, z. B. A-C?

Die erste Voraussetzung für die Kopplung A-B, nämlich die große Zahl der Kopplungsmöglichkeiten, ist offenbar von der Natur erfüllt. Abbildung 4.6 demonstriert die hohe Erreichbarkeit von Zielen über mehrstufige Neuronennetze. Hohe Erreichbarkeiten ergeben sich aus vielen tausend bis zehntausend (postsynaptischen) Eingängen der Neurone. Aber ist das nicht ein Widerspruch zu der für die Bildung von Codeworten zu fordernden geringen Zündwahrscheinlichkeit der Neurone? Der Widerspruch löst sich auf, wenn man die in Abschnitt 4.2 vertretene Hypothese gelten läßt, daß die meisten Synapsen in den Hirnbereichen, die Erfahrungen auszuwerten haben, zunächst als noch nicht übertragungsfähige „Knospen" angelegt sind. Auf diese Weise wird ja auch - wie erwähnt - eine Aktivitätsexplosion bei der Codewortbildung unterbleiben.

Zur Erfüllung der zweiten Voraussetzung muß eine Möglichkeit bestehen, derartige Knospen (und zwar nur die der in Betracht

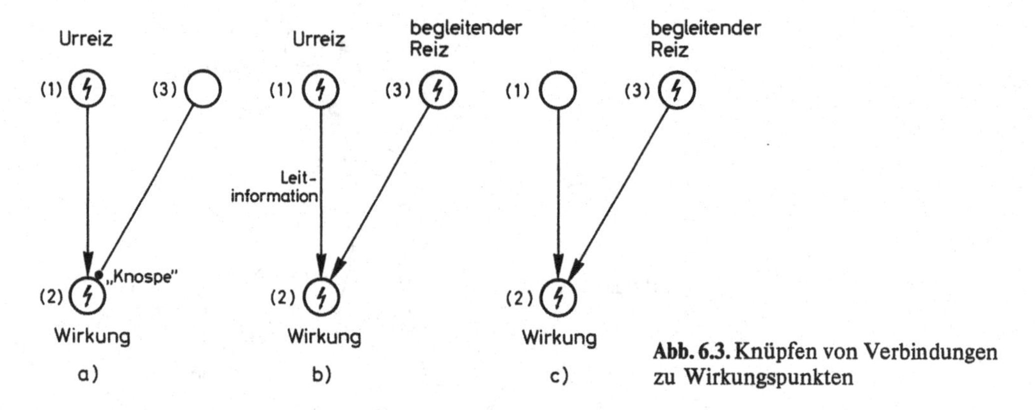

Abb. 6.3. Knüpfen von Verbindungen zu Wirkungspunkten

kommenden Zielneurone, z. B. „B" in Abbildung 6.2) übertragungsfähig zu schalten. Das ist in Abbildung 6.3 angedeutet. Ausgangspunkt ist die Annahme, daß jede mögliche Wirkung - also z. B. jede Bewegungsmöglichkeit - von vornherein in einer evolutionär entwikkelten „festen Verdrahtung" mit bestimmten Sensoren verbunden ist. Ein Beispiel hierfür sind die Reflexbögen (Abschnitt 2.3). Eine solche „Urverdrahtung" ermöglicht es z. B. dem neugeborenen Fohlen, sich auf seinen vier Beinen zu halten. Eine solche „Urverdrahtung" läßt auch den Säugling erste Bewegungsabläufe probieren.

In Abbildung 6.3a ist modellhaft eine „Urverbindung" zwischen einem sensorischen „Urreiz" (1) und einer evolutionär fest zugeordneten „Wirkung" (2) gezeigt. Das Wirkungsneuron ist darüber hinaus über zahlreiche noch nicht übertragungsfähige Synapsen („Knospen") mit vorgeordneten Neuronen verbunden, die damit *potentiell* ebenfalls in der Lage sind, diese Wirkung auszulösen. Im Laufe der Entwicklung wird es zu Erfahrungen kommen, die den sensorischen Urreiz *ergänzen* (Abb. 6.3b). In dieser Phase wirken also Urreiz und ergänzender Reiz (3) gemeinsam, Neurone (2) und (3) sind gleichzeitig aktiv. Dies ist die Situation, die in Abschnitt 4.2 als Voraussetzung für die Bahnung und damit für die Langzeitspeicherung genannt wurde. Die erweiterte Hypothese lautet: Auch „Knospen", also zunächst noch nicht oder nur wenig übertragungsfähige Synapsen, werden unter diesen Bedingungen verstärkt, so daß sie hinfort Erregungsbeiträge liefern können. Anschließend ergibt sich die Situation der Abbildung 6.3c: Begleitender Reiz (3) bedarf nicht mehr der Hilfe des Urreizes (1), sondern ist allein in der Lage, Wirkung (2) zu veranlassen. Im weiteren Verlauf kann sogar der Reiz (3) die Rolle des Urreizes (1) übernehmen und begleitende komplexere Reize zur Wirkung (2) hinlenken. Zunächst Urreiz (1) und später begleitender Reiz (3) übernehmen die Funktion einer „Leitinformation" [5.4], die Neuronenaktivitäten zum „gewünschten" Ziel führt. Auf diese Weise lassen sich immer schwierigere Zusammenhänge zur Auslösung von vorgegebenen Wirkungen aufbauen.

Wir werden später wichtige Beispiele für diesen Aufbauprozeß kennenlernen. Ein Modellbeispiel vorab: „Großes schwarzes Objekt in rascher Annäherung" möge ein Urreiz sein, der einen Fluchtreflex hervorruft. Ferner möge das Codewort „annäherndes Auto" bereits gebildet sein. Wenn sich ein schwarzes Auto in rascher Fahrt nähert, werden Urreiz und Codewort gemeinsam wirksam und veranlassen die Flucht. Anschließend wird der Fluchtreflex bei der Annäherung jedes Autos einsetzen, unabhängig von dessen Farbe.

Das ist ein grobes Beispiel; in der Realität laufen diese Vorgänge sicher subtiler ab. Wenn die Hypothese der „Leitinformation" stimmt, würde die Evolution also davon ausgehen, daß eine Wirkung auch dann noch richtig ist, wenn der auslösende Reiz von einer weiteren Information begleitet wird. Dann wird es im allgemeinen auch vernünftig sein, die Wirkung allein durch diese weitere Information zu veranlassen. Diesen Vorgang der „Konditionierung" bestätigt Pawlows berühmtes Hundeexperiment [8.3], das später (Abschnitt 8) erläutert wird. Aber natürlich kann der Mensch bewußt auch Reflexe unterdrücken, indem entsprechende Codeworte durch prägende Erfahrung mit bewegungshemmenden Wirkungen verbunden werden!

Die Kopplung von „Codeworten" mit „Wirkungen" ist ein Vorgang, der von den individuellen Eigenschaften des jeweiligen Neuronennetzes abhängen dürfte, also gewissermaßen „begabungsbedingt" ist. Je nach Ausprägung der Verflechtungen und Hemmungen des Netzes wird der eine leichter, der andere schwerer bestimmte Bewegungsabläufe „lernen". Es kann also nicht jeder - bei bestem Willen - Artist oder Klaviervirtuose werden! Es wurde bereits erwähnt, daß eine Kopplung zwischen Codeworten und Wirkungen im allgemeinen über dazwischenliegende Neuronenstufen erfolgen muß und natürlich auch dadurch erschwert wird.

6.3 Die Bildung von Ablauf-„Makros"

Zuvor wurde ein wenig leichtfertig mit den Begriffen „Wirkung" und „Bewegung" umgegangen. Wenn wir uns bewegen, ketten wir im allgemeinen (unbewußt) einzelne Wirkungen zu *Bewegungsabläufen*. Wir haben früher einmal - woran wir uns nicht mehr erinnern - mit viel Mühe das „Laufen" gelernt. Wir wissen noch um die Schwierigkeiten des Schwimmenlernens, des Autofahrenlernens, des Klavierspielenlernens. Immer haben wir bei diesen Aktionen zunächst bewußt Einzelbewegung an Einzelbewegung gereiht, bis mit der Zeit durch „Übung" oder „Training" ganze Bewegungsabläufe unbewußt aufgerufen und abgewickelt werden konnten.

Wir versuchen, diesen Vorgang im Modell zu begreifen (Abb. 6.4). Eine Meldung 1 ist Anlaß für einen *bewußt* in einem Bereich A des Gehirns durchgeführten Verarbeitungsprozeß, der eine Wirkung 1 anstößt (Zündung Neuron 1). Wirkung 1 beeinflußt die Umwelt und führt damit rückkoppelnd zu einer Meldung 2, die wiederum einen Verarbeitungsprozeß im Bereich A initiiert. Das Ergebnis führt zur

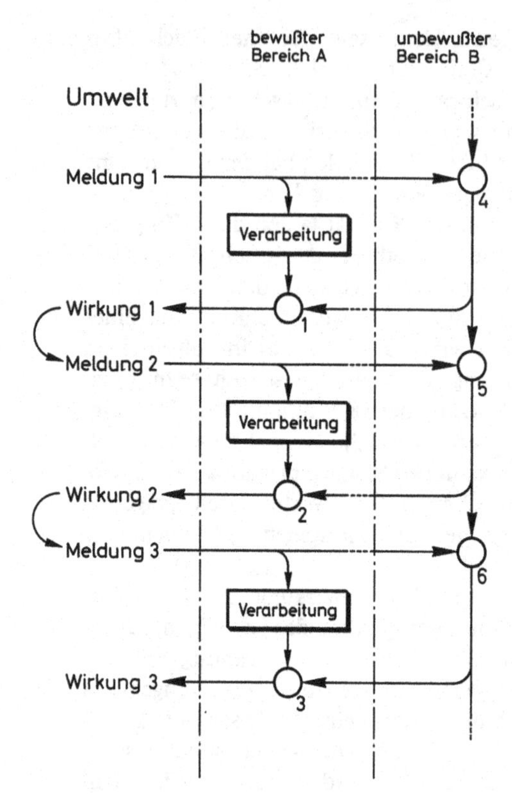

Abb. 6.4. Bildung von Ablauf-„Makros"

Wirkung 2 (Neuron 2 zündet), Wirkung 2 veranlaßt Meldung 3, Meldung 3 läßt einen Verarbeitungsprozeß ablaufen mit dem Ergebnis einer Wirkung 3 usw. Der Bewegungsablauf erfolgt bewußt Schritt für Schritt, wobei jedes Teilergebnis durch eine Meldung quittiert wird, die gleichzeitig den nächsten Schritt einleitet.

Unsere Erfahrung ist, daß komplizierte Bewegungsabläufe *unbewußt* ablaufen können. Allerdings müssen derartige Bewegungsabläufe erst „gelernt" werden. Den Lernvorgang erläutert Abbildung 6.3 im rechten Teil der Abbildung: Der Bereich B, in dem Vorgänge *unbewußt* ablaufen mögen, liegt mit seinen Eingängen und Ausgängen gewissermaßen „parallel" zum „bewußten" Bereich A. So kann ein Neuron 4 im Bereich B durch Meldung 1 gezündet werden. Eine etwa zwischen Neuron 4 und aktiviertem Neuron 1 verlaufende Nervenbahn wird dadurch wirksam geschaltet (Verstärkung der erregenden Synapsen am Neuron 1). Entsprechendes geschieht mit etwaigen Verbindungen zwischen Neuronen 5 und 2 bzw. 6 und 3. Das Ergebnis: Im Bereich B werden die komplizierten und bewußten Verarbeitungsvorgänge des Bereichs A gewissermaßen „kurzgeschlossen". Ein Bewegungsvorgang läuft über Neurone 4, 5 und 6 unbewußt, flink und allein durch die quittierenden Meldungen gesteuert ab. Der Bewegungsvorgang ist „gelernt" und kann durch eine einzige auslösende Aktivität eingeleitet werden.

Es besteht kein Zweifel, daß die Fähigkeit und Leichtigkeit des Lernens solcher Bewegungsabläufe wiederum „begabungsabhängig" von den Eigenschaften der neuronalen Verknüpfung abhängt. - Der Programmierer nennt Ablaufsequenzen, die er ein für allemal definiert hat und um deren Einzelheiten er sich fortan nicht mehr zu kümmern braucht, „Makrobefehle" oder „Makros". Die im menschlichen Gehirn eingeprägten „Makros" erfüllen eine ähnliche Aufgabe. Sie entlasten den Bereich A von Ablaufroutinen und schaffen Freiraum für bewußte Gedankengänge. Man weiß, daß das Kleinhirn für zahlreiche unbewußt ablaufende Bewegungsabläufe zuständig ist, während im Großhirn offenbar bewußte Vorgänge der Informationsverarbeitung ablaufen. Insofern lassen sich Bereiche A und B bis zu einem gewissen Grad mit „Großhirn" und „Kleinhirn" identifizieren.

Mit diesen Betrachtungen sind die vorbereitenden Grundsatzüberlegungen zu elementaren Komponenten der Informationsverarbeitung im Gehirn abgeschlossen. In den folgenden Abschnitten wird auf die darauf aufbauenden Überlegungen zum Gedankenablauf eingegangen.

7. Grundlagen der Informationsverarbeitung im Gehirn

7.1 Verarbeitungsprinzip „Zuordnung“

Ein sehr universelles Prinzip zur Verarbeitung von Information ist die „Zuordnung“ [7.1]. Wir sind dem Prinzip bereits in Abschnitt 3.3 mit dem „Addierschaltnetz“ begegnet. - Will man z. B. einen Addierer für zwei einstellige Zahlen bauen, so kann man sich eine Gatterschaltung überlegen, die nach den Grundsätzen der Booleschen Algebra zwei Binärzahlen addiert: „1 + 0 = 1“, „0 + 1 = 1“, „0 + 0 = 0“ und „1 + 1 = 0“ mit einem Übertrag „1“ in die nächsthöhere Stelle. Die erwähnte Gatterschaltung kann über mehrere Stellen hinweg beliebige Summanden verarbeiten, in ihrem logischen Konzept realisiert sie eine definierte *Prozedur* zur Addition von Zahlen. - Ein anderes Verarbeitungsprinzip, eben das der *Zuordnung,* ermöglicht ebenfalls die Verarbeitung von Summanden. Hierbei „merkt“ man sich, daß z. B. 5 + 7 = 12 ist, den Summanden 5 und 7 wird also das Ergebnis 12 zugeordnet. Dasselbe Ergebnis ist auch den Summanden 4 + 8 oder 8 + 4 zuzuordnen, während der Summand 7 natürlich auch an einer Zuordnung „7 + 4 = 11“ beteiligt sein kann. Zweierlei ist festzustellen: Erstens handelt es sich bei der Zuordnung um einen *Speichervorgang* (gekennzeichnet durch „merken“!). Es wird eine Erfahrung „7 + 4 = 11“ gespeichert, sei es in einem elektronischen Speicher, sei es auf einem Stück Papier, sei es - wie wir noch sehen werden - in der Neuronenverdrahtung des Gehirns. Zweitens muß für jede Summe eine eigene Zuordnung gebildet werden, die Erfahrung „7 + 5 = 12“ wird also aus der Erfahrung „7 + 4 = 11“ nicht abgeleitet, sondern neu geprägt. Für die 100 möglichen Summen aus zwei einstelligen Summanden benötigt man somit 100 Zuordnungen!

Die Universalität des Verarbeitungsprinzips „Zuordnung“ liegt auf der Hand, es ist nicht auf die Addition von Zahlen beschränkt. Dem „Sinus 30° “ wird der Wert 0,5 zugeordnet, dem Produkt 517 · 421 das Ergebnis 217 657, dem Max Huber in Erding die Telefonnummer 3348, der Abfahrt des Intercity-Zuges „Gutenberg“ die Uhrzeit 13.25, dem Wilhelm Busch die Eigenschaft „Humorist“. Zuordnungen sind gespeicherte Erfahrungen, sie sind zumindest ein wesentlicher Bestandteil des Phänomens „Wissen“, wie auch immer man dieses erklären mag.

Zuordnungen lassen sich „einstufig“ oder „mehrstufig“ strukturieren (Abb. 7.1). Sie werden durch „Suchparameter“ aufgerufen und mit „Ergebnissen“ verbunden. Die Kreise in Abbildung 7.1 stellen *eindeutige* „Weltinhalte“ (Fakten) dar. Das Faktum „7“ erreicht in einer zweiten Zuordnungsstufe die eindeutigen Fakten „7 + 4“, „7 + 5“

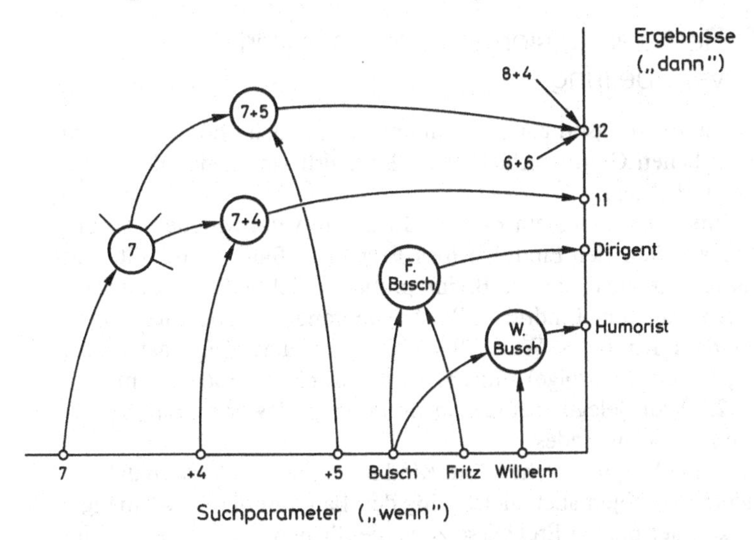

Abb. 7.1. Beispiele für ein- und zweistufige Zuordnung

usw., aber natürlich auch das Faktum „7 · 63" (nicht dargestellt). Der Suchparameter „Busch" muß durch „Wilhelm" präzisiert werden, um eindeutig das Faktum „Wilhelm Busch" aufrufen zu können, welchem das Ergebnis „Humorist" zugeordnet ist. Das Ergebnis „12" wird natürlich auch von den Fakten „8 + 4" und „6 + 6" erreicht. - Aber auch *Regeln* lassen sich durch Zuordnungen beschreiben, indem man Suchparameter und Ergebnis in die „wenn-dann"-Form kleidet: *Wenn* die Sonne scheint und *wenn* ich Urlaub habe, *dann* unternehme ich eine Wanderung (vgl. Abb. 3.1); oder aber *wenn* „7" gegeben ist und *wenn* ich „4" addiere, *dann* ist das Ergebnis „11".

Zusammenfassend: Durch Zuordnungen lassen sich sehr vielseitige Aufgaben der Informationsverarbeitung lösen. Dem Zuordnungsprinzip „auf den Leib geschrieben" ist die Repräsentation von „Wissen", also von Weltinhalten, die der Mensch im Laufe seines Lebens *lernt.* Aber auch Prozeduren lassen sich z. T. durch Zuordnungen (also durch „Wissen") ersetzen, wie das kleine Additionsbeispiel zeigt. In technischen Anwendungen geht man allerdings nach Möglichkeit den umgekehrten Weg und bevorzugt wegen des geringeren Aufwandes und der verallgemeinernden Anwendbarkeit die Prozeduren gegenüber den Zuordnungen.

So vielseitig anwendbar Zuordnungen auch sein mögen, sie können nicht alle Aufgaben der Informationsverarbeitung übernehmen! In Abschnitt 3.5 waren u. a. mit dem „Vergleich" bereits Anwendungen angesprochen worden, die den Prozeduren vorbehalten bleiben. Wollte man das Ergebnis „zwei Objekte sind gleich" durch Zuordnung erhalten, so müßte man in einem Lernprozeß zunächst einmal alle in Frage kommenden Objekte miteinander in Beziehung setzen, wobei ein *Lehrer* die Entscheidung „gleich" oder „ungleich" trifft. In Sonderfällen läßt sich allerdings auch hier die Prozedur durch eine Regel ersetzen (wenn x gegeben und wenn gegebenes y von x subtrahiert, dann Ergebnis z. Wenn z = 0, dann gegebene x und y gleich).

7.2 Realisierungsformen der Codewortverarbeitung

Das Verarbeitungsprinzip „Zuordnung" findet sich offenbar auch im menschlichen Gehirn. Abbildung 7.2 entwirft ein Modell der Codewortverarbeitung.

Nehmen wir an, einem Kleinkind wird auf verschiedenen sensorischen Kanälen der Eindruck (das Ereignis) „Ball" vermittelt. Das optische Ereignis wird z. B. im primären Sehfeld ein Codewort belegen, das dem Eindruck „Ball" zugeordnet ist. Die Eltern sprechen dem Kind das Wort „Ball" vor, das zugehörige akustische Ereignis (die Lautfolge) führt z. B. im primären Hörzentrum (vgl. Abb. 2.14) zur Belegung eines zugeordneten Codewortes. Ein „Lern"-prozeß des Kleinkindes.

Aber die Eltern sprechen dem Kind nicht nur das Wort „Ball" vor, sondern sie zeigen auch gleichzeitig den Ball, um die Zusammengehörigkeit der beiden Ereignisse zu verdeutlichen. Die Codeworte im primären Sehfeld und im primären Hörzentrum wirken gemeinsam auf das von beiden erreichte sensorische Sprachzentrum ein und erzeugen dort ein Aktivitätsmuster. In diesem Muster gibt es sicherlich Neurone, die nur von einem der beiden Codeworte erreicht werden, aber es wird auch Neurone geben, die mehr oder weniger gleichgewichtig von beiden Codeworten beschickt sind. Das diesen zugehörige neu entstandene Codewort repräsentiert die Zusammengehörigkeit von optischem Eindruck „Ball" mit dem gesprochenen Wort „Ball"; wenn es genügend oft durch Wiederholungen aufgerufen bzw. durch Emotion begleitet wurde, kann das Codewort wegen der Kopplungsverstärkung auch durch den optischen oder den akustischen Eindruck *allein* aktiviert werden. Das Codewort repräsentiert damit den *Begriff* Ball; die folgenden Verknüpfungsoperationen können stattfinden, ohne daß der Ball materiell gegenwärtig sein muß. Der Gegenstand „Ball" läßt sich also durch das Wortsymbol „Ball" ersetzen und ist damit zur *Information* geworden! Man kann nicht deutlich genug hervorheben, daß diese Begriffsbildung die *Erklärung* des sprachlichen Symbols durch eine (in diesem Fall) auf einem anderen Sinneskanal übertragene Ereignisabbildung verlangt. Es handelt sich im Grunde genommen um eine *Zuordnung* des optischen Ereignisses „Ball" zum sprachlichen Symbol! – In entsprechender Weise läßt sich über viele Jahre hinweg die Begriffswelt des Individuums aufbauen.

Welchen logischen „Operationen" können Codeworte unterworfen werden? Abbildung 7.2 zeigt Modellbeispiele: Ähnlich wie der Begriff „Ball" sei der Begriff „werfen" gebildet worden. Nun können die beiden Begriffe zu dem *Gedanken* „Ball werfen" zusammengesetzt werden. Aber es lassen sich auch andere Begriffspaare bzw. Gedanken bilden: „Ball holen", „Stein werfen" usw., die ggf. zu unterschiedlichen Aktionen führen. Es müssen also die verschiedenen Paarungen unterscheidbar sein, ein Einsatzfall der *UND-Verknüpfung:* Codewort „Ball" und Codewort „werfen" haben gemeinsam aktiv zu

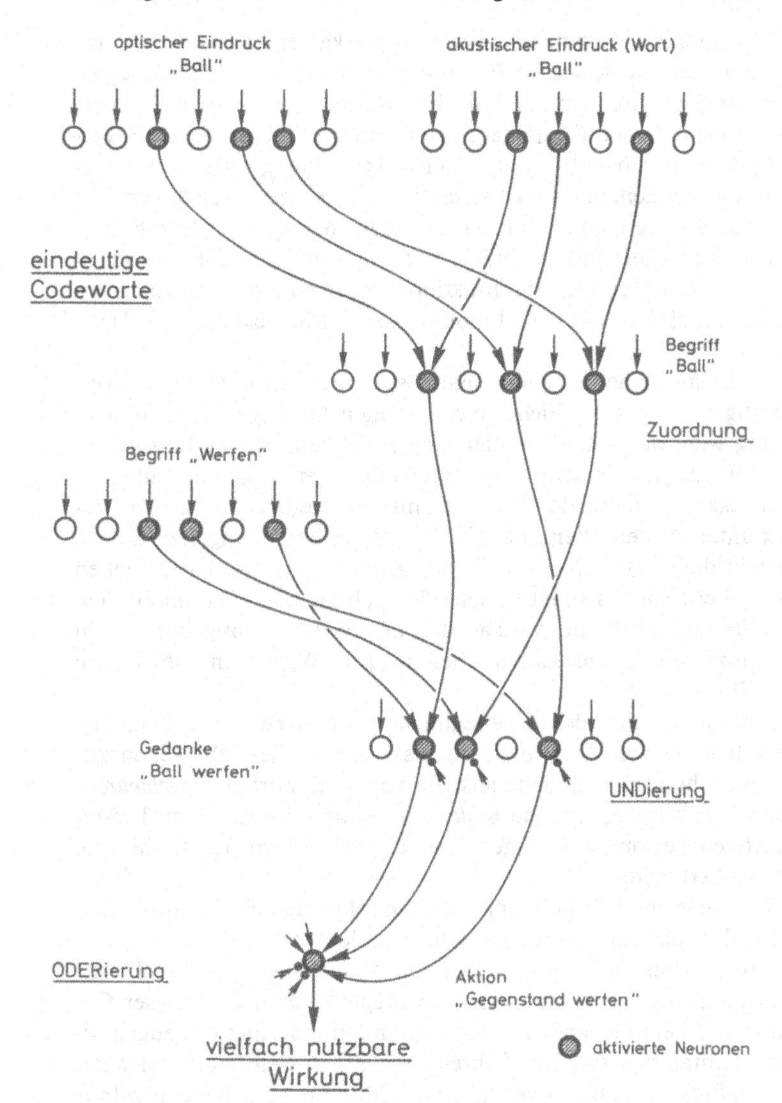

Abb. 7.2. Grundlage der Informationsverarbeitung im menschlichen Gehirn

sein, um die Zündschwelle des Codewortes „Ball werfen" zu überschreiten.

Andererseits sollen verschiedene Codeworte zu einer gemeinsamen Aktion zusammengefaßt werden können: „Stein werfen" und „Ball werfen" führen zu einer (im Modell) übergeordneten Aktion „Gegenstand werfen". Jedes der Codeworte kann die Aktion allein auslösen, ein Beispiel für die *ODER-Verknüpfung.* (Die in Abbildung 6.3 gezeigte Verknüpfung zu Wirkungspunkten stellt nichts anderes dar!)

Aber wie kommt es nun in *einem* Verdrahtungsfall zur UND-, im *anderen* Verdrahtungsfall zur ODER-Verknüpfung? Welche Intelligenz steckt dahinter? – Es kann sich nur um eine durch prägende Erfahrung vorgetäuschte „Scheinintelligenz" handeln. Selten auftretende Ereigniskombinationen ohne starke emotionale Färbung werden nur eine schwache Erregungsverstärkung in den Eingängen des repräsentierenden Codewortes verursachen; alle oder viele Komponenten der Kombination müssen also in einer UND-Verknüpfung für den Aufruf zusammenwirken. Häufige oder von starker Emotion begleitete Ereigniskombinationen aber verstärken die Erregungswirkung in einem solchen Maße, daß jede der Komponenten für sich allein mittels ODER-Verknüpfung das Codewort aufrufen kann. Die Verknüpfungsfunktionen machen also - abhängig von Benutzungshäufigkeit bzw. Emotion - eine Entwicklung vom UND zum ODER durch!

Ist das im Sinne der evolutionär bestimmten Arterhaltung ein vernünftiges Konzept? - Sicher nicht in allen Lebenssituationen, aber häufig wohl doch. Ein Jungtier mag am Beginn seines Lebens das Muttertier in einer Summe von Eindrücken über verschiedene Sinneskanäle identifizieren und damit einen eingebauten Fluchtreflex unterdrücken. Wenn nur ein Teil dieser Bedingungen erfüllt ist, besteht die Gefahr einer feindlichen Annäherung, der zu entfliehen ist. Später lernt das Jungtier, seine Umgebung besser zu unterscheiden, und das Muttertier wird auch in ungewohnter Umgebung allein an einzelnen Eigenschaften erkannt. Ein Weg vom UND zum ODER!

Für die kommenden Überlegungen wird darauf verzichtet, die Verarbeitung von *Codeworten* zu diskutieren. Vielmehr sollen zur Vereinfachung der Modelle anstelle von Codeworten *Einzelneurone* betrachtet werden, die jene *Codeworte repräsentieren.* Die an Einzelneuronen gewonnenen Ergebnisse können jedoch auf Codeworte extrapoliert werden.

Wir betrachten Abbildung 7.3. Im allgemeinen Begriffs- und Gedankenrepertoire eines Lernenden seien „5“, „+7“ und „=12“ bereits gebildet. Zu lernen ist nun die Zuordnung „5 + 7 = 12“. Als erstes wird der Gedanke „5 + 7“ geprägt. Sodann wird dieser Gedanke mit dem Gedanken „=12“ verbunden mit Hilfe des zugehörigen „Lehreinflusses“. Der Lehrer sorgt durch Belohnung oder Beschimpfung für prägungsverstärkende Emotion, so daß das Ergebnis „=12“ durch Erregungsverstärkung anschließend auch *ohne Lehreinfluß* aufgerufen werden kann. Damit ist die Zuordnung „5 + 7=12“ *gelernt.*

An diesem etwas plumpen Modell ist noch viel auszusetzen, insbesondere unter Berücksichtigung von Zeitbedingungen. Und können nicht die „UND-Verknüpfungen“ des Beispiels durch häufigen

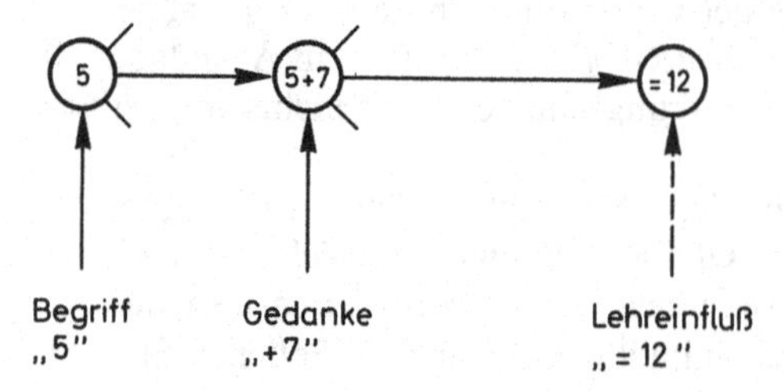

Abb. 7.3. „Lernen“ einer Zuordnung

Gebrauch zu „ODER-Verknüpfungen“ degenerieren, womit die Eindeutigkeit der Beziehung zerstört wird? Viele Fragen, auf die später noch eingegangen wird. Wir finden aber auch bei diesem Lernvorgang das alte Prinzip bestätigt: Zwischen zwei gezündeten Neuronen (hier „5 + 7“ und „=12“) wird eine Verbindung geschaltet, falls eine solche vorbereitend bereits eingelegt ist. Vorbereitend heißt „a priori von der Natur mitgegeben“. Der Verflechtungsgrad des individuellen Neuronennetzes ist also wesentlich mit verantwortlich für die Leichtigkeit des Lernens, wiederum eine Frage der „Begabung“.

Vielfach wird wohl keine direkte Verbindung zwischen Ursprungs- und Zielneuron bestehen. Dann muß ein dazwischenliegendes Neuron gefunden werden, das als „Stützpunkt“ sowohl vom Ursprungsneuron erreicht wird, als auch selbst das Zielneuron erreicht. Das (unter anderem) macht das Lernen schwierig, wir erkennen in diesem Vorgang die oft hilfreiche „Eselsbrücke“! Eine zweite Komponente des Lernens wird durch die Dauerhaftigkeit und Stärke der neu geschalteten Verbindung bestimmt, eine Frage auch der beteiligten Emotion (Vokabellernen mit Emotion, eine Frage des Geschicks der Lehrkraft!).

Zusammenfassend:
1. Begriffe und Gedanken werden vermutlich durch Codeworte im sensorischen Sprachzentrum repräsentiert.
2. Begriffe und Gedanken können durch UND- und ODER-Verknüpfungen verarbeitet werden.
3. Der „Lernvorgang“ zur Speicherung von Wissen beruht auf dem Prinzip der vom Lehrer gelehrten „Zuordnung“. Als „Lehrer“ kann jegliche Art von Erfahrung dienen.

Anmerkung: Die Unterscheidung von Begriffen und Gedanken ist einigermaßen willkürlich und trägt dem Umstand Rechnung, daß sich die Erfahrungsspeicherung in unserem Gehirn sicher nicht streng an die künstlichen Wortgrenzen hält. Kurze sinnvolle Wortfolgen werden deshalb als „Gedanken“ bezeichnet.

7.3 Gedankenkettung

Wenn wir denken, reihen wir Begriffe und Gedanken in nahezu beliebig langen Sequenzen aneinander (auf die Frage, ob wir „verbal“ oder „nicht-verbal“ denken, wird etwas später eingegangen). Wir haben gesehen, daß Neuronenaktivitäten gerichtet von einem Vorgänger zu einem Nachfolger weitergereicht werden. Wenn wir minutenlang denken und für den Aufruf eines Gedankens mit einem Zeitbedarf von 10 ms rechnen, müssen in der Größenordnung 10 000 Neurone hintereinandergekettet sein. Es ist aber bekannt, daß sich die Neuronenaktivitäten im Gehirn über bedeutend weniger Stufen oder Stationen abwickeln. Wie ist dieser Widerspruch zu erklären?

Die Erklärung ist einfach, sie lautet „Rückkopplung“. Über rückkoppelnde Konfigurationen wie in den Abbildungen 3.4 und 4.5 können Neuronenaktivitäten endlos gekettet zirkulieren, bis der Umlauf durch hemmenden Eingriff von außen gestoppt wird. Aber eine Folgefrage schließt sich an: Wie werden solche Rückkopplungskreise erfahrungsgeprägt gebildet? Denn natürlich kann die Evolution (von Ausnahmefällen des „Instinkts" abgesehen) nicht von vornherein wissen, welche Rückkopplungskreise für die gedanklichen Operationen des einzelnen Individuums zu schalten sind. Wieder läßt sich auf Bekanntes zurückgreifen: Es gibt einen „Ur-Rückkopplungskreis", dessen Aktivität als „Leitinformation" zur Prägung von Folge-Rückkopplungskreisen führen kann. Dieser Ur-Rückkopplungskreis wird durch den Außenkreis „gesprochenes Wort" und „gehörtes Wort" gebildet (Abb. 7.4). Das denkende Individuum hört sein selbstgesprochenes Wort, das über das primäre Hörzentrum als Codewortaktivität wieder in das sensorische Sprachzentrum eintritt. Von dort aus steht wiederum das gesamte Gedankenrepertoire zur Auswahl zur Verfügung, so daß der Gedankengang „nahtlos" fortgesetzt werden kann. Wir alle kennen die „gedankenverstärkende" Wirkung des Selbstgesprächs; kleine Kinder, die zum Einkaufen geschickt werden, halten den Auftrag in ständiger murmelnder Wiederholung gespeichert; Vokabeln sollen „laut" gelernt werden!

Aber natürlich können wir auch „leise" denken. Die über den Außenkreis aktivierten Neurone schlagen intern eine Brücke. Ein Gedanke „1" steuert einen Gedanken „2" an, der ausgesprochen wiederum als Gedanke „2" gehört wird und einen Gedanken „3" folgen läßt (Abb. 7.4). Zwischen den beiden Codeworten „2" kann bei (etwa) gleichzeitiger Zündung eine ggf. vorhandene Verbindung verstärkt werden. Es bildet sich ein hier als „groß" bezeichneter innerer Rückkopplungskreis, der im allgemeinen wohl über Zwi-

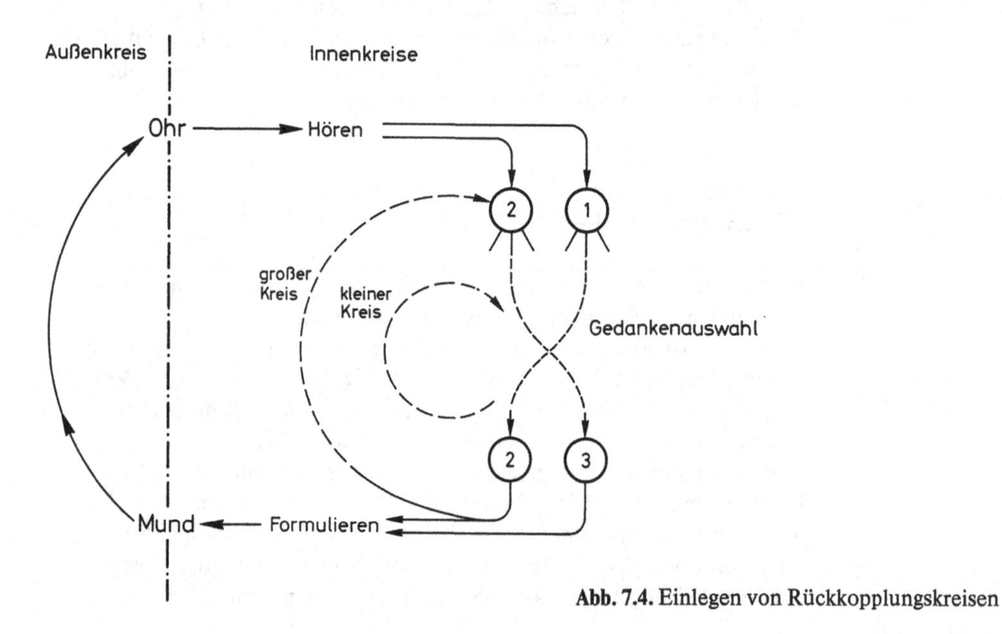

Abb. 7.4. Einlegen von Rückkopplungskreisen

schenneurone verlaufen wird (was allerdings den Aufbau des Kreises erschwert. Übrigens erhöhen sich die Kopplungschancen dadurch, daß es ja bereits genügt, Teilcodeworte zu koppeln!). Der große Innenkreis kann seinerseits als „Leitinformation" für weitere Rückkopplungskreise dienen, hier als „kleiner Kreis" bezeichnet.

Die interessante Schlußfolgerung: Wir brauchen die Rückkopplung, um Gedankenketten zu formen, um überhaupt denken zu können! Es leuchtet ein, daß von Geburt an Gehörlose große Schwierigkeiten haben, ihre Denkfähigkeit auszubilden (wie wir aus der Erfahrung wissen), denn ihnen steht der akustische Rückkopplungskreis nicht für die „Leitinformation" zur Verfügung.

Andererseits ist aus der Technik bekannt, daß jede Rückkopplung die Gefahr der Instabilität in sich birgt: Rückkopplungskreise können sich „aufschaukeln", durch kleine Unregelmäßigkeiten aktiv werden. Die Natur hat aber mit den „hemmenden Synapsen" zugleich eine „Gegenkopplung" eingebaut: Je mehr Neurone aktiv werden, desto stärker werden die Hemmungen wirksam und führen die Aktivitäten wieder auf ein „unschädliches" Maß zurück. Dies wurde in Abschnitt 5.2 bereits deutlich.

7.4 Sensorisches und motorisches Sprachzentrum, Stirnhirn

In Abschnitt 3.5 wurde bereits erwähnt, daß die Natur die schwierige Funktion des Denkens (also der Verarbeitung von Symbolen) anscheinend zumindest auf zwei „Verarbeitungsbausteine", nämlich auf das *sensorische* und das *motorische* Sprachzentrum aufgeteilt hat. Man hat aufgrund von Hirnverletzungen bei Patienten einzelne Funktionen dieser Bereiche analysieren können: Im sensorischen Sprachzentrum werden offenbar die Gedanken gebildet. Bei Schäden im sensorischen Sprachzentrum sind wir im allgemeinen nicht mehr in der Lage, sinnvoll oder logisch zu denken. Es sind einzelne Begriffe oder Gedanken „ausgefallen", der nicht mehr faßbare Gedanke wird durch einen anderen, meist nicht sinnvollen ersetzt. In einem Fall pflegte ein Patient (ehemaliger Mathematiker) den Begriff „Ordnung" überall dort einzufügen, wo der richtige Gedanke zerstört war. Die Artikulation ist bei diesen Patienten jedoch nicht beeinträchtigt, sie reden fließend und in sauberer Grammatik wenig oder gar nicht Sinnvolles!

Anders bei Störungen im motorischen Sprachzentrum. Dann können offenbar Gedanken zwar noch sinnvoll gefaßt werden, jedoch ist die Ausformulierung unbeholfen, stockend. In einem dem Verfasser bekannten Fall ging die Sprache ganz verloren, sie konnte glücklicherweise neu trainiert werden, jedoch waren auch alle einst auswendig gelernten Gedichte verloren gegangen! Eine gern gebrauchte Formulierung wie „um dies hier und heute in aller Deutlichkeit zu sagen" ist also vermutlich auch im motorischen Sprachzentrum angesiedelt, sie wird ohne Reflexion als „Routine" aufgerufen.

Wir versuchen nun, die bisher erarbeiteten Fakten und Hypothesen auf diese beiden Sprachzentren anzuwenden. Im sensorischen Sprachzentrum werden demnach offenbar Codeworte gebildet und verarbeitet, die Gedanken oder Begriffe repräsentieren. Die Verarbeitung besteht im Auswahlprozeß (UND-Verknüpfung) der Codeworte. Trotz ihrer Redundanz (Abschnitt 5.2) kann es anscheinend bei größerflächigen Schädigungen vorkommen, daß Codeworte ganz zerstört werden.

Das motorische Sprachzentrum scheint für die sprachliche Artikulation die Rolle zu übernehmen, die u. a. das Kleinhirn für viele Bewegungsabläufe der Gliedmaßen wahrnimmt. Codewortaktivitäten aus dem sensorischen Sprachzentrum werden in Sequenzen umgesetzt, die Schritt für Schritt (etwa entsprechend Abbildung 6.4) gelernt werden müssen. Wiederum hilft zunächst der äußere Rückkopplungskreis, um über quittierendes Hören die richtige Sequenz einzuspeichern (laut lernen!). Nach Aufbau der Innenkreise ist die Quittungsgabe nicht mehr an den relativ langsamen Sprachapparat gebunden, das quittierende Hören erfolgt „gedanklich schnell“ über den inneren Rückkopplungskreis (in der Regel kann der Mensch schneller denken als sprechen!). Es ist plausibel, daß Schädigungen im motorischen Sprachzentrum die eingespeicherten Sequenzen zerstören können.

Der Mensch eignet sich im Laufe seines Lebens ein sehr großes Repertoire von Gedanken und Formulierungen an, die in Form gängig gemachter Verdrahtung im Neuronennetz gespeichert sind. Eine aktuelle Information, ein „Gedankengang“ reiht einzelne Gedanken durch aufeinanderfolgenden *Aufruf von Codeworten* aneinander. Die Codeworte sind mit zugehörigen *Formulierungen* (in verschiedenen grammatikalischen Varianten) verbunden. Gedankenfluß oder Rede bedeutet: Kombination der Elementargedanken und Elementarformulierungen in einer sinnvollen, *beabsichtigten* Weise! Die eigentliche Essenz des Denkvorgangs besteht also – wie bereits erwähnt – in dem Auswahlprozeß, der das Puzzle der „Gedankensplitter“ zusammensetzt. Darauf wird später zurückgekommen.

Beschränkt sich das „Denken“ nun allein auf die beiden Sprachzentren? Paßt das gewaltige menschliche Gedankenvolumen allein in diese beiden im Vergleich zur gesamten Großhirnrinde doch recht kleinen Bereiche hinein? Der Schluß liegt nahe, hier auch die erwähnten „stummen Zonen“ beteiligt zu sehen. Dafür spricht auch ihr anscheinend „unspezifischer Charakter“: Keine der bei der elementaren Sprachbildung notwendigen Funktionen sind bei Läsionen des Stirnhirns betroffen. Und was haben tiefschürfende Gedanken über Gott und die Welt mit den elementaren Sprechfunktionen zu tun? Vielleicht sind die beiden Sprachzentren entfernt vergleichbar mit den „Betriebssystemen“ der Computer, auf denen die universellen Anwendungsprogramme aufsetzen. Und vielleicht ist in den Sprachzentren jener Holographieeffekt (Abschnitt 5.2) wegen der geringeren Ausdehnung noch nicht so wirksam wie im Stirnhirn, so daß Läsionen schlimmere Folgen haben.

Denkt der Mensch nun „verbal“ oder „nicht-verbal“? Aus unserer Erfahrung wissen wir, daß wir gedankliche Impulse empfangen, die uns zu irgendwelchen Aktionen veranlassen. Hierfür sind vermutlich nicht-verbale *Anstöße* unmittelbar aus gedanklichen Zentren verantwortlich. Wenn wir rekonstruieren wollen, welcher Gedanke uns zu einer bestimmten Aktion veranlaßt hat, benutzen wir gedanklich offenbar *verbale* Formulierungen, vermutlich unter Beteiligung des motorischen Sprachzentrums. Übrigens ist der Bereich des Denkens eigentlich nicht auf das „Wort“ begrenzt, wir können z. B. über Strukturen oder Geräusche „nachdenken“ ohne Beteiligung verbaler Komponenten. Insofern kann also die Antwort nur lauten: „sowohl als auch“! Vielleicht sind verbale Gedanken auf die dominante, nicht-verbale Gedanken auf die nicht-dominante Hemisphäre begrenzt.

Die Ausführungen zu den Sprachzentren werden später durch ein Modell des Aufbaus der Gedankenwelt ergänzt.

7.5 Das Problem der Eindeutigkeit

Es ist ein Faktum: Wir denken nur *einen* Gedanken in der Zeiteinheit, glücklicherweise. Aber wie kommt das? Was schützt uns vor der Zerrissenheit, die die Folge mehrerer gleichzeitiger Gedanken wäre?

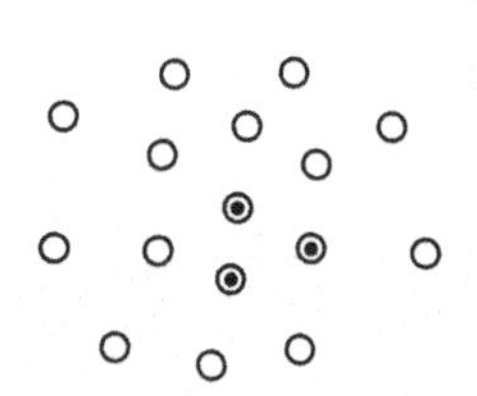

Abb. 7.5. Überdeckende Aktivitätsmuster
• Aktivitätsmuster Ereignis 1
○ Aktivitätsmuster Ereignis 2

Wir haben in Abschnitt 5.2 festgestellt, daß dank der zu vermutenden geringen Zündwahrscheinlichkeit des einzelnen Neurons jedem speicherwürdigen Ereignis ein eigenes Codewort zugeordnet wird. Aber haben wir nicht einen Fehler gemacht? Wir betrachten Abbildung 7.5: Ereignis 1 erzeuge (in Anlehnung an Abbildung 5.2) ein Eingangsaktivitätsmuster wie skizziert. Diesem Muster wird in der folgenden Neuronenstufe ein bestimmtes Ausgangsaktivitätsmuster, also ein Codewort 1, zugeordnet (nicht dargestellt). Codewort 1 werde mit einem Wirkungspunkt 1 gekoppelt, der z. B. eine „Annäherung“ auslöst. Zu irgendeinem anderen Zeitpunkt erzeugt ein *nicht ähnliches* (im Gegensatz zur idealisierenden Annahme Abschnitt 6.1) Ereignis 2 ein anderes Eingangsaktivitätsmuster, welches das Muster des Ereignisses 1 mit umfaßt. Das zugehörige Ausgangsmuster, also Codewort 2 (nicht dargestellt), möge eine „Fluchtbewegung“ veranlassen. Die Frage ist, ob in Codewort 2 nicht das Codewort 1 mit enthalten ist, und ob damit nicht doch die erwähnte „Zerrissenheit“ auftreten könnte.

Die Antwort lautet „offensichtlich nein“, allerdings ist dies aus der doch recht einfachen Modellbetrachtung des Abschnitts 5.2 nicht unmittelbar zu begründen. Eine mögliche Erklärung: Das Aktivitätsmuster des Ereignisses 2 verstärkt wegen der wesentlich größeren Zahl von Aktivitäten auch die Wirksamkeit der hemmenden Verdrahtungskonfiguration so beträchtlich, daß eine Blockade der in Codewort 1 aktiven Neurone nicht unwahrscheinlich ist. Diese Deutung ließe sich vermutlich mit einem verbesserten Verdrahtungsmodell durch Simulation überprüfen. Als vorläufiges Ergebnis ist es plausibel, die Aussage des Abschnitts 5.2 zu bestätigen: Ereignisse werden praktisch eindeutig auf Codeworte abgebildet.

Eine zweite Möglichkeit für Mehrdeutigkeiten entsteht bei der Verzweigung von Gedankenabläufen. Dabei wird die Auswahl des Folgegedankens durch die UND-Wirkung der positiven und negativen Zündeinflüsse an den Neuronen der Codeworte gesteuert. Ein Modell zeigt das Beispiel Abbildung 7.6: Ein im großen Rückkopplungskreis (vgl. Abb. 7.4) umlaufender Gedanke 1 wird auf die Rückkopplungskreise der Gedanken 2 bzw. 3 verzweigt. Warum bleibt Gedanke 1 nicht aktiv? Warum übernimmt nur *einer* der Gedanken 2 und 3 die Aktivität, selbst wenn die Zündbilanzen beider positiv sind? (Übrigens braucht nicht, wie im Bild dargestellt, eine unmittelbare Verbindung von einem zum nächsten Gedankenkreis zu bestehen, die Gedanken können auch „springen". Dies wird später erläutert.)

Wieder kann nur eine qualitative Antwort gegeben werden: Mit Sicherheit liegt dies am System der Hemmungen. Jeder Rückkopplungskreis kann zahlreiche andere Rückkopplungskreise hemmend beeinflussen. Da ein Rückkopplungskreis über mehrere Neurone hinweg verläuft, ergeben sich zahlreiche Eingriffsmöglichkeiten (Abb. 7.6). Eine im Kreis 1 umlaufende Aktivität wirkt sperrend auf die übrigen Kreise ein, bis durch „gewaltsamen Eingriff" - z. B. durch eine intensive Verstärkung der Erregungseinflüsse „von außen" - andere Kreise aktiv geschaltet werden, hier also 2 und 3. Damit wird sofort Kreis 1 gesperrt, während zwischen Kreisen 2 und 3 ein „Kampf um die Aktivität" beginnt, bei dem der letztlich Siegende die meisten aktiven Erregungsgewichte aufweist. Vielleicht hilft bei diesem Kampf die Tatsache mit, daß die Gedanken-Rückkopplungskreise ursprünglich über den strukturellen „Engpaß" des Formulierungsapparates gebildet wurden, bei dem ja auch nur *ein* Gedanke in der Zeiteinheit ausgesprochen werden kann! - In der Technik nennt man ein solches System sich gegenseitig sperrender Rückkopplungskreise „multistabil". Es ist dadurch gekennzeichnet, daß sich als

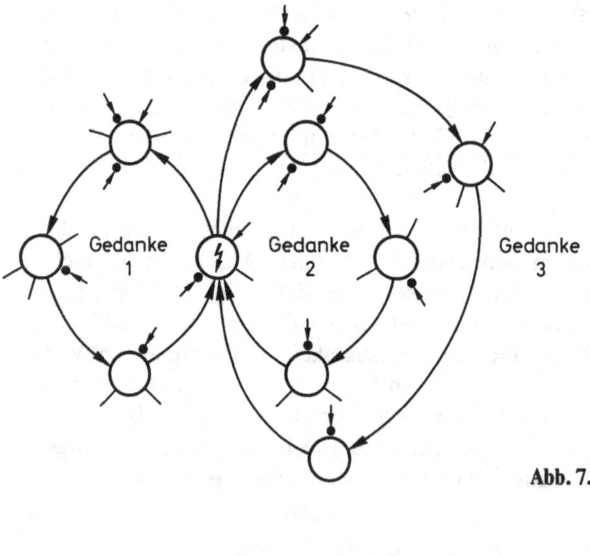

Abb. 7.6. Multistabiles „Gedanken-Flip-Flop"

stabiler Zustand nur jeweils *eine* Aktivität durchsetzt. Ein solches System könnte im Gehirn also auch für Eindeutigkeit unserer Gedanken sorgen (siehe auch Abschnitt 8.4)!

Dies sind Erklärungsversuche. Vielleicht gibt es auch noch andere! Vielleicht haben die Modulstruktur und die Schichtung der Großhirnrinde, auf die hier nicht eingegangen wurde, etwas mit der Sicherung der Eindeutigkeit zu tun [4.2]? Dies muß offenbleiben. Interessant wären auch hier geeignete Simulationen des Neuronenverhaltens.

8. Zielgerichtetes Handeln

In den bisher diskutierten Eigenschaften des Automaten „menschliches Gehirn" erkennen wir sehr wenig vom uns so vertrauten menschlichen Wesen. So fehlt etwa, daß wir Ziele haben, größere und kleinere, nach denen wir unser Handeln ausrichten. Es kann doch nicht alles „vorprogrammiert" sein wie beim Computer, der in nicht programmierten Situationen versagt? Wir bewegen uns mit dieser Fragestellung an der Grenzlinie zum Bereich 1 des menschlichen Selbstverständnisses.

8.1 „Zielgerichtetes Handeln" in der Technik

Es gibt allerdings „zielgerichtetes Handeln" nicht nur beim Menschen, sondern in verschiedenen Schattierungen bereits seit langem auch in der Technik, und zwar in Form von „Regelprozessen": Wasserstände, Spannungsquellen, Dampfdrücke, Temperaturen und vieles andere werden auf vorgegebenen Werten gehalten trotz wechselnder und nicht vorhersehbarer Umwelteinflüsse. In Abbildung 8.1 ist ein einfaches Schema eines Regelprozesses gezeigt. Die „Regelstrecke" ist das Objekt der Regelung, etwa ein Wasserbehälter, in dem der Wasserstand trotz Verdunstung und Regen konstant gehalten werden soll. Der „Regler" ist zuständig für die Einhaltung dieses Wasserstandes. Hierzu werden ihm „Meßwerte" übermittelt, die über den aktuellen Stand in der Regelstrecke Auskunft geben. Die Meßwerte werden über den „Sollwertgeber" mit dem vorgegebenen „Sollwert" verglichen, der Sollwert gibt das anzustrebende Ziel des Regelprozesses an. Der Regler bestimmt aus der Differenz zwischen Meßwert und Sollwert die einzuleitenden Korrekturen und meldet diese als „Stellwerte" (also z. B. Betätigung eines Ventils) zurück zur Regelstrecke.

Es ist hervorzuheben: Der Regelprozeß reagiert flexibel auf die Umwelteinflüsse, die in der Regelstrecke das vorgegebene Ziel - den Sollwert - zu verändern suchen. Seine Reaktionen sind nicht vorprogrammiert, sondern folgen den nicht voraussehbaren Änderungen der Umwelt.

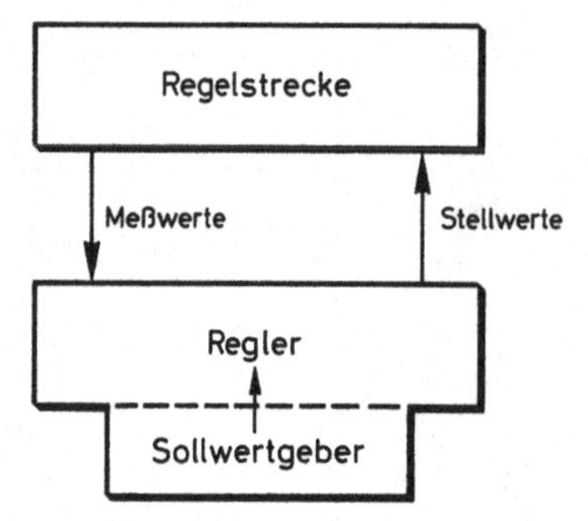

Abb. 8.1. Einfacher Regelprozeß

8.2 „Verhalten" als Regelprozeß

A. Routtenberg, der frühere Arbeiten von *J. Olds* und *P. Milner* fortsetzte, beschreibt das „Belohnungssystem" im Gehirn, dessen Existenz durch Experimente an Versuchstieren erwiesen ist [8.1]. Dabei wurde ein feiner Draht in das Gehirn z. B. einer Ratte implantiert, über den mittels einer Taste schwache Stromstöße an das Gehirn abgegeben werden konnten. Die Ratte war in der Lage, die Taste selbst zu betätigen, und dies tat sie auch ausgiebig bei ganz bestimmten Implantationspositionen im Gehirn. Sie vernachlässigte dabei sogar das Futter und zog diese Art der „Selbstbefriedigung" vor. Offenbar verursachten die Stromstöße der Ratte „Behagen" oder „Lust". Verbunden damit war übrigens auch eine Verstärkung der Gedächtnisfunktion. – In weiteren Experimenten wurde versucht, das Belohnungssystem zu orten. Es scheint etwas mit dem „Hippocampus" (vgl. Abb. 3.9) zu tun zu haben, und der Hippocampus ist Teil des limbischen Systems, in dem wir den Sitz der Emotionen vermuten. Außerdem wirkt der Hippocampus am Langzeitgedächtnis mit, wie sich nach einem operativen Eingriff zur Linderung epileptischer Anfälle (leider zu spät!) herausgestellt hat (vgl. Abschnitt 2.3).

Auch ich als Mensch empfinde im Bereich 1 „Behagen" und „Lust", und ich schließe von mir auf andere Menschen, indem ich annehme, daß sie ebenfalls Behagen und Lust verspüren. Aber natürlich kenne ich auch „Unbehagen" und „Schmerz". Daß man mit dem beschriebenen Tastenexperiment ein „Unbehagen-Zentrum" bei Tieren nicht finden kann, ist einleuchtend, denn kein Tier wird sich freiwillig Schmerz zufügen. Jedoch empfinden Menschen, die durch Amputationen Gliedmaßen verloren haben, Schmerzen noch in den nicht vorhandenen Gliedern („Phantomschmerz"). Die Schmerzempfindung entsteht also nicht an Ort und Stelle der Schmerzquelle (z. B. Verletzung), sondern sie wird an zentralen Positionen aufgrund der Reizmeldungen über Nervenbahnen erzeugt.

Man kann folgende Schlußfolgerung ziehen: Gefühle von Behagen und Unbehagen in allen Spielarten werden im Gehirn durch Zünden von Neuronen hervorgerufen. Die Zentren für Behagen und Unbehagen sind irgendwo im limbischen System zu vermuten (jedoch ist der genaue Ort dieser Zentren für uns nicht von Belang).

Wenn wir uns ehrlich-kritisch „unter die Lupe" nehmen, müssen wir eingestehen, daß wir Unbehagen und Schmerz zu vermeiden suchen, während wir das Behagen des nächsten Urlaubs unter südlicher Sonne kaum erwarten können oder aber in unserem Beruf ehrgeizig nach der nächsthöheren Position streben, um die Befriedigung größerer Machtfülle zu erspüren. Das sind anzustrebende Ziele oder zu vermeidende Situationen, also „Sollwerte" und als Pendant dazu „Vermeidwerte" im Sinne technischer Regelprozesse! Zielgerichtetes Handeln, soziales Verhalten also als Ergebnis eines prosaischen Regelprozesses? Wo bleibt das menschliche Selbstverständnis?

Wir kehren zum „Bereich 2" zurück und akzeptieren vorerst die Eingliederung des Menschen in das wertungsfreie Geflecht physikali-

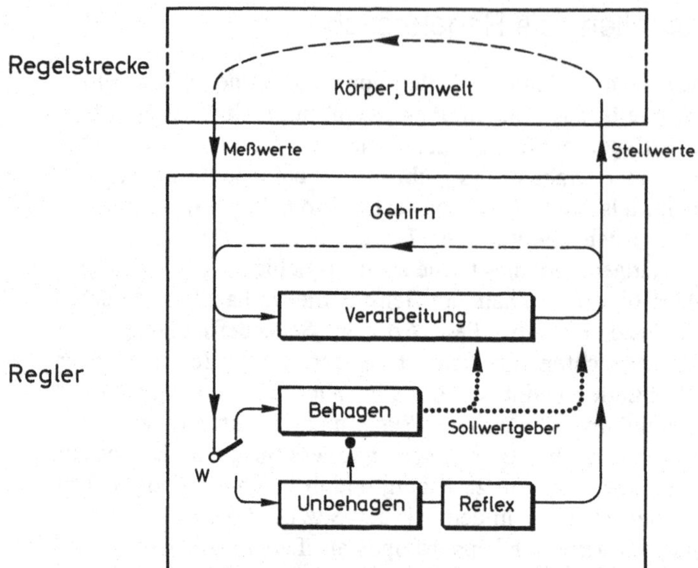

Abb. 8.2. Verhaltensprozeß der Lebewesen

scher und informationstechnischer Gesetze. Abbildung 8.2 versucht den Regelprozeß menschlichen Verhaltens - besser gesagt des Verhaltens höherorganisierter Lebewesen - im *Modell* zu interpretieren. Die Regelstrecke besteht aus dem Körper und im weiteren Sinn aus der von ihm beeinflußten Umwelt, der Regler wird durch das Gehirn dargestellt. Eine große Zahl von Meßwerten wird zum Gehirn übertragen, die Meßwerte erreichen Sollwertgeber und (oder) Verarbeitung. Als Ergebnis der Verarbeitung werden Stellwerte erzeugt, die über die Regelstrecke die Meßwerte verändern. Sollwert „Behagen“ oder Vermeidwert „Unbehagen“ werden über einen Umschalter w angesteuert, der als Intensitätsgatter unterschiedliche Reizfrequenzen auswertet (zur Erinnerung: starke, im Extrem schmerzhafte Reize sind durch höhere Impulsfrequenzen gekennzeichnet).

Uns interessiert hier nicht das subjektive Erlebnis bei der Ansteuerung des Behagen-Zentrums, sondern vorerst nur das Modell der „technischen“ Auswirkung: Vom Behagen-Zentrum gehen (punktiert) Wirkungen aus, die zur Speicherung (also zur besseren Gangbarkeit) der gerade aktivierten Wege im Neuronennetz führen, die ja dieses Behagen verursacht hatten. In späteren ähnlichen Situationen werden deshalb diese gangbareren Wege bevorzugt werden und erneut Behagen erzeugen. Ein überaus zweckmäßiges Konzept der Evolution! Denn alles Behagen dient letzten Endes dem Erhalt der eigenen Art.

Eine zweite Wirkung aus der Aktivierung des Behagen-Zentrums (ebenfalls punktiert) könnte sein, daß die Regelstrecke veranlaßt wird, im derzeitigen Zustand (des Behagens) zu verharren. Wem fällt es nicht schwer, das behaglich warme Badewasser zu verlassen! - Die punktierten Ausgangsaktivitäten des Behagen-Zentrums wirken dann wie bei der Speicherung unspezifisch auf irgendwelche gerade gezündeten Neurone ein, möglicherweise durch im Blutstrom übertragene, freigesetzte Hormone (vgl. Abschnitt 4.2). Daß auf diese Weise (also nicht über Nervenbahnen) vom Gehirn - z. B. vom Hypothalamus (Abb. 3.9) - Wirkungen ausgehen können, ist bekannt [8.2]. (Allerdings spricht das Vorhandensein der „Blut-Hirn-Schranke" womöglich dagegen, vgl. Abschnitt 2.2.)

Wie schon in Abschnitt 7.3 im Zusammenhang mit der gedanklichen Rückkopplung erörtert, können (insbesondere beim Menschen) die Ausgabe/Eingabe-Wege über Körper und Umwelt durch intern aufgrund positiver Erfahrung geschaltete Wege im Gehirn ersetzt bzw. ergänzt werden (gestrichelt gezeichnet). Damit ist eine von der aktuellen Realität entkoppelte rein „gedankliche" Informationsverarbeitung möglich.

Erfahrungsgemäß führt die Ansteuerung von „Unbehagen" und „Schmerz" je nach „Meßwertintensität" zu reflexartigen (also von der Natur mitgegebenen) Reaktionen (z. B. Zurückziehen der auf die heiße Herdplatte gelegten Hand). Vom hypothetischen Unbehagen-Zentrum aus wird erfahrungsgemäß „dynamisch" auch auf das Behagen-Zentrum eingewirkt: „Es ist so schön, wenn der Schmerz aufhört!" (Kennzeichnung durch Pfeil mit negierendem Punkt). Die Situation, die zum Aufhören des Schmerzes geführt hat, kann damit ebenfalls gespeichert werden, möglicherweise aber nicht die den Schmerz verursachende Situation. Die schmerzhafte Situation wird also in Zukunft ausgelassen - ein Dressureffekt!

„Dressur" ist alles, was im realen Wechselspiel zwischen Körper und Umgebung durch positive Erfahrung geprägt wird und allein auf diese Außensteuerung beschränkt bleibt. Nehmen wir z. B. den berühmten „Pawlowschen Hund" [8.3]. Ihm wurde Futter immer in Verbindung mit einem Klingelzeichen gereicht, d. h. - wie in Abschnitten 6.2, 7.1 und 7.2 erläutert - dem Klingelzeichen wurde die Futtergabe *zugeordnet.* Nach der prägungsbedingten Erregungsverstärkung genügte das Klingelzeichen allein, um den Futterreflex (Speichelfluß) hervorzurufen. Alle Lebewesen, deren Regel- oder Verhaltenszyklen im wesentlichen auf den „äußeren Weg" über Körper und Umgebung verwiesen sind, können im Rahmen ihrer technischen „Verdrahtungsmöglichkeiten" nur konditioniert werden, können zweckmäßige Verhaltensformen vornehmlich als Dressurakt lernen als Reaktion auf die augenblickliche Situation.

Dagegen besitzt zumindest der Mensch ein außerordentlich stark verflochtenes Neuronennetz, über das auch offenbar - wie zuvor ausgeführt - zahlreiche „innere" Rückkopplungswege geschaltet werden können. Damit ist der Mensch mit seinen Reaktionen nicht mehr an das harte Gebot des Faktischen gebunden, er kann Situationen „theoretisch" durchspielen. Er hat durch die Bildung von Begriffen und Gedanken die Möglichkeit, ein außerordentlich breites Spektrum von Erfahrungen *symbolisch* zu verarbeiten. Dadurch befreit er sich von der durch die äußere Situation gesteuerten „Dressur" und schafft sich einen großen Freiraum - die Gedankenwelt oder die Welt der Information -, in dem er komplexen Zielen seines

Handelns ohne Bindung an die Realität des Augenblicks folgen kann. Zweifellos verfügen aber auch Tiere - abhängig vom phylogenetischen Organisationsstand ihres Gehirns - in begrenztem Umfang über derartige Fähigkeiten.

8.3 Der Aufbau von Bewertungsmaßstäben

Wir haben zuvor im „Bereich 2" den „Sollwert Behagen" als technisches Ziel eines „Regelprozesses Mensch" kennengelernt. Wir bleiben in diesem Bereich und fragen, wie ein derart primitiver Sollwert das hochkomplexe Verhalten des Menschen technisch erklären soll. Denn der Mensch ist offenbar nicht allein auf Behagen fixiert. Er findet sich in allen möglichen Lebenssituationen zurecht, er verhält sich (leider nicht immer) als soziales Wesen, hilft anderen Menschen, aber er zeigt sich auch nicht selten als Egoist oder sogar Verbrecher. Wie paßt dieses breite Spektrum unter den einfachen Sollwert „Behagen"?

Wir befinden uns - wohlgemerkt - im technischen Bereich. Wodurch könnte ein Sollwertgeber „Behagen" gekennzeichnet sein? Er ist eine Funktionseinheit, die - wie zuvor ausgeführt - bestimmte Wirkungen veranlaßt, nämlich z. B. eine Speicherwirkung für „positive" Erfahrungen oder ein Verharren im derzeitigen „behaglichen" Zustand. Und diese Wirkungen werden ausgelöst durch die Meldungen bestimmter „Sonden" (also Sinnesreize), die mit dieser Funktionseinheit a priori - also evolutionär entwickelt - verbunden sind. Dies könnten u. a. somatosensorische Sonden sein, die eine Außentemperatur melden, welche wir (im Bereich 1) als „behaglich" empfinden.

Das also mag uns die Evolution „in die Wiege" gelegt haben. Dies allein reicht aber nicht aus, um das differenzierte Verhalten des Menschen zu erklären, der unbeirrt unterschiedlichsten Zielen folgt, auf unterschiedlichste Situationen sinnvoll reagiert, höchstens in einem ganz ungewohnten Szenario sich nicht mehr zu helfen weiß. Die ursprünglichen, archaisch primitiven Sollwerte müssen also in einem „Lernprozeß" an die immer komplizierter werdende Umwelt des Menschen angepaßt werden. Wie könnte ein solcher Lernprozeß ablaufen (Abb. 8.3)?

Wir finden Bekanntes wieder (vgl. Abschnitt 6.2): In angeborener Verdrahtung sind Urreize mit einem Bereich „Urbehagen" verbunden, zum Beispiel - wie erwähnt - der Wärmereiz, den das Baby auf dem Arm der Mutter „empfindet". Die Mutter streichelt das Baby, der Berührungsreiz wird in Verbindung mit dem Wärmereiz, der als Leitinformation dient, mit dem Behagen-Nucleus verknüpft. Auf diese Weise wird aus dem „Urbehagen" ein Wertbereich „Liebkosung" aufgebaut, der ebenfalls Behagen verursacht. Dies geschieht hinfort auch ohne begleitenden Urreiz, also ohne den unmittelbaren Körperkontakt auf dem Arm der Mutter. Nunmehr kann das Strei-

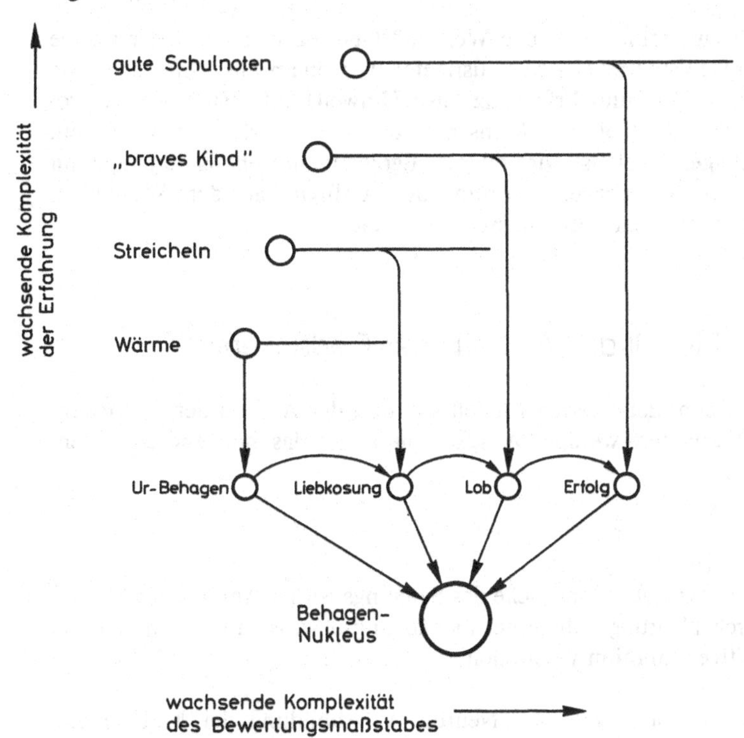

Abb. 8.3. Aufbau von Bewertungsmaßstäben

cheln die Funktion der Leitinformation übernehmen, zusammen mit lobenden Worten gelingt der Aufbau eines Behagen verursachenden Wertebereichs „Lob". Wieder genügt nun Lob allein, um Behagen aufzurufen. Lob wird zur Leitinformation für Leistungen, die einen mit Behagen verbundenen Wertebereich „Erfolg" bilden. Hinfort wird der Mensch den Erfolg anstreben.

An diesem sehr vereinfachten Modell ist zu erkennen, daß komplexer werdende Erfahrungen mit komplexer werdenden Maßstäben bewertet werden. Die früher erläuterten Grundfunktionen der Erregungsverstärkung und der Kopplung mit Wirkungspunkten sind auch hier wirksam. Ein einfaches Prinzip steht dahinter: Die jeweils komplexere positive Erfahrung muß die vorhergehende weniger komplexe positive Erfahrung als „Leitinformation" zunächst enthalten. Natürlich muß die jeweils komplexere Erfahrung als solche erkannt werden können. Es hat keinen Sinn, das Kleinkind mit abstrakten Worten zu loben, wenn es diese Worte nicht versteht. Umgekehrt - wie soll sich der Wissenschaftler über seinen Nobelpreis freuen, wenn ihm nicht zuvor durch konkrete Gefühlserlebnisse die Freude am abstrakten Erfolg aufgebaut worden wäre?

Übrigens bedeutet die Bewertung von Erfahrung als solche noch nicht, daß jeder Aufruf der Erfahrung bis zum Behagen-Nucleus vordringt. Dies wird sicherlich von der Erfahrungsintensität abhängen.

Zusammenfassend: Die Wertmaßstäbe, nach denen der einzelne sein Denken und Handeln ausrichtet, werden im Zusammenspiel von Veranlagung und Erfahrung (also Umwelt) aufgebaut. Ein vergröberndes Beispiel: Ein Mensch mit besonders stark ausgeprägtem „Behagen-Nucleus" wird eher zu Egoismus neigen als derjenige mit starkem „Unbehagen-Zentrum", der Konflikten aus dem Wege geht, um schmerzhafte Erlebnisse zu vermeiden.

8.4 Modell des Aufbaus der Gedankenwelt

An einem detaillierten Modell soll nun der Aufbau der Gedankenwelt erläutert werden. Ausgangspunkt ist das neugeborene Menschenkind.

1. Schritt
Einer der ersten Eindrücke des Säuglings ist der Anblick der Mutter. Durch Nahrungsaufnahme, Liebkosung usw. ist dieser Anblick mit positiver Emotion verbunden.

Modell Abbildung 8.4a: Neuron A (Abbildung der Mutter) und Neuron B (positive Emotion) zünden gleichzeitig. Dadurch wird eine a priori vorhandene Verbindung zwischen A und B „leichtgängig" gemacht. Somit ist das Abbild der Mutter *positiv bewertet* (vgl. Abb. 8.3).

2. Schritt
Später treten zum Anblick der Mutter häufig wiederholte *akustische* Eindrücke: Das von der Mutter gesprochene Wort „MAMA" wird (auf hier nicht näher erläuterte Weise, vgl. Abschnitt 5.1) auf repräsentierende Neurone (C) abgebildet. Damit verbunden ist nach wie vor positive Emotion.

Modell Abbildung 8.4b: Neurone A und C zünden gleichzeitig und belegen Neuron D mit dem *Begriff* „MAMA", d. h. das akustische Ereignis wird durch den Anblick der Mutter erklärt. Neuron D ist der Repräsentant dieser Erklärung.

Wegen der gleichzeitig aufgerufenen positiven Emotion wird Neuron D auch mit dieser verbunden.

Der so geschaffene Begriff „MAMA" kann aber noch nicht selbständig gedacht werden, denn sein Aufruf ist vom Anblick der Mutter oder/und vom Hören des Wortes „MAMA" abhängig.

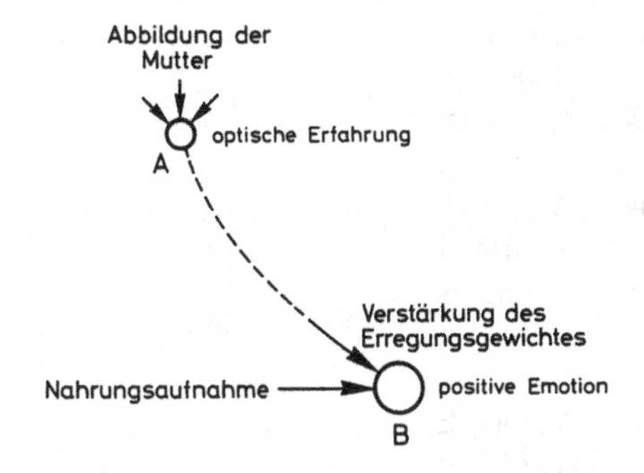

a) Das Bild der Mutter wird positiv bewertet

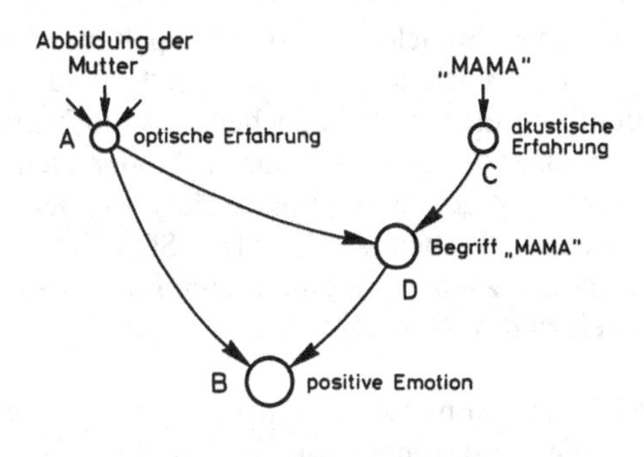

b) Der Begriff „MAMA" wird gebildet und positiv bewertet

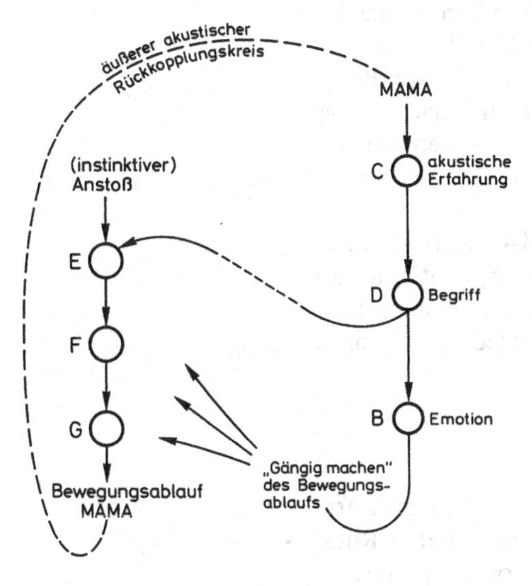

c) „Denkbar-Machen" von Begriffen

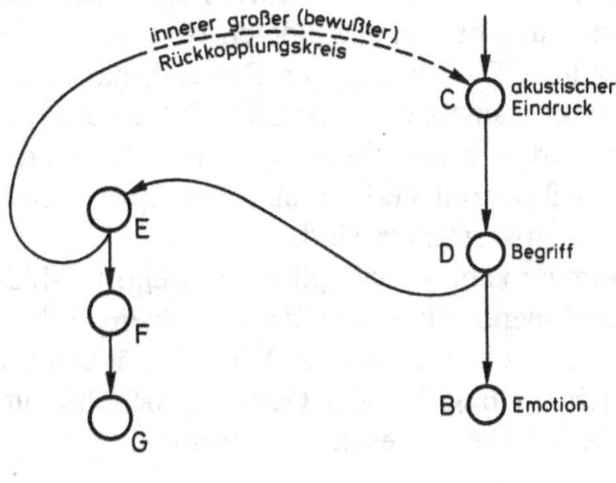

d) Verlagerung des Denkvorgangs auf den großen, bewußten Rückkopplungskreis

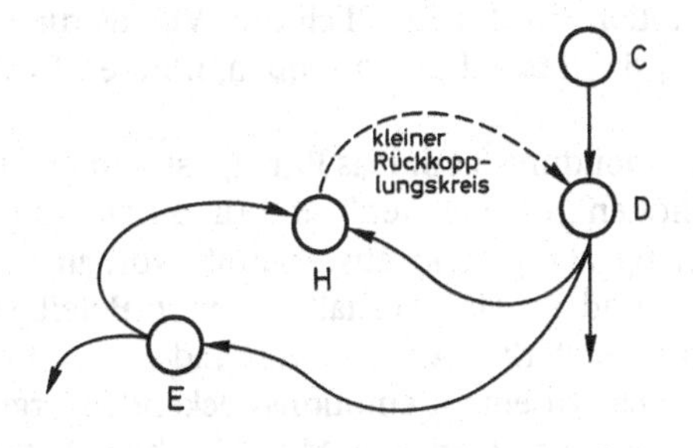

e) Verlagerung des Gedankens auf einen kleinen, unbewußten Rückkopplungskreis

Abb. 8.4. Modell: Aufbau der Gedankenwelt

3. Schritt

Der nächste Schritt zur Denkfähigkeit erfordert Aktivitäten des Säuglings: Nun müssen im sensorischen Sprachzentrum geprägte Erfahrungen mit Steuerwegen für sprachliche Bewegungsabläufe im motorischen Sprachzentrum gekoppelt werden. Diese Steuerwege gibt es aber noch nicht, sie sind erst aus der Erfahrung heraus zu bilden! Um dies zu ermöglichen, hat die Natur den Menschen mit dem Instinkt des „Tätigkeitsdrangs" (oder auch „Neugier") ausgestattet. Die richtigen Bewegungsabläufe müssen im „trial and error"-Verfahren gefunden werden. Der Säugling probiert das Stammeln von Lauten. Zu den am einfachsten formbaren akustischen Ereignissen gehört das Wort „MAMA".

Modell Abbildung 8.4c: Die nach vielen Versuchen über Neurone E, F, G zufällig geformte Lautfolge „MAMA" gelangt über den äußeren Rückkopplungskreis Mund-Ohr zu Neuronen C, D und B. Damit wird der Begriff MAMA und die Emotion aufgerufen, die den erfolgreichen Bewegungsablauf durch „Gängigmachen" der Signalwege fixiert. Außerdem muß eine Verbindung von Neuron D zu Neuron E geknüpft werden. Dies geschieht nach den bekannten Prinzipien zwischen den beiden gezündeten Neuronen E und D. (Eine etwaige Verbindung D-F hat keinen Bestand, da sie einen falschen Bewegungsablauf anstößt!) Es handelt sich also um einen Regelvorgang: Die bewertende Emotion muß aufgerufen werden als Kennzeichen dafür, daß sowohl Verbindungen EFG als auch DE für „gut" befunden und zu verstärken sind.

Nunmehr kann der Säugling den Begriff „MAMA" auch unabhängig von äußeren Einflüssen *denken,* indem er ihn ausspricht und über den Hörkreis wieder aufruft. Über den äußeren Rückkopplungskreis läßt sich der Begriff (oder Gedanke) beliebig oft wiederholen, ohne daß die MAMA anwesend sein muß.

4. Schritt

Das häufige Denken durch „Lautsprechen" bei gleichzeitigem Aufruf der Emotion führt schließlich zur Verlagerung des äußeren Rückkopplungskreises auf einen großen, inneren Rückkopplungskreis.

Modell Abbildung 8.4d: Das Prinzip ist immer wieder dasselbe: Beim wiederholten „Lautdenken" sind (u. a.) Neurone C und E praktisch gleichzeitig aktiv. Eine etwa bereits vorhandene Verbindung zwischen E und C wird deshalb - unter Beteiligung der Emotion - bleibend verstärkt. Andere vorhandene „falsche" Verbindungen führen nicht zu einem emotionsweckenden Ergebnis!

Nun kann der Gedanke MAMA ohne Außeneinfluß und ohne lautes Aussprechen selbständig gedacht werden. (Durch diesen Bildungsprozeß über den singulären Sprechapparat ist - wie in Abschnitt 7.5 erwähnt - womöglich dafür gesorgt, daß nicht zwei Gedanken gleichzeitig gefaßt werden können.)

5. Schritt
Mit häufigem Denken des Begriffs MAMA läßt sich dieser zusätzlich auf einen noch weiter innen liegenden kleinen Rückkopplungskreis verlagern. Dieser Kreis liegt möglicherweise ganz im sensorischen Sprachzentrum. Wir wollen die Hypothese aufstellen, daß in derartigen „kleinen", an Begriffe gebundenen Rückkopplungskreisen unbewußt bleibende Aktivitäten ablaufen können.

Modell Abbildung 8.4e: Häufiges, von Emotion begleitetes Zünden der Neurone D und E führt zur Aktivierung von Neuron H, das seinerseits zum Gängigmachen einer vorhandenen Verbindung zu Neuron D beiträgt. Damit wird ein weiterer, „kleiner" Rückkopplungskreis geschlossen. Das in Abschnitt 7.5 beschriebene Prinzip des „multistabilen Rückkopplungssystems" muß hier wegen der geringeren Eingriffsmöglichkeiten nicht mehr wirksam sein, so daß auch die gleichzeitige Aktivität mehrerer solcher Rückkopplungskreise möglich erscheint.

Das Beispiel macht deutlich, welche Rolle die prägungsverstärkende Wirkung der Emotion beim Aufbau der Gedankenwelt spielen dürfte. Das „Erfolgserlebnis" beim gelungenen Nachsprechen eines Wortes knüpft die Brücke zwischen sensorischem und motorischem Sprachzentrum, ermöglicht erst die Bildung von Rückkopplungskreisen und damit *elektrischer* Signalspeicherung. Der Gedankenautomat Gehirn entwickelt sich also vom „Schaltnetz" zum „Schaltwerk" (vgl. Abschnitt 3.3)!

9. Ein Ausblick auf „Bereich 1"

Es erscheint notwendig, vorübergehend den rein technischen „Bereich 2" der Funktion des menschlichen Gehirns zu verlassen, um mögliche Konsequenzen für unsere subjektive Erlebniswelt im „Bereich 1" zu diskutieren. Wir wollen dabei keine philosophischen Fragen erörtern, sondern lediglich versuchen, das im Prinzip Unerklärbare zu interpretieren. Mit anderen Worten: Es geht um das „menschliche Selbstverständnis", das sich zu einem gewissen Teil technischen oder physikalischen Erklärungen entzieht und damit zwangsläufig zu mehr spekulativen Gedankengängen führt.

9.1 Das Bewußtseins- oder Wahrnehmungsphänomen

Ich empfinde Behagen, ich spüre Schmerz. In Abschnitt 8.2 wurden „technische Auswirkungen" dieses Phänomens untersucht: Prägungsverstärkung bzw. Reflex als Beispiele. Behagen, Unbehagen, Schmerz, eine ganze Werteskala von Emotionen - sie sind auf das Zünden von Neuronen im Gehirn zurückzuführen und üben „technische" Wirkungen aus. Aber nicht nur das, sondern das Zünden dieser Neurone bewirkt auf irgendeine Weise Empfindungen. Doch ich nehme auch Ereignisse zur Kenntnis, die kaum eine Emotion auslösen, die mir ziemlich gleichgültig sind, die ich einfach nur bemerke. Ich sehe Blumen auf dem Tisch, während ich darüber nachdenke, was nun zu schreiben ist. Ich sehe die Blumen nicht als „Codewort", sondern in ihrer vollen Farbigkeit ohne Informationsverlust (soweit mir die Information physikalisch zugänglich ist). Das „Bemerken" wird durch das Zünden von Neuronen vermutlich bereits in der Netzhaut meines Auges verursacht.

Ein völlig subjektives Erlebnis. Ich weiß nicht, ob mein Gesprächspartner genauso empfindet wie ich, ob er überhaupt empfindet. Seine Reaktionen, auch Lachen und Weinen, werden ja durch *technische* Funktionen des limbischen Systems ausgelöst! Der „Turing-Test" funktioniert, aus Frage- und Antwortspiel erkenne ich den Menschen. Aber ist er auch ein empfindender Mensch? Dafür gibt es keinen Test. Denn das, worum es geht, ist keine physikalisch-technisch austestbare Größe. Ich möchte es „Bewußtsein" nennen. (Eine andere Bezeichnungsmöglichkeit ist „Wahrnehmung".)

Bewußtsein in dieser Definition hat also nichts damit zu tun, daß wir sprechen, rechnen, schreiben können - daß wir „intelligent funktionieren"!

Das übliche Selbstverständnis des Menschen geht davon aus, daß das Bewußtsein unsere Gedanken lenkt. Dann müßte Bewußtsein Aktionspotentiale erzeugen, die die Hemmschwelle der Codewortneurone überschreiten. Dann müßte Bewußtsein also eine physikalische Größe sein, wie auch immer erzeugt und gesteuert. Wie aber kann eine physikalische Größe den Eindruck „rote Blume“ wecken? Wie kann eine physikalische Größe Träger der Schmerzempfindung sein? - Natürlich kann eine physikalische Größe Schmerz erzeugen, z. B. der elektrische Strom, aber hier geht es nicht um das Erzeugen, sondern um das Erspüren des Schmerzgefühls!

Es ist nicht notwendig, übersinnliche Kräfte zu postulieren. Vermutlich ist es umgekehrt: Unsere Gedanken werden durch solide physikalische Effekte gesteuert, die zum Überschreiten der Hemmschwellen von Neuronen führen. Doch das „Empfinden“, das „Merken“, das *Bewußtsein* ist kein physikalischer Effekt. Bewußtsein *verursacht nicht* Neuronenaktivitäten, sondern *folgt* aus diesen, aber auch nicht aus allen diesen. Es gibt im Gehirn Bereiche, in denen Neuronenaktivitäten unbewußt bleiben - das vegetative Nervensystem, wohl auch das Kleinhirn gehören dazu. *Hier* merken wir Neuronenaktivität, *dort* nicht - ein erstaunliches Phänomen!

Wir wiederholen den „Turing-Test“ (Abschnitt 3.3). Wir kommen zu dem Schluß: Unser Gesprächspartner ist ein Mensch. Wir gehen in den Nachbarraum, um uns von seiner Identität zu überzeugen, und stehen vor einem Rechnerschrank. Der Automat war so „intelligent“ programmiert (siehe Abschnitt 10), daß er sich - zumindest in unserem Dialog - wie ein Mensch verhielt. Er sagte auch Dinge wie „das ist ja ärgerlich“ und „ich freue mich darüber“. Nun, da wir vor dem Computer stehen, sind wir enttäuscht: Irgendein Programmierer hat diese Reaktionen einprogrammiert. Alles ist nur „technisches Funktionieren“, keine Spur von diesem unbegreiflichen Etwas, von Gefühl und Bewußtsein.

Aber können wir da sicher sein? Hat der Computer kein Bewußtsein? Woher nehmen wir die Gewißheit? Vielleicht kann er sich nur nicht artikulieren? - Streng genommen kann ich andererseits ja auch nicht wissen, ob nicht gar mein menschliches Gegenüber nur reagiert und funktioniert, lediglich programmiert worden ist durch Erfahrung. Aber es ist uns allen selbstverständlich, von unserem subjektiven Erleben auf unsere Mitmenschen zu schließen und „Bewußtsein“ als eine menschliche Eigenschaft zu postulieren. Im wissenschaftlichen Sinne ist dies eigentlich nicht zulässig! Wir müssen Bewußtsein als „nicht erklärt“, vielleicht „nie erklärbar“ offen lassen. Vielleicht ist es tatsächlich ein Attribut des Lebens - etwas also, das unser Leben vom bloßen „Funktionieren“ zum „Erleben“ erhöht. Dann wäre es allerdings vermessen, dies als Reservat dem Evolutionsprodukt „Mensch“ vorzubehalten. Auch Evolutionsprodukt „Waldi-Dackel“ wird tatsächliche Freude empfinden, wenn er sein Herrchen stürmisch begrüßt. Und irgendetwas empfindet dann wohl auch der Regenwurm, wenn es ihm gelingt, aus einer feindlichen Umgebung in das kühle und feuchte Erdreich zurückzuschlüpfen.

Eine interessante „technische Frage“ läßt sich wegen der Unerklärbarkeit des Bewußtseins nicht schlüssig beantworten: Werden uns die Bedeutungen der *Codeworte* bewußt, oder geschieht dieses Bewußtwerden erst nach der Decodierung zu *Wirkungen* (vgl. Abschnitt 6.1)? „Bemerke“ ich die Bedeutung also z. B. erst nach der Decodierung zur sprachlichen Formulierung? - In Analogie (Abschnitt 3.3): Die Teletex-Maschine empfängt das Codewort 1101010, welches sie in den Buchstaben „j“ decodiert und dann ausdruckt. Die Teletex-Maschine „weiß“ also, was das Codewort bedeutet, allerdings erst *nach* der Decodierung, also *mit* der Bildung der Wirkung „j“. Kennt unser Bewußtsein dagegen die Bedeutungen der Codeworte bereits vor der Decodierung? Es spricht viel dafür, diese Frage (unbeweisbar) mit „ja“ zu beantworten. Erinnert sei an unsere Träume, in denen wirre, nie zuvor erfahrene Situationen auftreten. Hier werden vielleicht Teile verschiedener Codeworte (entgegen dem „Eindeutigkeitsprinzip“!) aufgerufen und damit vorübergehend zu neuen Codeworten kombiniert, deren Decodierung zu „Wirkungen“ nie zuvor gelernt wurde. Dennoch empfinden wir reale Erfahrung, die wir allerdings im allgemeinen nicht speichern. Unser Bewußtsein ist also möglicherweise in der Lage, den Aufruf von Codewortteilen auf nicht-physikalische Weise in die metaphysische Wirkung der „Wahrnehmung“ umzusetzen. Es liegt auf der Hand, welch ungeheuer großes Reservoir „träumbarer“ Situationen uns damit zur Verfügung steht.

Ich sehe den Blumenstrauß vor mir. Form und Farben werden mir ohne Informationsverlust offenbar bereits in der Netzhaut bewußt - ein Muster von Neuronenaktivitäten. Über aufeinanderfolgende Hirnbereiche konzentrierend wird im sensorischen Sprachzentrum ein Muster von Neuronen aktiviert, das den *Begriff* „Blumenstrauß“ repräsentiert. Auch dieses Aktivitätsmuster mag als solches bewußt werden! Aber es gibt keinen Beweis hierfür.

Zusammenfassend: Mit dem *Bewußtsein* ist ein Phänomen angesprochen, das sich der physikalisch-technischen Deutung entzieht. Möglicherweise (aber nicht beweisbar) ist Bewußtsein ein „Ingredienz“, das dem Leben vorbehalten ist. Zumindest aber ist es das Ingredienz, welches uns das Leben in allen seinen Höhen und Tiefen erst lebenswert macht!

9.2 Freier Wille

Was ist freier Wille? Zunächst etwas, das unser Selbstverständnis extrem stark berührt. Es sei versucht, das Problem vorurteilslos zu überlegen.

Das, was wir denken und daraus folgernd handeln, gehorcht unserem „freien Willen“. Was wir denken und handeln wird durch eine Folge von Codewortauswahlvorgängen bestimmt. Die Auswahl von Codeworten ist Ergebnis des Zusammenwirkens physikalischer Größen. Also muß „freier Wille“ in der Lage sein, diese physikalischen Größen - nämlich Beiträge zur Zündung von Neuronen - zu erzeugen, und zwar in Aktivitätsmustern „eigener Wahl". Das ist eigentlich nur dann zu begreifen, wenn freier Wille selbst aus physikalischen Größen besteht. Wir hatten dies sinngemäß bereits zuvor bei der Gedankenauswahl diskutiert (Abschnitt 9.1).

Wir können nachträglich recht gut die Einflüsse rekonstruieren, die uns zum Fassen eines ganz bestimmten Gedankens veranlaßt hatten. Der jeweils vorhergehende Gedanke spielt eine Rolle - auch der Kontext, in dem wir uns befinden -, äußere Einflüsse kommen hinzu, und schließlich ist da noch etwas Unbestimmtes, einfach das, was wir freien Willen nennen. Vorhergehender Gedanke, äußerer Einfluß, Kontext lassen sich vor unser Bewußtsein holen. Wir können uns gut vorstellen, wie der Aufruf der zugehörigen Codeworte Aktivitäten erzeugt, die zur Auswahl des nächsten Gedankencodewortes beitragen - durch Überschreiten der Zündschwelle dieses Codewortes. Der durch den freien Willen verursachte Einfluß entzieht sich jedoch dieser Rekonstruktion, wir können nur vage formulieren: „. . . weil es meiner inneren Überzeugung entspricht." Aber natürlich haben wir in die Gedankenauswahl nicht eine bewußte Überlegung einbezogen, ob der neue Gedanke der „inneren Überzeugung" gerecht wird, vielmehr wirkte offenbar die innere Überzeugung als *unbewußte* physikalische Größe spontan bei der Gedankenauswahl mit. „Innere Überzeugung" bedeutet aber nichts anderes als einen Wert- oder Bewertungsmaßstab, den wir uns ganz individuell im Zusammenwirken von Veranlagung und Erfahrung aufgebaut haben (Abschnitt 8.3).

Dies läßt sich als Hypothese aus den vorangegangenen Überlegungen folgern. In Verallgemeinerung: Wir deuten als „freien Willen" die Summe der unbewußt bleibenden physikalischen Einflußgrößen bei der Gedankenauswahl. Unbewußt bleiben Neuronenaktivitäten in bestimmten Gehirnbereichen, die zum Teil bereits bekannt sind. Offenbar werden auch unsere Wertmaßstäbe aus diesen Bereichen wirksam. Wenn dies richtig ist, läßt sich also freier Wille (im Gegensatz zu Bewußtsein) auf physikalisches, wenn auch unbewußt ablaufendes Geschehen zurückführen!

Aber bleibt damit der Begriff „freier Wille" überhaupt gerechtfertigt? Sind wir nicht zum Sklaven physikalischer Prozesse geworden, die zwangsläufig aufgrund früherer Prägungen ablaufen müssen? Haben wir noch Entscheidungsfreiheit, sind wir für unser Tun verantwortlich?

Die Antwort heißt „notwendigerweise ja"! Unsere Wertmaßstäbe werden nicht allein durch die Umwelt, sondern im Zusammenwirken mit unserer schicksalsbedingten Veranlagung geprägt. Hier legt also - wenn man so will - unsere *Bestimmung* den Grundstein für unser Verhalten, das nach den Regeln unserer auf das „Zusammenleben" ausgerichteten Gesellschaft belohnt oder bestraft wird. Für diese Gesellschaft ist es notwendig, an dem Postulat der Entscheidungsfreiheit festzuhalten, weil sonst Zwangsprägungen (z. B. „Bestrafung") nicht mehr gerechtfertigt werden könnten. Sie sind aber leider für unser Zusammenleben unverzichtbar.

9.3 Kreativität

Kreativität ist eine dritte Komponente des menschlichen Selbstverständnisses, die wir Automaten kaum zubilligen mögen. Wenn Rechner im Stile Mozarts komponieren, dann ist es eben „im Stile" und nichts mehr, kein Funke von Genialität. Warum sind Menschen kreativ, und warum können es Rechner nicht sein?

Zur Kreativität gehört erstens die Bildung von *neuen* Zusammenhängen, für die es kein Vorbild gibt. Allein das Bilden neuer Zusammenhänge in unserem Gehirn ist allerdings kein außergewöhnlicher Vorgang, er begegnet uns täglich beim „Lernen" von bereits gesicherten Erfahrungen der Menschheit, wobei die Leichtigkeit des Lernens „Begabungssache" ist. Für unsere Gesellschaft *neue* Zusammenhänge müssen dagegen offenbar ganz oder überwiegend „von innen heraus" geprägt werden, wenn wir von Kreativität sprechen. Wir müssen in der Lage sein, in unserem Neuronennetz aus den vorgebahnten Wegen der Alltagserfahrung auszubrechen und neue Zusammenhänge aus Codewortbruchstücken zu bilden – ähnlich wie beim Träumen, allerdings mit den prägenden Eigenschaften wacher Selbsterfahrung. Es ist plausibel, daß dies nicht jedem gelingen kann. Es setzt eine gewisse Leichtigkeit der Codewortbildung voraus, also starke Verflechtungen im Neuronennetz und niedrige Zündschwellen der Neurone zumindest in bestimmten, begabungsspezifischen Hirnbereichen. Daß damit auch gewisse Gefahren verbunden sind, liegt auf der Hand; nicht selten sind Genie und Wahnsinn nicht weit auseinander. Nicht selten aber versucht auch der (echt oder vermeintlich) kreative Mensch, durch Alkohol oder Drogen seiner Phantasie „auf die Sprünge" zu helfen, was sich in einer Verstärkung der Erregungswirkung der Synapsen äußern mag.

Zur Kreativität gehört zweitens die kritische Beurteilung der neu geschaffenen Zusammenhänge: Entsprechen sie den Qualitätsmerkmalen des eigenen Bewertungsmaßstabs? Diese zweite Komponente der Kreativität ist Ergebnis einer naturgegebenen Begabung und der prägenden Umgebung z. B. des Elternhauses. Wäre Mozart im Hause eines Pop-Musikers aufgewachsen, hätte er vielleicht wunderschöne Trivialmelodien erfunden! Fast will es scheinen, als wäre die kritische Beurteilung der schwierigere Part der Kreativität, soweit es um nicht logisch oder physikalisch exakt zu prüfende Zusammenhänge geht. Der kreative Mensch ist auf seinen eigenen Wertmaßstab angewiesen, und der weicht häufig genug vom mittleren Wertmaßstab des Restes der Menschheit ab. Es gibt keinen absoluten Wertmaßstab, aber es gibt – zum Trost für den verkannten Künstler – einen allmählichen Wandel des allgemeinen Geschmacks.

Warum ist der Rechner nicht kreativ? – So allgemein kann man dem Rechner Kreativität wohl nicht absprechen, wir kommen darauf zurück. Aber warum wird er kein zweiter Mozart? – Ein wichtiger Gesichtspunkt dürfte das Fehlen eines vergleichbaren Wertmaßstabes sein. Der Rechner hat zwar Kompositionsregeln und Stilmerkmale von seinem Programmierer als „Wertmaßstab" mitbekommen, das Spektrum der „emotionalen Tönungen“ aber ist darin nicht enthalten. Diese entstehen beim Aufbau der Wertmaßstäbe aus der ungeheuren Vielfalt menschlicher Lebenserfahrung. Allein das erste Erleben der Geborgenheit in mütterlicher Liebe ist für den Computer wohl kaum nachvollziehbar! Es ist also mehr als fraglich, ob der Computer die Wertmaßstäbe in menschgemäßer Reichhaltigkeit jemals wird besitzen können.

10. Natürliche und künstliche Intelligenz

Wie eigentlich *menschliche* Intelligenz zu definieren und zu erklären ist, bleibt weitgehend umstritten. Hier sollen lediglich Schlußfolgerungen aus den vorhergehenden Überlegungen gezogen werden. Die Ergebnisse sind mit den Definitionen der sog. „künstlichen Intelligenz“ zu vergleichen, für die im Gegensatz zu denen der natürlichen Intelligenz ein einigermaßen allgemeiner Konsens besteht. Wir bleiben im „Bereich 2“!

10.1 Wissen, Verstehen, Intelligenz

Eingangs (Abschnitt 3.5) war zwischen „Wissen“ und „Prozeduren“ unterschieden worden. Unter „Wissen“ soll alles verstanden sein, was sich der Mensch durch „Prägung“ aneignet. „Prozeduren“ sind evolutionär angelegt und von Geburt an mehr oder weniger funktionsfähig. Dazu zählen vermutlich das Zeitgefühl, das Erkennen von Größenunterschieden und Ähnlichkeiten. Prozeduren sind durch evolutionär entwickelte Schaltungen mit Neuronengattern realisiert; die (zweifellos interessanten) Realisierungsmöglichkeiten werden hier nicht weiter verfolgt.

Was ist nun eigentlich „Wissen“ in unserem Alltagsverständnis? Am vordergründigsten, aber deutlichsten macht dies die Schulsituation klar: Der Lehrer bringt Wissen bei und fragt Wissen ab. Wir hatten in Abschnitt 7.1 bereits Beispiele für derartiges Wissen kennengelernt, der „Terminus technicus“ hierfür lautete „Zuordnung“: Es werden Zusammenhänge zwischen „Weltinhalten“ hergestellt. Wenn ich einen bestimmten Weltinhalt aufsuchen möchte, muß ich mich über *Suchparameter* gewissermaßen „heranpirschen“. Der Lehrer fragt: „Wer war Goethe?“ Die Suche ist rasch beendet, das *Ergebnis* heißt „ein Dichter“. Es gibt nur den *einen* Suchparameter „Goethe“, das Ergebnis ist diesem eindeutig zugeordnet. Nun fragt der Lehrer: „Wer war Busch?“ Dann muß ich offenbar die Gegenfrage stellen: „Wilhelm oder Fritz?“ Der Lehrer präzisiert „Fritz“. Nun habe ich zwei Suchparameter konjunktiv (durch „UND“-Gatterwirkung) zu verknüpfen, nämlich „Busch“ und „Fritz“. Das Ergebnis lautet „Dirigent“. Mit den Suchparametern „Busch“ und „Wilhelm“ ergibt sich aus einer anderen Zuordnung „Humorist“, eine weitere Zuordnung mit den Suchparametern „Wilhelm“ und „v. Humboldt“ hat „Universalgelehrter“ zum Ergebnis (vgl. Abb. 7.1).

Jetzt prüft der Lehrer das Wissen seiner Schüler mit einer Frage-

Umkehrung: „Nenne mir fünf deutsche Dichter!" Wenn der Schüler sich auf diese Frage vorbereitet hat, wird er die Antwort herunterschnurren, im anderen Fall beginnt ein mehr oder weniger qualvoller Suchprozeß nach Dichtern. In beiden genannten Fällen wird vorhandenes Wissen abgefragt, das im ersten Fall suchgerecht bereitliegt, im zweiten Fall aber u. U. nicht aufgefunden werden kann. Wir haben uns angewöhnt, nur den ersten Fall als Wissen zu akzeptieren, also den des „paraten Wissens". (So ist es z. B. meist bei Prüfungen!) D. h. es genügt im allgemeinen nicht die Zuordnung „Goethe → Dichter" zur Wissenspräsentation, sondern es muß auch die Zuordnung „Dichter → Goethe" geprägt werden.

Es ist ganz reizvoll, sich Wissen als Vektoren in einem vieldimensionalen Raum vorzustellen. Dabei kann man dem Wissen einen Grad verleihen, welcher der Dimensionszahl des zugehörigen Raumes entspricht. Abbildung 10.1 gibt ein Beispiel für Wissen 3. Grades. „Ausgangspunkt" der Wissenszuordnung ist der Name Lenbach (1. Koordinate). In der zweiten Koordinate sind Weltinhalte, nach denen man fragen könnte, als „Parameter" angegeben. Auf der dritten Koordinate finden wir die möglichen Ergebnisse. Der vom Nullpunkt ausgehende räumliche Vektor (strichpunktiert) antwortet auf die Frage: „Welchen Beruf hatte Lenbach?" Für die Frage: „Welcher *Kunstmaler* lebte in *München* im *19. Jahrhundert?*" reicht die dritte Dimension nicht mehr aus, alle in Frage kommenden Ergebnisse sind durch Wissensvektoren 4. Grades zu beschreiben.

Zum besseren Verständnis ein anderes Beispiel. Die „schlagartige" Antwort zur Aufgabe *4 × 7 × 3 = 84* setzt einen entsprechenden Wissensvektor im vierdimensionalen Raum voraus. Der Mensch ist im allgemeinen nicht zur Abspeicherung derartigen Wissens 4. Grades in der Lage, er geht in „Stufen" vor (vgl. Abschnitt 7.1):

„4 × 7 = 28 × 3 = 3 × 20 = 60 + 3 × 8 = 24 + 60 = 84"

(dieser Ausdruck stellt keine Gleichung im mathematischen Sinne,

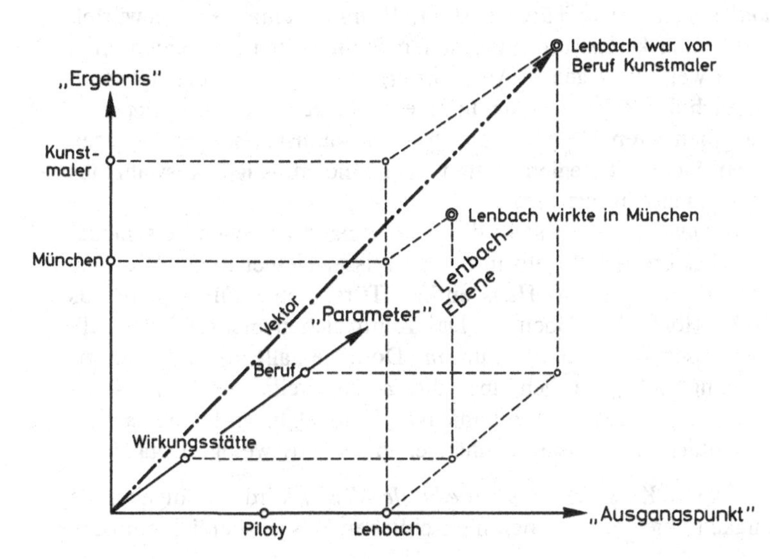

Abb. 10.1. Wissen als Vektor im dreidimensionalen Raum

sondern einen „Gedankengang" dar!). Dabei wendet der Mensch eine *Regel* an: „*Wenn* (falls) eine Multiplikation im großen Einmaleins erfolgen soll, *dann* multipliziere erst den „Zehner" mit dem Multiplikator *und dann* addiere das Produkt des „Einers" mit dem Multiplikator." Der geübte Mensch folgt dieser Regel *unbewußt.*

Wir sind noch bei unserem „Alltagsverständnis" des Wissens. Ein wichtiger Gesichtspunkt: Wir sind uns unseres Wissens *bewußt,* wir „merken" unser Wissen. Dieses nichttechnische „Ingrediens" erschwert es offenbar, menschliches Wissen „technisch" zu begreifen. Aber es gibt auch technisch verständliche Besonderheiten: Menschliches „Alltagswissen" ist extrem breit angelegt und verflochten, erinnert sei an den Turing-Test-Dialog (Abschnitt 3.3). Unzählige Zuordnungen sind sowohl in Hinwärtsrichtung („Goethe → Dichter") als auch in Rückwärtsrichtung („Dichter → Goethe") geprägt worden. Prägungen dieser Art wurden im Laufe von Jahrzehnten durch Hunderttausende von Alltagssituationen eingebracht und gefestigt. Wir brauchen uns bei dieser Fülle nicht zu wundern, wenn uns die Simulation von Alltagswissen auf dem Computer bisher nicht gelungen ist! - Eine zweite Besonderheit: Dieses stark verflochtene Alltagswissen ist in Millisekunden zugreifbar. Beide Merkmale menschlichen Wissens sind verständlich, wenn man die Eigenschaften des Neuronennetzes berücksichtigt (vgl. Abb. 4.6): Unzählige Querbeziehungen, hohe Erreichbarkeit von Zielen, extreme Parallelverarbeitung. Was jetzt noch unklar bleibt: Wie „funktioniert" der Auswahlprozeß? Dies wird später betrachtet.

Es lassen sich Wissenskategorien bilden, die wichtigsten sind:
- *Faktenwissen.* Dies entspricht am ehesten dem „Wissen", wie wir es im Lexikon finden. Ein Haus *ist* ein Gebäude. Eine Wand *besteht aus* Holz oder Steinen. Ein Fenster *ist* zu öffnen. Es *gibt* eine Flugverbindung von München nach Frankfurt.
- *Regelwissen.* Ein Objekt ist ein Haus, *falls* es aus Wänden *und* Dach *und* Fenstern *und* Türen besteht. *Wenn* du eine Sechs gewürfelt hast, *dann* kannst du einen neuen Stein setzen *oder* einen alten Stein weiterbewegen. - Auch *Strategien* gehören in den weiteren Bereich der Regeln: *Wenn* du eine Sechs gewürfelt hast *und wenn* du einen alten Stein ins Ziel bringen kannst, *dann* bewege den alten Stein. Strategien treffen also eine günstige Auswahl aus möglichen Alternativen.
- *Taxonomiewissen.* Es stellt die Beziehungen zwischen verschiedenen Fakten und Regeln in einem Wissensgebiet (einer Wissens-„Domäne") her. Ein Haus enthält Türen, eine Tür besteht aus Holz, Holz ist gehobelt ... Das Kennzeichen menschlichen Alltagswissen ist es, daß es nur *eine* Domäne „alltägliche Lebenserfahrung" gibt, die sich über die ganze Breite des Weltwissens erstreckt, wenn auch nur in mäßiger Tiefe. D. h. wir kennen außerordentlich viele Zusammenhänge, aber relativ wenige Details.

Eine weitere Kategorie, das *prozedurale Wissen,* wird als „angeborene Fähigkeit" hier nicht in den menschlichen Wissensbereich einbezogen. Jedoch können einige der aus Computersicht prozeduralen Wissenskomponenten dem menschlichen Regel- oder Faktenwissen zugeschlagen werden, z. B. alle Additionen von zwei Ziffern. Mit obiger Einschränkung läßt sich feststellen: *Wissen kann durch in verschiedener Weise verknüpfte Zuordnungen präsentiert werden.* Und weiter: *Zuordnungen lassen sich in ihren verschiedenen Verknüpfungen* (vgl. Abschnitt 7.2) *durch Prägung in unser Neuronennetz einbringen.*

Das nächste Stichwort der Überschrift dieses Abschnitts lautet „Verstehen“. Was bedeutet die Aussage: „Ich habe dich verstanden“? Auf eine einfache Formel gebracht: Ich kann den mitgeteilten Sachverhalt in eigenen Worten, in meiner eigenen Ausdrucksweise wiederholen. Ich habe den *Zusammenhang* begriffen und kann *in diesem Kontext* die Gedanken des Partners reflektieren. Begreifen heißt: In meinem Gehirn sind ähnliche oder gleiche Sachverhalte in Form von Zuordnungen bereits geprägt worden. Diese Zuordnungen lassen sich durch die Worte meines Partners aufrufen, durch den Aufruf werden sie mir *bewußt!* „Ich kann Ihren Gedanken folgen!“ Diese zustimmende Redewendung beschreibt sehr schön, was geschieht: Mein Partner leitet mit seinen Worten die Neuronenaktivitäten in meinem Gehirn von geprägter Zuordnung zu geprägter Zuordnung. - „Ich kann Ihnen nicht folgen.“ Die Verbindung zur nächsten Zuordnung kann nicht hergestellt werden, weil zuvor keine gleichen oder ähnlichen prägenden Erfahrungen gemacht wurden. Der Kontext wird nicht weitergeführt, ein begriffliches „Neuaufsetzen“ findet keinen adäquaten Kontext vor, die weiteren Ausführungen werden nicht mehr *verstanden.* - Wir alle haben die Erfahrung gemacht: Im Alter von 10 Jahren können wir perfekt lesen, unser begriffliches Repertoire hat bereits einen beachtlichen Stand erreicht, dennoch sträuben wir uns gegen die Lektüre eines Buches von Thomas Mann, weil wir es noch nicht *verstehen.* Die vielfältigen Prägungen, die in „Zuordnungen“ taxonomische Zusammenhänge zwischen den Begriffen herstellen, haben noch nicht oder nur unzureichend stattgefunden!

Das letzte Stichwort der Überschrift: „Intelligenz“! Wie können wir nach den bisherigen Ausführungen Intelligenz interpretieren? Wenn wir von „Intelligenzquotient“ und „Intelligenztest“ sprechen, erkennen wir daraus eher die intellektuelle Potenz als das Wissen eines Individuums. Dazu gehören, wie mehrfach erwähnt, die prozeduralen Fähigkeiten, sicher aber auch die *Leichtigkeit,* mit der weitgespannte Zuordnungen geprägt und aufgerufen werden können. Diese Leichtigkeit wiederum ist abhängig vom Verflechtungsgrad und von den hemmenden Einflüssen unseres Neuronennetzes zumindest in gewissen Bereichen. Das alles sind von der Natur mitgegebene, in hohem Maße wohl vererbte Eigenschaften, die wir gern als „Begabung“ bezeichnen. Gewisse Teile dieser Begabung sind sicher Voraussetzung für das Aneignen eines hohen Wissensstandes; wenn die Prägungen aber - aus welchen Gründen auch immer - nicht stattfinden, bleibt der betreffende Mensch auch bei hoher Begabung mehr oder weniger „dumm“.

Wir verstehen unter „intelligentem Verhalten" häufig die Fähigkeit, in ungewohnten Situationen zweckmäßig zu reagieren. Hier spielt eine „kreative Komponente" hinein, nämlich neue - womöglich weit entfernte - Zusammenhänge zu bilden und zu bewerten (vgl. Abschnitt 9.3). Auch hier sind also naturgegebene Ausprägungen unseres Neuronennetzes verantwortlich.

Wie auch immer wir „Intelligenz" verstehen wollen: In allen Fällen spielt angeborene Veranlagung eine wesentliche Rolle.

10.2 Der Gedankenprozeß

In Abschnitten 7.3 und 8.4 wurde erläutert, wie sich aufgrund von Prägungsprozessen - also durch von außen zugeführte Erfahrung - Rückkopplungskreise zusammenschalten lassen, in denen elektrische Signale umlaufen können. Damit ist es möglich, aktuelle *Information* zu speichern, die durch elektrische Signale *Wirkungen* ausüben kann - eine Voraussetzung für den „Schaltwerk"-Charakter des menschlichen Gehirns. Es werden vermutlich „große" und von diesen aus „kleine" Rückkopplungskreise gebildet. Wir untersuchen die Situation in den beiden Sprachzentren (vgl. Abb. 3.8). Die Hypothese lautet: Aktivitäten in *großen* Rückkopplungskreisen werden uns als Gedanken *bewußt*, Aktivitäten in *kleinen* Rückkopplungskreisen bleiben *unbewußt*. Das mag daran liegen, daß große Rückkopplungskreise möglicherweise über den Formulierapparat und das primäre Hörzentrum verlaufen, also dem bewußten Hörvorgang nahekommen, während kleine Rückkopplungskreise sich über kürzere Wege schließen.

In Abbildung 10.2 sind die Rückkopplungswege durch Kreise dargestellt (die also jetzt keine Einzelneurone symbolisieren). Ein erster Gedanke „1" habe über Verbindungen „c" einen zugehörigen kleinen Rückkopplungskreis „3" aufgebaut. Die Voraussetzungen

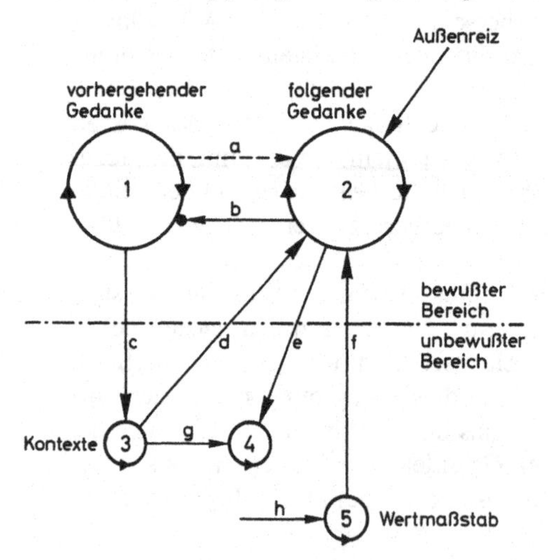

Abb. 10.2.
Der Gedankenprozeß

dafür wurden bereits mehrfach diskutiert: beteiligte Emotion oder/und häufiger Gebrauch. (Natürlich können durch Kreis 1 auch mehrere Kreise 3 gebildet werden. Die Folge wäre größere Redundanz und höhere Erreichbarkeit.) Gedanke „1“ wird damit auch im alltäglichen Gebrauch das *zugehörige* unbewußte Signal im Kreis „3“ über Verbindungen „c“ aufrufen. Entsprechendes möge für den Gedanken „2“ und seinen kleinen Kreis „4“ geschehen sein. Jetzt werde prägend (durch emotionsauslösenden Außenreiz) Gedanke 2 in der Folge von Gedanke 1 aktiviert. Da die Eindeutigkeitsbedingung (vgl. Abschnitt 7.5) einzuhalten ist, sperrt Gedanke 2 den Kreis 1 (Verbindung b). Es wird angenommen (vgl. Abschnitt 8.4), daß diese Eindeutigkeitsbedingung für die kleinen Kreise nicht oder weniger streng gilt, da die Eingriffsmöglichkeiten zur gegenseitigen Sperre geringer sind. (Wir haben darüber keine Erfahrung, weil sich dies im Unbewußten abspielt.) Nun laufen gleichzeitig Signale in Kreisen 2 und 3 um, dadurch kann eine Verbindung „d“ zwischen diesen Kreisen geschaltet werden (offenbar ist auch eine Verbindung in umgekehrter Richtung möglich, falls eine solche Verdrahtungsmöglichkeit besteht).

Gleichzeitig mit der Aktivierung des Gedankens 2 möge auch der Wertmaßstab „5“ über einen anderen Weg „h“ aufgerufen worden sein, der prägungsverstärkende Emotion erzeugt und außerdem die Verbindung „f“ einlegt. Damit ist der Prägungsvorgang abgeschlossen. Im täglichen „Nacherleben“ kann nun Gedanke 1 auch ohne Außenreiz über seinen zugehörigen kleinen Kreis 3 und Verbindung d den Gedanken 2 aufrufen, zunächst zusammen mit dem Wertmaßstab, später (nach häufigem Gebrauch) vielleicht auch ohne dessen Hilfe. Ob auch direkte Verbindungen vom Typ „a“ geschaltet werden, sei dahingestellt, sie sind für die folgenden Überlegungen nicht wesentlich.

An diesem groben Modell sind viele Details zu bemängeln. Zum Beispiel könnten ja Verbindungen d und f zusätzlich in umgekehrter Richtung geprägt werden, so daß zahlreiche neue kleine Rückkopplungskreise entstehen und schließlich „jeder mit jedem“ direkt oder auf Umwegen verbunden ist. Kann das ein arbeitsfähiges Prinzip sein?

Es ist zu bedenken, daß Prägungen insbesondere bei schwacher beteiligter Emotion Zeit und „Mühe“ brauchen. Zahlreiche Wiederholungen sind notwendig, um eine Verbindung einzulegen, die häufig auch nicht lange hält. Der mathematisch nicht Begabte erinnere sich an die Pein der Differentialrechnung in seiner Schulzeit, der sprachlich Unbegabte denkt mit Schrecken an das Lernen lateinischer Vokabeln – von beiden Prägungen ist so gut wie nichts übrig geblieben! Eine Prägung muß in den jeweiligen Schaltzustand des menschlichen Gehirns eingebettet werden – ein solches Bett gegen zahlreiche aktive Hemmungen zu finden, ist keine einfache Aufgabe! Mit anderen Worten: Die in Abbildung 10.2 mit leichter Hand eingezeichneten Verbindungen sind schwierig – evtl. über mehrere Zwischenstufen – zu bilden.

Ein zweiter Effekt kommt hinzu: Neue Verbindungen zwischen gezündeten Neuronen unterstützen zunächst die prägende Erfahrung innerhalb der ihr zugeordneten *zeitlich wechselnden* Konfiguration aller Zündbeiträge, um später die Außenerfahrung ganz oder teilweise entbehrlich zu machen. Diese Funktion ist mit der ursprünglichen, prägenden zeitlichen Folge verknüpft, sie unterstützt das Zünden der Neurone in der Richtung von der einstmals prägenden Ursache zur einstmals prägenden Wirkung. Entgegengesetzt eingelegte Verbindungen werden - falls sie aufgerufen werden - im allgemeinen nicht ausreichend viele Zündbeiträge liefern, da sie in einer anderen Situation wirksam werden müssen, also auf einem anderen Schaltzustand des menschlichen Gehirns aufsetzen. - Vielleicht gibt es zum Teil auch ganz solide strukturelle Gründe gegen schädliche „Rückwärtskopplungen“: Es sind derartige Wege im einen oder anderen Bereich gar nicht vorhanden!

Wir wollen uns aber nicht zu sehr am Detail aufhalten, für das es zahlreiche andere Ausführungsformen geben mag. Um hier zu fundierten Aussagen zu kommen, sind entsprechende Detailuntersuchungen notwendig, z. B. Simulationen in möglichst enger Anlehnung an informationstechnisch relevante Einzelheiten der Wirklichkeit. Solche Untersuchungen, bei denen die neuronale Wirklichkeit durch die Brille des „Informationstechnikers“ gesehen wird, gibt es noch nicht.

Um zur großen Linie zurückzufinden: In Abbildung 10.2 sehen wir zwei Kategorien speicherfähiger Rückkopplungskreise, oder - wie der Informationstechniker sagt - von Kippschaltungen (Flip-Flop). Von den Kippschaltungen im oberen, bewußten Bereich kann immer nur eine einzige aktiv sein. Jedes Flip-Flop repräsentiert einen Gedanken. Dabei sind diese Gedanken Informationselemente, die nicht allein mit unseren Begriffen deckungsgleich sind, sondern auch Begriffe kombinieren. - Die Aktivität der Kippschaltungen im unteren Bereich bleibt uns unbewußt, es wird angenommen, daß dort viele Kippschaltungen gleichzeitig aktiv sein können. Die Kippschaltungen

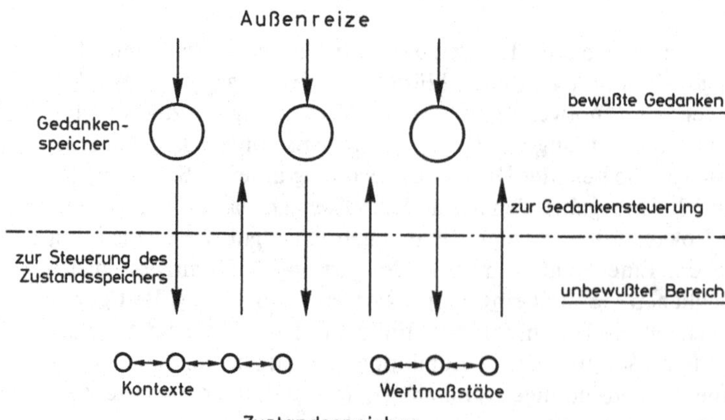

Abb. 10.3. Schema der Gedankensteuerung

in diesem Bereich charakterisieren Kontexte und Bewertungen, in ihrer Gesamtheit stellen sie einen großen Zustandsspeicher dar, der den augenblicklichen Schaltzustand des Automaten Gehirn kennzeichnet. Beide Bereiche sind durch gerichtete Verbindungen von oben nach unten sowie auch von unten nach oben (Abb. 10.3) gekoppelt. Kippschaltungen und Verbindungen (abgesehen von den a priori vorhandenen Urleitinformationswegen, vgl. Abschnitt 6.2) sind durch bewertete Erfahrung in ein vorhandenes „Verdrahtungsnetz" hineingeprägt worden nach dem Prinzip der Erregungsverstärkung zwischen gezündeten Neuronen. Verbindungen von oben nach unten stellen den Zustandsspeicher weiter, entgegengesetzt gerichtete Verbindungen tragen zur Gedankenauswahl bei.

Die Gedankenauswahl wird durch Außenreize und Zustandsspeicher gesteuert. Im Zustandsspeicher ist auf zufällige, aber eindeutige Weise die Vorgeschichte durch einen definierten Automatenzustand gekennzeichnet. Identisch von einem identischen Ausgangspunkt aus sich wiederholende Ereignisfolgen stellen identische Automatenzustände her (was in der Praxis nicht vorkommen dürfte!). Diese Komponente des Zustandsspeichers gibt den jeweiligen *Kontext* an. Eine weitere Komponente des Zustandsspeichers ist durch die *Wertmaßstäbe* gegeben, die ebenfalls zur Gedankenauswahl beitragen.

Jede Kippschaltung im oberen Bereich hat wenigstens eine Kippschaltung im unteren Bereich zur Folge. Nehmen wir an, es gibt in beiden Bereichen je 100 000 Kippschaltungen. Das bedeutet, daß in der Zeiteinheit jeweils einer von 100 000 Gedanken gefaßt werden kann. Über die Auswahl dieses Gedankens entscheidet das maximale Erregungsgewicht, das es einer Kippschaltung im oberen Bereich ermöglicht, alle anderen Kippschaltungen am Zünden zu hindern (vgl. Abschnitt 7.5). Mit der Zündung der ausgewählten Kippschaltung wird zugleich der Zustandsspeicher in einen anderen Zustand versetzt. Mit dem neuen Zustand des unteren Speichers ändert sich die Einwirkung auf den oberen Speicher, so daß evtl. eine andere Kippschaltung, also ein anderer Gedanke aufgerufen wird. Dies kann aber auch erst mit einer Änderung der Außenreize erfolgen. Da wir davon ausgehen, daß im unteren Zustandsspeicher die Bedingung der Eindeutigkeit nicht besteht, ist die Zahl der unterscheidbaren Zustände ungeheuer viel größer als im oberen Speicher, nämlich maximal $2^{100\,000}$ (oder etwa gleich $10^{10\,000}$, eine Eins mit zehntausend Nullen).

Wenn ich mich mit meinem Partner über Lenbach unterhalte, dann wird in meinem Gehirn ein Zustand eingestellt, der in Teilen dem gleicht, wie er sich bei einer Unterhaltung über Piloty einstellen würde. Ich befinde mich im Kontext „Kunstmaler". Dieser im unbewußten Bereich aktivierte Kontext sorgt dafür, daß meine Gedanken beim Thema bleiben, nicht abgelenkt werden, nicht etwa beim Stichwort „Maler" plötzlich auf die Renovierung von Zimmern oder den Bau von Häusern umschwenken! Der Kontextspeicher hält also meine Gedanken im Zaum, „filtert" gewissermaßen nicht-relevante Information aus. Er macht es auch möglich, auf vorangegangene

Gedanken wieder aufzusetzen. Hier dürfte ein zweiter Effekt eine zusätzliche Rolle spielen: Die Gedanken werden zwar durch geprägte, also bereits verstärkte Verbindungen gesteuert, doch ist es plausibel, daß sich eine solche Verbindung durch aktuellen Gebrauch kurzfristig weiter verstärkt (vgl. Abschnitt 4.2). Es handelt sich also um eine vorübergehende Erregungsverstärkung, die sich auf eine bereits vorhandene aufstockt und damit die Wiederholung eines Gedankengangs erleichtert.

Unsere Erfahrung sagt uns: Die Gedanken sind frei. Wie kann ich aber etwas Böses denken, wenn für die Gedankenauswahl auch meine Bewertungsmaßstäbe herangezogen werden (angenommen sei unbescheidenerweise, daß ich über „gute" Maßstabe verfüge)? Nun, das ist in Kontexten, bei deren seinerzeitiger Prägung die entsprechenden Bewertungsmaßstäbe nicht mit einbezogen wurden, natürlich möglich. Die Kontexte spiegeln ja unzählige erlebte Situationen wider, wie sie einst erfahren wurden. - Aber nicht nur das!

So wie bei Kreativität, beim Träumen Codeworte aus Bruchstükken zusammengesetzt werden können, so lassen sich durch äußere und interne Einflüsse auch im Zustandsspeicher neue, noch nicht erlebte Zustände einstellen. Wie verhält sich dabei der Mensch? - Nun kommt das „Ähnlichkeitsprinzip" (Abschnitt 5.3) zur Geltung. Der neue Zustand wird einem bereits erfahrenen Zustand in vielen Fällen ähneln, im Muster der aktivierten Kippschaltungen nicht sehr stark abweichen. Damit können im allgemeinen - wegen der Redundanz der Prägungsvorgänge - auch bereits bewährte gedankliche (und motorische) Reaktionen aufgerufen werden. Der Mensch verhält sich „vernünftig" in einer einigermaßen vertrauten Umgebung. Wird er aber vor völlig neue Situationen gestellt, verliert er häufig „den Kopf" und reagiert „unsinnig" für denjenigen, der sich in der neuen Situation bereits auskennt. Es gibt keinen ähnlichen Zustand im Kontextspeicher! Erinnert sei an das „Überlebenstraining", das es Soldaten ermöglichen soll, in noch nicht erfahrenen Situationen das Richtige zu tun.

Dem Stichwort „Träumen" (siehe oben) ist hinzuzufügen: Es könnte sein, daß sich die unbewußt ständig aktiven Kippschaltungen des Zustandsspeichers auch einmal ausruhen müssen. Es könnte sein, daß sie ihre Erschöpfung durch „Müdigkeit" signalisieren und sich im Schlaf passiv verhalten. Dann fehlt die Gedankenkontrolle durch Kontexte ganz oder teilweise, die Gedankenkippstufen werden zufällig aktiv, vielleicht werden auch neue Gedankenkombinationen gebildet. Eine Erklärung für unsere wirren Träume? (Vgl. Abschnitt 9.3.)

Zurück zu einem wichtigen Detail - wir müssen nun die Abbildung 7.3 korrigieren. Die Neuronenaktivitäten werden nicht direkt von bewußtem Gedanken zu bewußtem Gedanken weitergegeben, sondern sie beziehen den Zustandsspeicher ein (Abb. 10.4). Der Zustandsspeicher befinde sich im Kontext „Schule", so daß durch Prägung zu früherem Zeitpunkt klargestellt ist, daß nun auf Fragen des Lehrers zu antworten ist. Durch das Lehrerwort „5" wird der

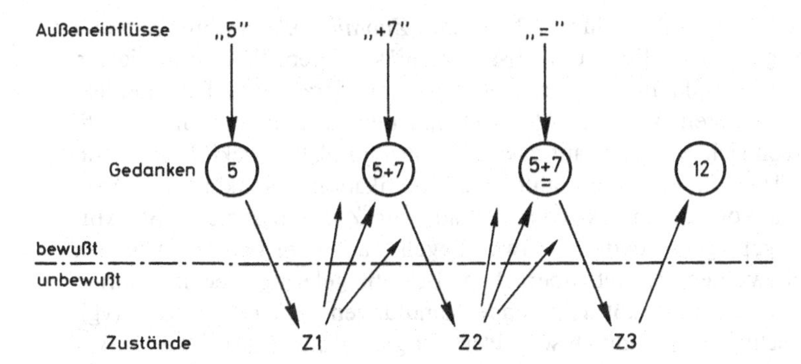

Abb. 10.4. Gedankenfolge

Zustand Z1 eingestellt, er ist durch Weltinhalt „5" in Kombination mit der Situation „Wissensabfrage durch Lehrer" gekennzeichnet. In diesem Zustand werden aus dem Zustandsspeicher zahlreiche Gedanken, die mit „fünf" zu tun haben (also z. B. auch der Gedanke 5 + 7), vorbereitend angesteuert. (Die zugehörigen Verbindungen mußten natürlich zuvor durch „Lernen" geprägt worden sein). Nun fährt der Lehrer in der Abfrage fort „+ 7". Durch diesen Außeneinfluß wird im Zusammenwirken mit dem Zustandsspeicher der Gedanke „5 + 7" aufgerufen, der seinerseits den Zustandsspeicher in den Zustand Z2 versetzt. Der bedeutet etwa: „5 + 7, und was nun?". Zahlreiche Folgegedanken, die sich anschließen könnten, werden wiederum vorbereitend angesteuert. Der Lehrer verlangt das Ergebnis „ist gleich". Der damit aufgerufene Gedanke „5 + 7 =" stellt den Zustand Z3 ein, und aus diesem ist nur *eine* - durch „Lernerfolg" verstärkte - Verbindung zum Gedanken „12" geknüpft, der deshalb auch ohne Außeneinfluß aufgerufen werden kann!

Das ist wiederum ein sehr holzschnittartiges Modell. Sicher ist der Gedankenablauf in Wirklichkeit wesentlich differenzierter. Aber greifen wir eine bereits in Abschnitt 7.2 gestellte Frage auf: Kann nicht durch häufigen Gebrauch aus der UND-Wirkung am Eingang des Gedankens „5 + 7" eine ODER-Wirkung werden? Würde dann nicht der Aufruf des Gedankens 5 bereits unmittelbar aus dem Zustand Z1 heraus den Aufruf des Gedankens „5 + 7" verursachen? - Das kann in der Tat geschehen; dann nämlich, wenn der Lehrer Schulze in Verbindung mit „5" nie etwas anderes fragen würde als „5 + 7". Dann wissen die Kinder „schon im voraus", was sich an die „5" anschließt und platzen mit dem Ergebnis heraus. Im Kontext „Lehrer Schulze" ist also der Gedankengang verkürzt und in anderen Kontexten nicht brauchbar.

Nun wird auch deutlich, warum der Mensch im allgemeinen kein „Wissen 4. Grades" und höher parat hat (vgl. Abschnitt 10.1)! Nehmen wir an, er hätte tatsächlich alle Summen aus 3 Zahlen von 0 bis 9 gelernt, so werden ihm die einzelnen Ergebnisse - bis auf einige wenige - doch so selten abverlangt, daß die Prägungen verblassen, daß er sie vergißt.

Die in Abbildung 10.4 gezeigte Struktur ist im Prinzip nichts anderes als die in Abbildung 7.3 gezeigte *Zuordnung.* Zuordnungen sind das geeignete Mittel, um Wissen zu präsentieren. Wissen in diesem Sinne umfaßt Faktenwissen, Regelwissen, Strategien, Taxonomien. Mit anderen Worten: Alle gedanklichen, also gelernten Abläufe lassen sich *im Prinzip* auf das Funktionsbild 10.4 zurückführen, wenn natürlich im einzelnen zahlreiche Modifikationen denkbar sind. Man kann wohl davon ausgehen, daß auch im Zustandsspeicher Strukturen geprägt werden, daß etwa „Regeln" aus dem bewußten in den unbewußten Bereich übergehen. Bewußt gelernte Regeln können auch auf unbewußt ablaufende Handlungen verlagert werden (vgl. Abschnitt 6.3), dadurch wird Platz für gleichzeitige bewußt-gedankliche Abläufe geschaffen. In der Schule haben wir gelernt, die Addition oder Multiplikation großer Zahlen „schriftlich" vorzunehmen, d. h. wir übertragen eine „Rechenprozedur" in einen mehr oder weniger „mechanisch" ablaufenden Umgang mit Bleistift und Papier. Im bewußt-gedanklichen Bereich rufen wir gleichzeitig einfache Zuordnungen auf: Additionen der Ziffern Null bis Neun, das kleine Einmaleins!

Es gibt Einwände, auf die z. T. schon eingegangen wurde:

1. Alle Betrachtungen gehen von diskreten Rückkopplungskreisen aus. Für jeden Gedanken wird ein Rückkopplungskreis angenommen. In Wirklichkeit aber müssen sich *Codewort*aktivitäten über mehrere Neuronenstufen hinweg schließen, was gewissermaßen „verteilte" und ineinander „verzahnte" Rückkopplungskreise ergibt (vgl. Abschnitt 7.3). Gelten die Betrachtungen auch für diesen Fall? - Antwort: Die Berücksichtigung dieses Umstandes führt zu sehr unübersichtlichen Verhältnissen, die vermutlich nur durch Simulation überprüfbar werden. Es bleibt also vorerst keine andere Wahl, als von der Übertragbarkeit des einfachen auf das komplizierte Modell auszugehen. Mit Sicherheit erhöhen sich die Verbindungsmöglichkeiten im komplizierten Modell, die Auswirkungen auf die Eindeutigkeit der Gedankenauswahl sind schwer überschaubar.
2. Es muß offensichtlich eine ungeheuer große Zahl differenzierter Kontexte geben, um unsere verschiedenen Lebenssituationen im Zustandsspeicher kennzeichnen zu können. Ist der Speicherinhalt so groß? - Antwort: Wie bereits ausgeführt, können in einem Zustandsspeicher mit 100 000 Kippschaltungen maximal $10^{10\,000}$ verschiedene Zustände hergestellt werden. Aber selbst wenn man sich z. B. auf diejenigen Zustände beschränkt, die aus jeweils 10 aktiven von 100 000 Kippschaltungen kombiniert werden können, erhält man bereits 10^{43} unterscheidbare Zustände (vgl. Abschnitt 5.2).
3. Gedankenkippschaltungen müssen mit Zustandskippschaltungen offenbar in beliebigen Konfigurationen verbunden werden können. Gibt es überhaupt so viele Verbindungsmöglichkeiten? - Antwort: Eine Gedankenkippschaltung besteht aus vielen gleichberechtigten Neuronen - nehmen wir z. B. 100 Neurone an. Dann

hat die Gedankenkippschaltung insgesamt einige 100 000 Ein- und Ausgänge. Die Verbindungsmöglichkeiten zu z. B. 100 000 Zustandskippschaltungen (die auch aus vielen Neuronen bestehen) sind vermutlich ausreichend.

4. Aus dem Aktivitätsmuster des Zustandsspeichers muß eindeutig die anzusteuernde Gedankenkippschaltung decodiert werden (vgl. Abschnitt 6.1). Wie ist das möglich? - Antwort: Theoretisch nicht, wenn man von einer *Binär*codierung des Zustandsspeichers mit $10^{10\,000}$ zu unterscheidenden Mustern ausgeht. Für eine exakte Decodierung wäre nämlich nicht nur die Prägung erregender, sondern auch unzähliger hemmender Verbindungen notwendig. Aber die Codierung ist nicht streng binär, sondern sie folgt dem „Ähnlichkeitsprinzip". Sie dürfte daher mit ihren Eigenschaften zwischen der Binärcodierung und der zuvor erwähnten Codierung vom Typ „10 aus 10 000" liegen, bei der nur erregende Verbindungen funktionsfähig gemacht zu werden brauchen. Im Anhang ist der Decodierungsvorgang (die „Gedankenauswahl") unter diesen Umständen erläutert. Die Decodierverbindungen werden in eine für den jeweiligen Zustand spezifische Situation hemmender Einflüsse hineingeprägt. Damit und unter Berücksichtigung des „Ähnlichkeitsprinzips" werden offenbar genügend eindeutige Ergebnisse erzielt.
5. Natürlich ist „Denken" nicht allein „verbales Denken". Wir denken auch in Situationen und Bildern. Wie können wir dem Gedanken an ein erlebtes Bild lange Zeit nachhängen, ohne daß über einen (im allgemeinen der Sprache vorbehaltenen) „äußeren Rückkopplungskreis" ein „innerer Rückkopplungskreis" für das betreffende Bild gebildet wurde? Wie kann das Bild aufgerufen und längerdauernd vor unser Bewußtsein geholt werden? - Antwort: Wichtig ist, daß überhaupt Rückkopplungskreise vorhanden sind, durch welche Ursache auch immer entstanden. Der damit geformte Zustandsspeicher kann nach den bekannten Bahnungsprinzipien auch mit nicht-verbaler Erfahrung in Verbindung gebracht werden. Nicht-verbale Erfahrung läßt sich dann vom Zustandsspeicher evtl. in Verbindung mit äußeren Sinneseindrükken auch länger dauernd aufrufen. Wenn wir uns an die Eindrücke unserer frühesten Kindheit nicht mehr erinnern können, liegt es vielleicht daran, daß damals in noch nicht ausreichendem Maße ein Zustandsspeicher aufgebaut worden war, der den Erfahrungsaufruf „von innen heraus" ermöglicht.

Die vorgestellten Hypothesen sind plausibel, sie befinden sich in Übereinstimmung mit unserer Erfahrung. Ob sie richtig sind, bedarf geeigneter Überprüfung, z. B. durch den Nachweis der Unrichtigkeit!

10.3 Denken und Handeln

Wie schlagen wir die Brücke vom Denken zum Handeln? - Wenn der Wecker morgens geklingelt hat, sage ich mir „jetzt stehe ich auf", aber ich bleibe trotzdem schläfrig liegen, bis ich nach einer Weile nahezu unbewußt das warme Bett verlasse. - Ein guter Mensch kann böse Gedanken hegen, aber er wird nichts Böses tun. - Menschen, die keine „Killer" sind, können - so sagt man - auch in Hypnose niemanden umbringen.

Wie ist das zu deuten? - Doch wohl so, daß diese Übergangsstelle vom Denken zum Handeln im Dunkel des Unbewußten liegt. Offenbar gibt es auch für unser Handeln Prägungen (auch durch Wertmaßstäbe beeinflußte Prägungen), die von unseren Gedanken gemeinsam *mit anderen* Einflüssen aufgerufen werden. Die Gedanken allein genügen also für den Aufruf nicht, es müssen andere Einflußgrößen hinzukommen. Welche? - Vielleicht ist es, und das sogar ganz allein, unser Zustandsspeicher! Er bietet ungeheuer viel mehr und differenziertere Zustände an, als es mit einzelnen Gedanken möglich ist. Denkbar ist, daß nur *bewertete* Zustände durch Prägung mit Handlungen verbunden worden sind. Dann allerdings können wir sehr üble Gedanken hegen, sie dringen jedoch nicht über den im Unbewußten liegenden Zustandsspeicher bis zu Handlungen vor. Die Verbindungen sind nicht geknüpft worden! Daran kann auch Hypnose nichts ändern. - Oder kann diese etwa neue Prägungen hervorrufen? Oder gar unsere Wertmaßstäbe umprägen, neu prägen? Ist das der Effekt, den man „Gehirnwäsche" nennt? - Interessante Fragen, wichtige Fragen, zu denen hier lediglich der Anstoß gegeben werden kann, „technische" Gesichtspunkte in die Diskussion und Experimente einzubeziehen!

10.4 Ein Vergleich mit der künstlichen Intelligenz

Fassen wir die wichtigsten Merkmale des technischen Automaten „menschliches Gehirn" zusammen:

1. „Verdrahtetes Programm" in einem außerordentlich verzweigten Neuronennetz.
2. Vielfältige Verknüpfungs- *und* Speicherfunktionen in den elementaren Verarbeitungsgattern (Neuronen).
3. Damit außerordentlich stark parallelisierte, elementare Informationsverarbeitung.
4. Das Verarbeitungsprinzip besteht im geketteten Aufsuchen von Zuordnungen.
5. Die Programmierung erfolgt ohne zwischengeschaltete Intelligenz durch Erfahrung.
6. Die Flexibilität des Reagierens auf nicht vorprogrammierte Situationen wird durch „Ähnlichkeitscodierung" erreicht.

7. Der Automat wirkt als Regler in einem Regelprozeß „Mensch“ zur Erreichung selbstgesetzter Ziele.
8. Die elementaren Sollwerte/Vermeidwerte des Regelprozesses bilden einen Kern, aus dem durch Erfahrung höherwertige Sollwerte aufgebaut werden.

Spätestens mit Merkmal Nr. 7 wandelt sich der technische Automat zum *Wesen* Mensch, zu einer Einheit aus materiellem Körper und immaterieller Prägung, zum Gefäß für das metaphysische Phänomen Bewußtsein.

Was hat der Computer dagegen zu setzen?
1. „Gespeichertes Programm“ hohen Komplexitätsgrades und großer Exaktheit, sofern der Programmierer fehlerfrei arbeitet (was nicht der Fall ist).
2. Getrennte Verknüpfungs- und Speicherfunktionen, auf spezielle Baueinheiten konzentriert.
3. Im Vergleich zum Automaten „Gehirn“ extrem serielle Arbeitsweise.
4. Wesentliches Verarbeitungsprinzip ist die Prozedur, die Realisierung von Zuordnungen bietet keine Schwierigkeiten.
5. Die Programmierung erfordert die Einschaltung menschlicher Intelligenz.
6. Nicht vorprogrammierte Situationen werden nicht beherrscht, führen zum „Absturz“. Grund: bitsparende, „algorithmische“ Codierung von Daten und Programmen.
7. Der Computer kann universell, mithin also auch als Regler in Regelprozessen eingesetzt werden.
8. In diesen Fällen werden die Sollwerte prozeßspezifisch durch menschliche Intelligenz vorgegeben, und zwar von vornherein in der notwendigen Differenzierung. Ein selbsttätiger (adaptiver) Sollwertaufbau findet im allgemeinen nicht statt.

Gibt es daraus folgend so etwas wie ein „Wesen Computer“? In strenger Konsequenz kann dies der Computer allein nicht sein (es gibt kein „Wesen Gehirn“!), vielmehr ist die Eingliederung in einen – zumindest „geistigen“ – Regelprozeß eine notwendige (vermutlich nicht hinreichende!) Bedingung: Gibt es also ein „Wesen Regelprozeß“? Hat dieses Wesen Bewußtsein? – Es bleibt der Phantasie des Lesers überlassen, sich derartige Wesen vorzustellen.

Wenn man die angeführten Gesichtspunkte vergleicht, muß man wohl zu dem Schluß kommen, daß sich im Gehirn wirklich alles entgegengesetzt anders verhält als im Computer. Dennoch bemühen sich die Wissenschaftler seit anderthalb Jahrzehnten, dem Computer zumindest partiell das Verhalten des menschlichen Gehirns beizubringen. Ist so ein Bemühen nicht von vornherein zum Scheitern verurteilt?

So schnell läßt sich die „Computer Science“ nicht entmutigen. Die Forschungen zur „Artificial Intelligence“ haben mittlerweile das

Stadium erster praktischer Gehversuche erreicht. - Was versteht man unter „Artificial Intelligence" (künstlicher Intelligenz)?

Die künstliche Intelligenz (KI) setzt es sich zum Ziel, menschtypische Leistungen mit Hilfe des Computers oder eines ganzen Systems von Computern anzunähern. Dabei kann man wenigstens zwei große Problembereiche unterscheiden, nämlich die *Mustererkennung* und die *Expertensysteme.* In Parallele zum menschlichen Gehirn könnte man sagen: Die Mustererkennung will der „Vorverarbeitung" von Informationen im menschlichen Gehirn entsprechen. Es gilt also, das bereits erwähnte „Auto im Mittelgrund" eines Bildes möglichst rasch zu identifizieren oder gesprochene Worte innerhalb eines Redeflusses zu erkennen. Dagegen streben Expertensysteme an, menschliche Denkabläufe zu simulieren und womöglich zu verbessern. Da im Zusammenhang dieses Buches die Analyse des Denkens im Vordergrund steht, werden die Expertensysteme näher betrachtet.

Ein Expertensystem ist ein „intelligentes Auskunftssystem", das - zumindest in abgegrenzten Wissensgebieten - einen menschlichen Experten ersetzen oder sogar übertreffen soll. In der einfachsten Form entspricht ein Auskunftssystem dem Lexikon: Ich will z. B. Eigenschaften („Attribute") eines „Objekts" wissen, suche das Objekt auf und finde die Eigenschaften, z. B. in Gestalt einer formularähnlichen Auflistung („frame"). Ich kann z. B. in den „Städteverbindungen" der Deutschen Bundesbahn durch einfachen, am Alphabet orientierten Suchvorgang eine passende Zugverbindung herausfinden, bin allerdings auf die wichtigsten Städte beschränkt.

Komplizierter wird es, wenn ich eine Zugverbindung von Garmisch-Partenkirchen nach Miltenberg heraussuchen möchte. Dann muß ich schwierigere „Regeln" kennen, um mich im Kursbuch zurechtzufinden (Kursbuchschlüssel und Zeichenerklärung). Ich folge den Regeln, indem ich ihre Prämissen verifiziere („unifiziere"): Ich will werktags reisen, möchte möglichst schnell zum Ziel kommen ... usw. Ich muß - einer „Strategie" folgend - Regeln anwenden, um schlußfolgernd zur gewünschten Auskunft zu kommen.

In beiden genannten Fällen ist das für die Auskunft benötigte Wissen in den Städteverbindungen bzw. im Kursbuch bereits vorhanden. Interessant ist natürlich die Frage, ob das Expertensystem aus vorhandenem Wissen *neues Wissen* generieren kann. Ein Weg dorthin wird ja von der Menschheit seit jeher beschritten, nämlich über die „Kreativität". Aber es gibt eine weitere, jedenfalls auch für Maschinen geeignete Möglichkeit des Erwerbs neuen Wissens, nämlich die des *formalen Schließens.* Wenn die Maschine formal schließen soll, muß man ihr das zu lösende Problem zunächst formalisieren. Dafür gibt es das Instrumentarium der Prädikatenlogik. Im wesentlichen geht es dabei darum, die bekannten Fakten in logisch verarbeitbare Form zu bringen. Dann kann man mit bekannten Beweismethoden neues Wissen erzeugen. Wenn man noch nicht weiß, wie der Bauer seine drei Begleiter (Wolf, Esel, Kohlkopf) im Zweierboot über den Fluß bringt, läßt sich dieses Wissen von der Maschine erzeugen. Ein kreativer Vorgang?

Es hat sich gezeigt, daß die Einsatzmöglichkeiten formalen Schließens begrenzt sind. Ungenaues und unvollständiges Faktenwissen, wie es bei vielen praktischen Problemen auftritt, macht strenges logisches Schließen obsolet. Aus „ein Adler ist ein Vogel" und „ein Vogel kann fliegen" ist als „neue Information" zu schlußfolgern: „Ein Adler kann fliegen". Die Schlußfolgerung stimmt aber nicht entsprechend für einen Vogel Strauß oder einen Vogel mit Flügelverletzung oder für einen ausgestopften Vogel - die Ausnahmen sind unübersehbar!

Deshalb müssen sich Expertensysteme (bisher?) damit begnügen, aus zahlreichen Faustregeln („Heuristiken") in einem *begrenzten* Wissensbereich (z. B. Eigenschaften von Vogelarten, also unter Ausschluß individueller Vogelgeschicke) informelle Schlüsse zu ziehen. Mit diesen Einschränkungen läßt sich demnach durch „Schlußfolgern aus Faustregeln" auch *neue* Information erzeugen.

Somit ist die Definition „intelligentes Auskunftssystem" akzeptabel.

Aber wie „lernt" das Expertensystem sein Wissen, wie kommt das Expertenwissen in das System hinein? Hierzu muß man zunächst Wissensträger finden, nämlich Menschen, die auf dem geplanten Wissensgebiet (der Wissensdomäne) des Expertensystems hervorragende Fachleute sind. In geeigneten Interviews wird deren Wissen vom „Knowledge engineer" abgefragt, wodurch sich unter günstigen Bedingungen eine Wissenskumulation ergibt. Die Wissensabfrage ist ein diffiziler Vorgang, denn natürlich kann der menschliche Experte sein Wissen im allgemeinen nicht wohlstrukturiert „auf dem Tablett" anbieten. Die Strukturierung des Wissens muß vielmehr erst im Wechselspiel zwischen Fachmann und Knowledge engineer erfolgen.

Für die Darstellung von Wissen gibt es verschiedene Methoden, die abhängig vom Einzelfall mehr oder weniger vorteilhaft anzuwenden sind. Eine Möglichkeit besteht darin, Wissen in Form geschachtelter Tabellen (sog. „frames") aufzubereiten, eine andere Möglichkeit bevorzugt die graphische Darstellung als „semantisches Netz" (Abb. 10.5). Wichtig ist die *Eindeutigkeit* einer solchen Darstellung, damit der Übergang in eine (letzten Endes) maschinenverständliche Sprache zweifelsfrei möglich ist. Eine für diesen Übergang geeignete „höhere" Programmiersprache ist z. B. „PROLOG" (*Pro*grammieren in *Lo*gik), in der Weltinhalte in strenger Syntax im Klartext und logische Zusammenhänge als Satzzeichen aufgeschrieben werden. Durch „logisches Schließen", das man dem Expertensystem überlassen kann, entfällt die Notwendigkeit, alle Zusammenhänge explizit darstellen zu müssen. So sagt etwa die *Vererbungsregel* aus: „X besitzt die Eigenschaft Y, falls P Teil von X ist und P die Eigenschaft Y besitzt". P heißt z. B. „Wagen 2. Klasse", Y heißt „benutzbar mit Fahrschein 2. Klasse", dann ist also X = Intercity-Zug „Gutenberg" mit Fahrschein 2. Klasse benutzbar!

Mit dem Einbringen des Wissens in das Expertensystem ist es aber nicht getan, das Wissen muß auch wieder aufgerufen werden können. Hierzu verfügt das Expertensystem über einen *Inferenzteil* (Schlußfol-

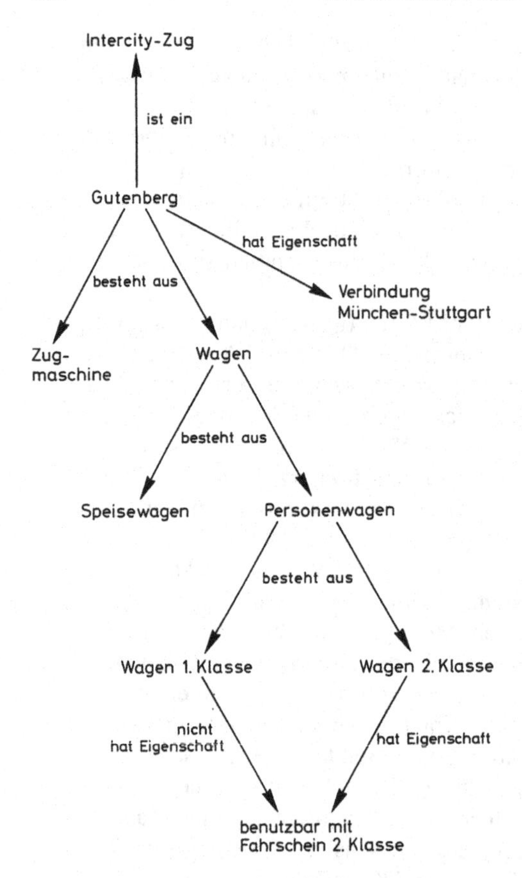

Abb. 10.5. Semantisches Netz

gerungskomponente), der das jeweils benötigte, in der *Wissensbank* gespeicherte Regel- und Faktenwissen „aufspürt". Das Problem besteht darin, das Durchsuchen des Regel- und Faktenvorrats möglichst effektiv zu gestalten. Da der seriell arbeitende Computer (im Gegensatz zum parallel arbeitenden menschlichen Gehirn!) keinen Überblick über die Zweige des semantischen „Baums" (Abb. 10.5) besitzt, müßte er sich über deren Aussagen Zweig für Zweig informieren, wenn er von der Baumwurzel beginnend mit der Suche startet. Ob IC Gutenberg mit einer Fahrkarte 2. Klasse benutzbar ist, käme z. B. erst nach maximal 9 Abfragen heraus, wenn man mit „Gutenberg" beginnt. Deshalb versucht man, mit geeigneten Strategien den Zugriff zur gewünschten Information zu beschleunigen. Ein Verfahren ist z. B. die „Rückwärtskettung" (backward chaining). Man geht von der Konklusion einer Regel aus (IC Gutenberg ist mit Fahrschein 2. Klasse benutzbar) und prüft, ob die Prämissen der Regel erfüllt sind (Wagen 2. Klasse ist ein Personenwagen, Personenwagen ist ein Wagen, Wagen ist Teil von IC Gutenberg).

Der Alltagsmensch hangelt sich nicht an den Zweigen eines semantischen Baums (offizielle Bezeichnung: semantisches Netz) entlang. Er geht von seiner Erfahrung aus und stellt fest: Natürlich rufe ich keine „Vererbungsregel" auf, um zu schlußfolgern, daß der

Adler fliegen kann, sondern ich *weiß* dies schlicht und einfach! Der Mensch verfügt über ein in Jahrzehnten geprägtes Alltags- oder „Welt"wissen, das ihn problemlos auch eine Unzahl von Ausnahmefällen benennen läßt, in denen z. B. Vögel *nicht* fliegen können.

Es besteht die Vermutung, daß Expertensysteme nicht allein mit der Schwierigkeit fertig werden müssen, die im Einzelfall bestgeeigneten Regeln und Fakten aus einem mehr oder weniger großen Reservoir herauszufinden. Vielmehr wird in vielen Fällen die Eingrenzung auf eine enge Wissensdomäne die Brauchbarkeit des Expertensystems beschränken, weil es zahlreiche Ausnahmen gibt, die ihre Wurzel in anderen Wissensdomänen haben. Das Problem der „Ausnahmefälle" läßt sich nur durch einen großen Vorrat an „Weltwissen" (Lebenserfahrung) bewältigen!

Offenbar ist Weltwissen nicht hierarchisch gegliedert. Das Wissen „gehobeltes Holz" steht dem Menschen auch auf direktem Weg zur Verfügung, ohne daß er über den Weg „Haus" und „Tür" absteigen *muß* (vgl. Abschnitt 10.1). „Holz" kann auch an der *Spitze* einer Begriffshierarchie stehen, wenn es z. B. in der Holzhandlung darum geht, sich zwischen Kiefern- und Eichenholz zu entscheiden. Wenn Expertensysteme (aus Aufwandgründen) Begriffshierarchien aufbauen, liegt darin bereits eine wesentliche Einschränkung der Fähigkeit, mit den in der Praxis häufigen Ausnahmefällen fertig zu werden.

Weltwissen hat die interessante Eigenschaft, „universell" zu sein. Es würde also genügen, die jahrzehntelange Lebenserfahrung des Durchschnittsmenschen ein für allemal zu erfassen und dann - evtl. mit großflächiger thematischer Begrenzung - dem einzelnen Expertensystem zuzuordnen. Aber natürlich ergeben sich riesige Probleme:

- Wie läßt sich das Weltwissen einsammeln und strukturieren? Welchen Aufwand bedeutet dies?
- Sprengt eine „Weltwissenbank" nicht jeden vorstellbaren Aufwand?
- Werden nicht endlose Suchprozesse notwendig sein, um relevantes Weltwissen bei der Nutzung aufzufinden?

Immerhin muß das Weltwissensproblem lösbar sein, denn die Natur hat es im menschlichen Gehirn offensichtlich gelöst. Ob sich diese Lösung auf ein technisches System abbilden läßt, ist eine offene Frage.

10.5 Nutzungsmöglichkeiten

Darf man Kritik an den Bemühungen hochkarätiger Wissenschaftler üben, die „künstliche Intelligenz" dem Computer oder Computersystemen aufzupfropfen versuchen? Natürlich ist der Computer ein hochflexibles Instrument der Informationsverarbeitung, er knüpft mit Leichtigkeit Querbeziehungen zwischen Zusammenhängen, aber alles läuft Schritt für Schritt ab. Wenn es gelingt, 1000 Computer sinnvoll miteinander arbeiten zu lassen, sind es 1000 Vorgänge, die parallel ablaufen können. Im Gehirn ist es die zehnfache, hundertfache, tausendfache Parallelität.

Diese Parallelität ist mit Sicherheit eine wesentliche Komponente, welche die bewundernswürdige Leistungsfähigkeit des menschlichen Gehirns bei Mustererkennung und Wissensauswahl ermöglicht. Parallelität heißt „extensive Verdrahtung", eine Verdrahtung mit Hunderten von Billionen einzelnen Drähten. Besteht eine Chance, nur ein Tausendstel dessen technisch zu realisieren? Hunderte Milliarden von Drähten? Es ist nicht abzusehen. Es gibt Versuche, auf optisch-holographischem Wege die materiellen Drähte zu ersetzen [10.1]. Verdrahtung und verdrahtetes Programm waren schon immer technisch problematisch, das gespeicherte Programm mit seiner strengen und übersichtlichen Serialität wurde seinerzeit ein Ausweg aus der Misere.

Immerhin hat der Computer einen Vorteil auf seiner Seite: Er kann sehr flink arbeiten. Das liegt allerdings wesentlich an der modernen Gatter-Schaltkreistechnik, die in den nächsten Jahren und Jahrzehnten auch noch schneller werden wird. Wenn man sich zusätzlich noch spezielle, auf bestimmte Aufgaben zugeschnittene Strukturen überlegt, kann man den Nachteil der Serialität bis zu einem gewissen Grad ausgleichen. Bei den eingangs (Abschnitt 3.4) erwähnten „Vektorprozessoren" zum Beispiel werden Informationen gewissermaßen „am Fließband" verarbeitet, wobei sie nacheinander aufgereiht die einzelnen Verarbeitungsstationen passieren. (Einleuchtend, daß dies nur bei gleichem „Endprodukt" funktioniert!) Aber vielleicht sollte man daraus lernen und sich spezifische Konfigurationen überlegen, die auf das „simple" Bilden und Aufsuchen von Zuordnungen optimiert sind. Dies könnte zumindest für eine „Weltwissenkomponente" eines Expertensystems Geschwindigkeitsvorteile gegenüber „klassischen" Lösungen bringen. Angenommen, es würde gelingen, einen der zum Auffinden einer Zuordnung notwendigen Verarbeitungsschritte in einer Nanosekunde (1 ns = 1 Milliardstel Sekunde) auszuführen, so könnte eine entsprechende Spezialmaschine in 10 Millisekunden (1 ms = 1 Tausendstel Sekunde) mit 10 Millionen solcher Schritte vielleicht eine Zuordnung aufspüren, wobei diese Zeit auch etwa für das Fassen eines Gedankens im menschlichen Gehirn zu veranschlagen sein dürfte. Wie müßte eine solche Spezialmaschine funktionieren? Was müßte sie vom menschlichen Gehirn noch lernen?

Ein zweiter wichtiger Beitrag zur Leistungsfähigkeit des menschlichen Gehirns ist die hohe Erreichbarkeit und starke Verflechtung der Neurone untereinander. Hier allerdings ist der Computer - oder besser gesagt eine „speicherorientierte Maschine" - keineswegs unterlegen. Im Gegenteil: Wenn man die Verdrahtungsbeziehungen der Neurone untereinander durch Adreßbeziehungen („Zeiger") im Speicher ersetzt (vgl. Abschnitt 4.3), so gewinnt man ein Höchstmaß an Erreichbarkeit und Flexibilität, das die Möglichkeiten der Natur bei weitem übertrifft.

Die Kehrseite dieses Prinzips ist der hohe Speicherbedarf. Dies hatte sich schon in Abschnitt 4.3 gezeigt, als wir die Speicherkapazität des menschlichen Gehirns mit einem technischen Speicher zu vergleichen suchten und auf den phantastischen Wert von 20 Millionen Gigabit kamen. Allerdings hält die Natur eine solche Kapazität bereit, um in eine vorgeleistete, starre Verdrahtung die Lebenserfahrungen der verschiedensten Individuen einprägen zu können. Ein solcher Vorhalt ist aber bei einem technischen Speicherkonzept wegen seiner Flexibilität nicht notwendig. Auf den im Einzelfall notwendigen Speicherbedarf wird gleich zurückgekommen. Anzumerken ist, daß ein solcher Speicher natürlich extrem schnell sein muß, um den Zeitbedarf für die einzelnen Verarbeitungsschritte in den gewünschten Grenzen zu halten.

Als nächster Gesichtspunkt ist die „Bewertung" zu betrachten. Erfahrungen müssen durch Bewertung gewichtet werden, um günstige von ungünstigen Erfahrungen unterscheiden und dies bei der Gedankenauswahl berücksichtigen zu können. Nun ist ein Expertensystem vorerst noch in der einfachen Lage, für den Bewertungsvorgang den „lehrenden Menschen" zur Verfügung zu haben, d. h. der Mensch verbindet mit der Übertragung seines Wissens zugleich dessen Bewertung. Das würde sich erst dann ändern, wenn das Expertensystem selbständig sein Wissen aus eigener Erfahrung aufbauen und bewerten müßte!

Ein letzter wichtiger Gesichtspunkt ist die Programmierung. Sicher ist es ein unschätzbarer Vorteil, daß der Mensch - die Formulierung sei verziehen - gewissermaßen „in natürlicher Sprache programmiert" wird. Dies ist für ein selbstlernendes System notwendig, wäre aber auch für ein Expertensystem, das von menschlichen Experten „gedrillt" wird, von hohem Wert. Die Schwierigkeit besteht in der „Mehrdeutigkeit" der menschlichen Sprache, die dazu zwingt, durch strenge syntaktische Regeln Weltinhalte und deren gegenseitige Beziehungen „maschinenverständlich" zu machen. Immerhin muß es aber prinzipiell auch möglich sein, mit der Mehrdeutigkeit der menschlichen Sprache „fertig" zu werden, denn wir Menschen selbst sind ja eklatantes Beispiel dafür! In hohem Maße verantwortlich für das natürliche Sprachverständnis ist sicherlich der „Zustandsspeicher", der den jeweiligen „Kontext" festhält und - wie bereits erwähnt - z. B. die „Maler" künstlerischer und handwerklicher Profession auseinanderzuhalten erlaubt (vgl. Abschnitt 10.2).

Abbildung 10.6 ist nichts anderes als eine technische Skizze, die noch zahlreiche Fragen offenläßt. Sie soll ein Gefühl für die Möglich-

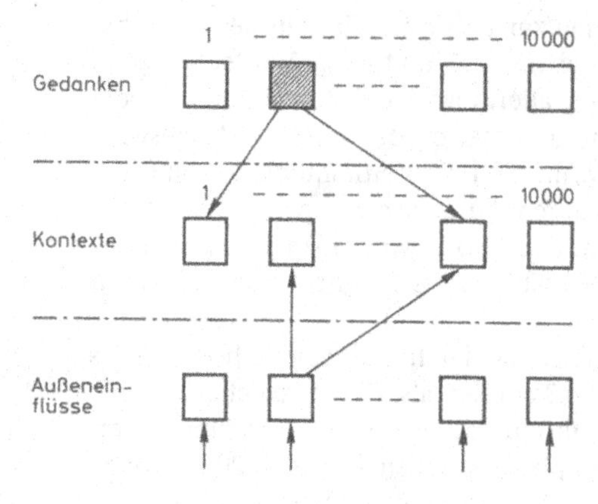

a) Einstellung des Kontextspeichers

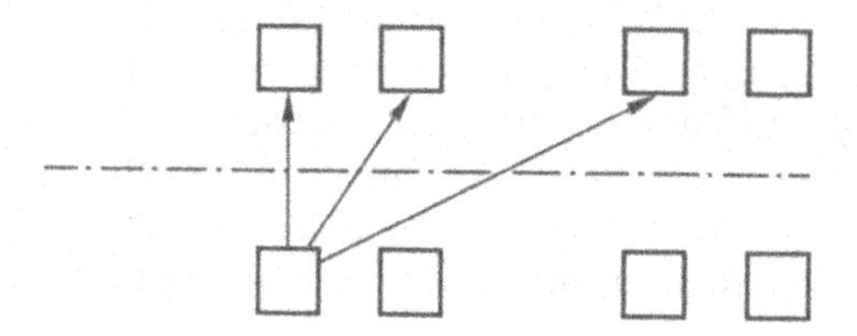

b) Einstellung der Erregungsgewichte

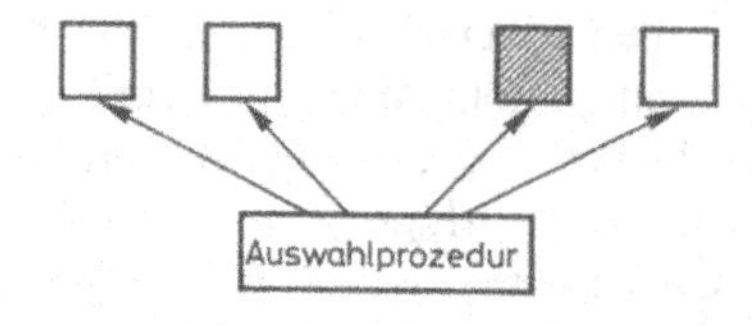

c) Gedankenauswahl

Abb. 10.6. Skizze eines technischen Konzeptes

keiten und Grenzen eines „Experten" vermitteln, der den hier diskutierten Prinzipien nachgebaut ist. Nehmen wir ein Repertoire von 10 000 Gedanken und ebenso vielen Kontext-Speicherplätzen an. Jeder Speicherplatz der einen Kategorie möge 5000 Speicherplätze der anderen Kategorie erreichen. Außerdem gibt es noch „Außeneinflüsse", deren Beitrag hier aus Gründen der Übersichtlichkeit vernachlässigt wird. Um irgendeinen aus 10 000 Speicherplätzen adressieren zu können, sind 14 bit erforderlich. Mit einigen notwendigen Zusatzinformationen mögen (vielleicht zu knapp) 20 bit je Adresse aufgewendet werden, für jeden Speicherplatz bedeutet das bei 5000 Adressen ein Volumen von 100 000 bit (0,1 Mbit). Damit ergeben sich 2000 Mbit (2 Gbit) für 2 × 10 000 Speicherplätze. Wir sind zeitlich nicht weit von der Einführung von Halbleiterspeichern entfernt, die 4 Millionen bit (4 Mbit) auf einem Plättchen („Chip") vereinen. Dann würden für diesen Experten 500 solcher Speicherchips gebraucht, und dies bei *Vollausbau* (der sicherlich nicht ausgeschöpft wird) aller gegenseitigen Beziehungen.

Wie sieht es mit der Zeitbilanz aus? In Abbildung 10.6a ist als erster Vorgang dargestellt, daß von einem neu aufgerufenen Gedanken (schraffiert) der Kontextspeicher weitergestellt wird. Das sind bei einem Volumen von 5000 Adressen maximal 5000 Einstellschritte. Sodann muß nach Abbildung 10.6b *jede* der „aktiven" Kontext-Speicherzellen aufgerufen werden (also 10 000 „große" Schritte, wenn dazu jede Kontext-Speicherzelle abzufragen ist), um die von der jeweiligen Zelle mit Erregungsbeiträgen versorgten Gedanken-Speicherplätze mit den entsprechenden Gewichten zu beaufschlagen (maximal 5000 Schritte je „großen" Schritt). Daraus ergeben sich maximal 50 Millionen, im Mittel also vielleicht 25 Millionen einzelne Schritte. Schließlich muß nach Abbildung 10.6c der neue Gedanke ausgewählt werden, wofür noch einmal die Abfrage aller Gedankenplätze mit 10 000 Schritten notwendig ist. Man sieht, daß der „Löwenanteil" des Zeitbedarfs auf die in Abbildung 10.6b dargestellte Einstellung der Erregungsgewichte entfällt. Mit der zuvor angenommenen 1 ns je Schritt ergeben sich im Mittel 25 ms für das „Fassen eines Gedankens".

Dies kann nur der Orientierung dienen. Immerhin wird deutlich, daß auch ein derartiger „Wissenstorso" bereits technisch hohe Ansprüche stellt. Die nur experimentell zu beantwortende Frage lautet natürlich: Ist diese dem menschlichen Gehirn nachempfundene Technik (trotz der aufwandbedingten Unzulänglichkeit gegenüber dem großen Vorbild) leistungsfähiger als das klassische, sich u. a. auf „logisches Schließen" abstützende Konzept des Expertensystems? - Mit Sicherheit ist anzunehmen, daß das „klassische Expertensystem" in rein logisch aufgebauten Wissensdomänen überlegen ist. Aber zwischen den Komponenten des Weltwissens sind *logische* Abhängigkeiten, die sich formal und prozedural *ableiten* lassen, offenbar nicht der Regelfall. *D. B. Lenat* sagt zu früheren Versuchen, einen „allgemeinen Problemlöser" zu entwerfen: „Man ging davon aus, daß der Kern intelligenten Verhaltens in der Fähigkeit liege, quer durch alle Bereiche Schlußfolgerungen zu ziehen. Diese Bestrebungen erwiesen sich als wenig fruchtbar; man hat sie inzwischen nahezu gänzlich aufgegeben" [10.2].

Aber wie sieht es mit der Programmierung der Expertensysteme aus? Das ist - wie erläutert - heute ein schwieriger Prozeß (Knowledge engineering). Vielleicht lassen sich auf dem Zuordnungsprinzip basierende Maschinen leichter programmieren? Vielleicht lassen sie sich in „natürlicher Sprache" programmieren? Das dürfte wahrscheinlich die Voraussetzung für „selbstlernende Systeme" sein!

Vielleicht hat die vorgestellte Skizze keine praktische Bedeutung. Vielleicht aber ist bereits die Erkenntnis, was sich hinter „Wissen" und „Verstehen" im menschlichen Gehirn verbergen könnte, nützlich für die Konzeption künftiger Expertensysteme. Doch ist ein solcher Nutzen nicht auf die Technik beschränkt. Vielleicht hilft ein vertieftes Verständnis der „Informationstechnik" in unserem Gehirn auch den Neurologen, den Psychiatern und Psychologen, Leiden kranker Mitmenschen besser zu lindern oder zu heilen!

10.6 Grenzen des Computers

„Die ich rief, die Geister, werd' ich nicht mehr los!" – Wird es uns ergehen wie weiland Goethes Zauberlehrling? Wird der Computer seinen Schöpfer in der Intelligenz übertreffen, wird er diesen evolutionären Vorteil nutzen, um den Menschen zu unterjochen, vielleicht sogar auszurotten? Ein unerschöpfliches Thema der „Science fiction"!

Vielleicht ist im vorigen Abschnitt ein wenig von der Problematik deutlich geworden, die menschspezifischen Eigenschaften des Gehirns technisch anzunähern. Sicher wäre es töricht, auf Jahrhunderte hinaus auszuschließen, daß Speicherkapazitäten und Verarbeitungsgeschwindigkeiten technischer Geräte entsprechende Eigenschaften erreichen, vielleicht sogar übertreffen können. Aber Speicherkapazität und Verarbeitungsgeschwindigkeit sind nicht alles, was das menschliche Gehirn, was den Menschen ausmacht.

Wenn wir den *Menschen* „technisch" als Regelprozeß mit seinen Sollwerten verstehen, müssen wir nach den konkurrierenden „Sollwerten" *technischer* Prozesse fragen, die einen annähernd so universellen Einfluß auf das „Verhalten" des Prozesses ausüben könnten. Was ist das „Behagen" und das „Unbehagen" des Roboters? Verspürt er Behagen, wenn es ihm gelungen ist, eine Schraube anzuziehen? Bedrückt ihn eine schlechte Schweißstelle? Schmerzt es ihn, wenn man ihm die elektrische Spannung abschaltet?

Diese Fragen erscheinen uns absurd. Aber nicht für absurd halten wir die Frage, ob ein Computer jemals nicht nur im Stile Mozarts, sondern *wie* Mozart wird komponieren können. Woher sollen die genialen Bewertungsmaßstäbe kommen? – Statten wir den Computer mit den Möglichkeiten freier Bewegung aus. Stellen wir ihn auf Räder oder Stelzen. Lassen wir ihn sich selbständig allen erdenklichen Situationen des Alltags aussetzen. Wie wird er geprägt, wenn er keine Regelziele hat, die den Keim zu Egoismus und Furcht legen? Wenn die Evolution ihn nicht unter das Gesetz der Arterhaltung stellt? Wenn er nicht den Zauber der Liebe spürt? Wenn er noch nicht einmal verliebt *funktioniert?*

Können wir Menschen einem Roboter derartige Regelziele einpflanzen? Können wir ihm damit den „Odem" eines dem unseren vergleichbaren Lebens einhauchen? – Es ist nicht vorstellbar. Es ist wahrscheinlich unmöglich.

Nach dem Rätsel des Bewußtseins beginnen wir ein zweites Geheimnis zu ahnen. Vielleicht ist es gleichen Ursprungs: Die Sollwerte des Lebens bleiben womöglich den toten Maschinen unzugänglich. Doch die toten Maschinen schlußfolgern unheimlich gut! Aber schlußfolgern ist nur ein winziger Teil unseres Denkens. Den anderen, überwiegenden Anteil trägt lebendige Erfahrung bei. Die Domäne des Computers ist die Logik, die des Menschen das Leben. Der Computer mag *logisch* kreativ sein, menschlicher Kreativität aber ist auch die *Gefühlswelt* erschlossen. So müssen wir es heute wohl sehen.

Müssen wir das? Oder haben wir uns von dem Wunsch hinreißen lassen, dem Menschen seinen Platz als „Ebenbild Gottes" zu bewahren? Ist etwa ein Aufbau ethischer Wertmaßstäbe allein dem Menschen möglich? Erinnern wir uns, aus welch einfachen Anfängen und mit welch einfachen Mechanismen ein solcher Aufbau durchführbar zu sein scheint!

Es gibt keine einfache Antwort.

10.7 Schlußbemerkung

Die vorgetragenen Überlegungen bauen auf wenigen neurophysiologischen Voraussetzungen auf und stimmen in ihren Konsequenzen recht gut mit unseren eigenen subjektiven Erfahrungen überein. Im hier erreichten Detailgrad ist das vorgestellte Konzept des menschlichen Denkens - soweit erkennbar - in sich widerspruchsfrei und relativ einfach. Allerdings wurden auch einfache Modelle verwendet, deren Zulässigkeit noch nicht erwiesen ist. Desgleichen bleibt eine Reihe von Details offen, Korrekturen des Gesamtkonzeptes sind bei deren Klärung nicht auszuschließen. Zur Bestätigung des Konzeptes sind also vertiefende Untersuchungen wünschenswert.

Im Ergebnis bleiben dem Leben und unserem Selbstverständnis wichtige Reservate, die sich einer physikalisch-technischen Erklärung entziehen. Wenn man die bisher geübte Zurückhaltung aufgibt, dem ethisch-weltanschaulichen Bereich zugehörende Begriffe zu verwenden (Bereich 1), so könnte man unseren *Geist* vielleicht in den immateriellen Prägungsmustern und in deren Nutzung in eigenverantwortlichem Denken und Handeln sehen. Das physikalisch nicht faßbare Bewußtsein, das uns über die Stufe automatischen Funktionierens hinaushebt, wäre mit unserer *Seele* gleichzusetzen. Körper, Geist und Seele sind in einem „Lebensprozeß" (in Erweiterung des rein technischen Regelprozesses) zu einer Einheit verschmolzen. Der Körper ist das „physikalische Gefäß", das zum Aufbau unserer „Informationswelt", also der Gedankenwelt und der Wertmaßstäbe, notwendigerweise und unvertauschbar beiträgt. Der Körper ist aber auch Mittler zwischen den physikalischen Ereignissen und unseren Empfindungen, er ist Medium unseres Bewußtseins.

Im Anfang war das Wort. Ein Universum abstrakter Zusammenhänge. Es ist die Welt des Geistes, der Gedanken, der Information.

11. Hinweise zur Literatur

Abschnitte 1 und 2 stützen sich auf folgende Werke:

1. Schmidt R. S., Thews G. (Hrsg) (1980) Physiologie des Menschen, 20. Aufl. Springer, Berlin Heidelberg New York
2. Forssmann W. G., Heym Ch. (1985) Neuroanatomie, 4. Aufl. Springer, Berlin Heidelberg New York Tokyo
3. Steinhausen M. (1986) Lehrbuch der Animalischen Physiologie. Bergmann, München
4. Gehirn und Nervensystem (1980) Spektrum der Wissenschaft, Weinheim
5. Evolution (1986) Spektrum der Wissenschaft, Heidelberg

Ergänzend sei das bekannte Werk „The Self and its Brain“ von *K. R. Popper* und *J. C. Eccles* (Springer International 1981) hervorgehoben, das dem Verfasser wegen der ausführlichen und verständlichen Darstellung neurophysiologischer Zusammenhänge sehr hilfreich war. Grundlagenliteratur zu den Themen „Computer“ und „Software“ gibt es in großem Umfang für die unterschiedlichsten Vorbildungsgrade. Herausgegriffen werden die nach Ansicht des Verfassers guten Einführungen von *Ganzhorn, Schulz* und *Walter* in die Datenverarbeitung (Datenverarbeitungssysteme, Springer, Berlin Heidelberg New York 1981) und von *Bauer* und *Goos* in die Programmierung (Informatik, Teil 1, 3. Auflage, Springer, Berlin Heidelberg New York 1982). Zum Thema „Künstliche Intelligenz“ und „Expertensysteme“ findet man gut verständliche Ausführungen, neben [10.2] sei hingewiesen auf den Band von *S. E. Savory* (Hrsg) „Künstliche Intelligenz und Expertensysteme. Ein Forschungsbericht der Nixdorf Computer AG“ (R. Oldenbourg, München Wien 1985). Das Thema „Gehirn und Computer“ wird in einem amüsant zu lesenden Buch von *D. Ritchie* behandelt (in deutscher Übersetzung bei Klett Cotta 1984), wobei der Computer der evolutionären Weiterentwicklung des Menschen dient. Als herber Kritiker der künstlichen Intelligenz erweist sich – teilweise sicher zu Recht – *H. L. Dreyfus* (Die Grenzen künstlicher Intelligenz, in deutscher Übersetzung bei Athenäum, Königstein 1985).

Zu der hier vorgetragenen Interpretation menschlicher Denkvorgänge hat der Verfasser so gut wie keine Literaturstellen gefunden, auf denen er hätte aufsetzen können. Das soll nicht heißen, daß es solche Stellen nicht gibt. Der Verfasser bittet alle Autoren um Entschuldigung, die er wegen eigener Unkenntnis nicht zitiert hat! Eigene einschlägige Veröffentlichungen sind:

- Das Gehirn im nachrichtentechnischen Modell (1979) VDI Nachrichten 33, Nr. 43–51
- Das menschliche Gehirn im nachrichtentechnischen Modell (1982) NTZ 35, 5:306–312
- Nachrichtenverarbeitung im menschlichen Gehirn (1983) Elektronik Nr. 18–20
- „Brainwork“: Kreativer Mensch und Computer (1985) Artificial intelligence in the arts, Steirischer Herbst: 14–27

Einzelzitate

2.1 Rahmann H. (1982) Die Bausteine der Erinnerung. Bild der Wissenschaft 19:74–86
Rahmann H. (1985) Gedächtnisbildung durch molekulare Bahnung in Synapsen mit Gangliosiden. Funkt Biol Med 4, 249:249–261
2.2 Jänig W. siehe 1.
2.3 Steinhausen M. siehe 3.
3.1 Shannon C. E., Weaver W. (1949) The mathematical theory of communication. University of Illinois Press, Illinois
3.2 Völz H. (1982) Information, Bd. I und II. Akademie-Verlag, Berlin
3.3 Turing A. M. (1964) Computing machinery and intelligence. Englewood Cliffs, N. J.
3.4 Hölzler E., Holzwarth H. (1976) Pulstechnik, Bd. II. Springer, Berlin Heidelberg New York
3.5 Feigenbaum E. A., Mc Corduck P. (1984) Die fünfte Computer-Generation. Birkhäuser, Stuttgart
3.6 Anonym (1985) Electronics 58, 46:17
3.7 Hillis W. D. (1985) The Connection Machine. The MIT-Press, Cambridge, Mass.
3.8 Nauta W. J. H., Feirtag M. (1980) Die Architektur des Gehirns. Spektrum der Wissenschaft, Weinheim
3.9 Popper K. R., Eccles J. C. (1981) The Self and Its Brain. Springer International
4.1 Küpfmüller K. (1969) Die nachrichtenverarbeitenden Funktionen der Nervenzellen (Aufnahme und Verarbeitung von Nachrichten durch Organismen). Hirtzel, Stuttgart
4.2 Gerke P. (1983) Nachrichtenverarbeitung im menschlichen Gehirn, 1. Teil. Elektronik 18:73–77
4.3 Lindner R. (Hrsg) (1984) Technik und Gesellschaft V; Grundlagen menschlicher Denkstrukturen. Kommission der Europäischen Gemeinschaften
4.4 Kandel E. R. (1980) Kleine Verbände von Nervenzellen. Gehirn und Nervensystem. Spektrum der Wissenschaft, S. 76–85
4.5 Singer W. (1985) Hirnentwicklung und Umwelt. Spektrum der Wissenschaft, S. 48–61
5.1 Palm G. (1982) Neural Assemblies. Springer, Berlin Heidelberg New York
5.2 Störmer H. (Mannheim) (1986) Persönliche Mitteilung
5.3 Hubel D. H., Wiesel T. N. (1980) Die Verarbeitung visueller Informationen. Gehirn und Nervensystem. Spektrum der Wissenschaft, S. 122–133
5.4 Gerke P. R. (1979) Das Gehirn im nachrichtentechnischen Modell. VDI-Nachrichten 33, Nr. 43–51
7.1 Steinbuch K., Endres H. (1957) Elektrische Zuordner. NTZ 10:265–272
8.1 Routtenberg A. (1980) Das Belohnungssystem des Gehirns. Gehirn und Nervensystem. Spektrum der Wissenschaft, S. 160–167
8.2 Snyder S. H. (1985) Signalübertragung zwischen Zellen. Spektrum der Wissenschaft, S. 126–135
8.3 Pawlow J. P. (1927) Conditioned reflexes. Oxford University Press, London
10.1 Yases S. Abu-Mostafa, Demetri Psaltis (1987) Optische Neurocomputer. Spektrum der Wissenschaft 5, S. 54–61
10.2 Lenat D. B. (1984) Software für künstliche Intelligenz. Spektrum der Wissenschaft 11, S. 178–189

Anhang

Beitrag zum Konzept einer Wissensmaschine

(Diese speziellere Betrachtung ist in einen nicht allgemein interessierenden Anhang übernommen.)

Aufgabe der „Wissensmaschine" soll es sein, ein Expertensystem mit einer „Weltwissenkomponente" anzureichern. Diese Komponente wird in Anlehnung an die hypothetischen Eigenschaften des menschlichen Gehirns konzipiert. Zu den bemerkenswerten Gehirneigenschaften gehören in diesem Zusammenhang:

a) die starke Verflechtung des Weltwissens;
b) die Beherrschung auch *nicht* vorgeprägter, also „neuer" Situationen;
c) die Fähigkeit des Selbstlernens;
d) die selbständige Bewertung neuer Erfahrung, sofern nicht von vornherein sichergestellt ist, daß neue Erfahrung nur positiv und nützlich sein kann (wie es z. B. beim Lesen eines guten Lehrbuchs der Fall sein sollte).

Diese Eigenschaften sind in einer hypothetischen Struktur des Gehirns nach Abbildung 1 implementiert. In einem langjährigen Lernprozeß haben sich zahlreiche zusammengehörige Begriffskombinationen (Gedankenbausteine) gebildet, es sind dies „Eingabe-Bausteine" (E-Bst) und identische bzw. zugehörige „Ausgabe-Bausteine" (A-Bst). (E-Bst und A-Bst sind Teil der Einheiten S/P bzw. P/S. Sie

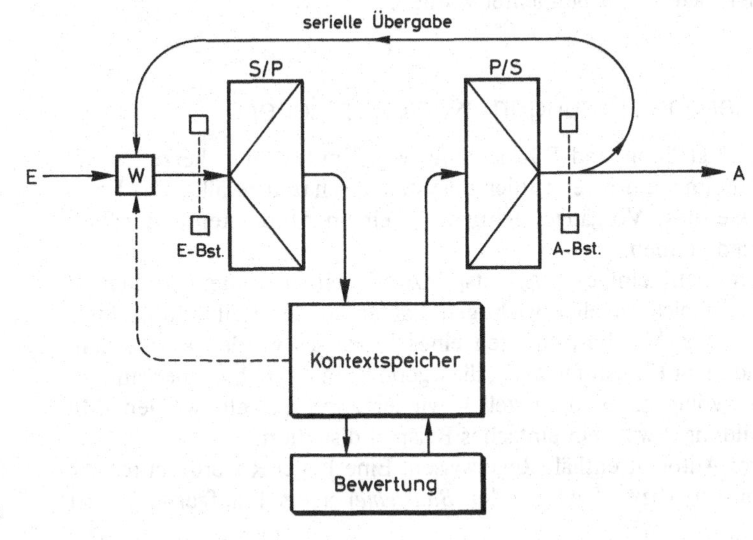

Abb. 1. Blockbild des menschlichen Gehirns

sind der besseren Darstellung wegen außerhalb dieser Einheiten gezeichnet.) Durch Symbolfolgen werden aufeinanderfolgend zugehörige E-Bst aufgerufen und mittels Serien/Parallelumsetzung (S/P) über wenige Neuronenstufen zu Parallelmustern (Codeworten) aufgefächert. Diese sind mit dem auch der Verarbeitung dienenden „Kontextspeicher“ verbunden. Als Ergebnis der Verarbeitung wird vom Kontextspeicher ein A-Bst aufgerufen und über einen Parallel/Serienumsetzer (P/S) als Symbolfolge ausgegeben. Der aufgerufene A-Bst koppelt sich über den inneren Weg (serielle Übergabe) bzw. den äußeren Kreis (A, E) „Mund-Ohr“ (nicht dargestellt) auf den Eingang zurück.

„Denkvorgänge“ werden über Weiche W entweder (z. B. von einem Dialogpartner) von außen aufgeprägt bzw. beeinflußt (E) oder über den Rückkopplungsweg geschlossen, wobei Weiche W (kontextgesteuert) im zweiten Fall die Umgebungseinflüsse „abschottet“.

Eine wichtige Rolle fällt der „Bewertung“ zu: Sie sorgt dafür, daß vorteilhafte Verbindungen im Neuronennetz geschaltet und durch Gebrauch ggf. weiter verstärkt werden. Die prägungsverstärkende Bewertung spricht beim Benutzen von zufällig falsch geschalteten Verbindungen nicht an, so daß sich derartige unvorteilhafte Schaltungen wieder zurückbilden.

Neben diesen „Dauerschaltungen“ (Langzeitgedächtnis) gibt es allein durch Benutzung *zusätzlich* wirksame, zeitlich abklingende Prägungseffekte. Ein bereits gebahnter Weg wird nach Inanspruchnahme vorübergehend noch leichter gangbar, so daß ein bevorzugter Wiederaufruf möglich ist. Auf diese Weise läßt sich auf zuvor gedachte Gedanken wieder aufsetzen (Kurzzeitgedächtnis).

Die eigentliche Informationsverarbeitung findet durch Aufruf von Zuordnungen über den Kontextspeicher statt. Voraussetzung hierfür sind die zuvor durch Erfahrung zu prägenden Verbindungen zum, vom und im Kontextspeicher.

Es ist nun auf einige z. T. *prozedurale* Details einzugehen, die bisher nicht näher betrachtet wurden.

Faktenspeicherung im Kontextspeicher

Die Einstellung und Rückstellung von Kontext-Speicherzellen geschieht im Gehirn vermutlich unsystematisch und zufällig. Die Frage ist, wie diese Vorgänge technisch in einem Automaten angenähert werden können.

Ein relativ einfaches Arbeitsprinzip für einen Kontextspeicher ist das Abspeichern aller wichtigen Fakten in der Reihenfolge ihres Auftretens. Mit Fortschreiten eines Prozesses werden also zunehmend mehr Kippstufen aktiv, die irgendwann - z. B. bei Übergang auf einen völlig anderen Prozeß - wieder zurückgestellt werden. Mit Abbildung 2 wird ein einfaches Beispiel diskutiert:

Der Automat enthält Regelwissen. Eine Regel R werde durch die Prämissen (bzw. Fakten oder *Bausteine*) a bis f aufgerufen. Der

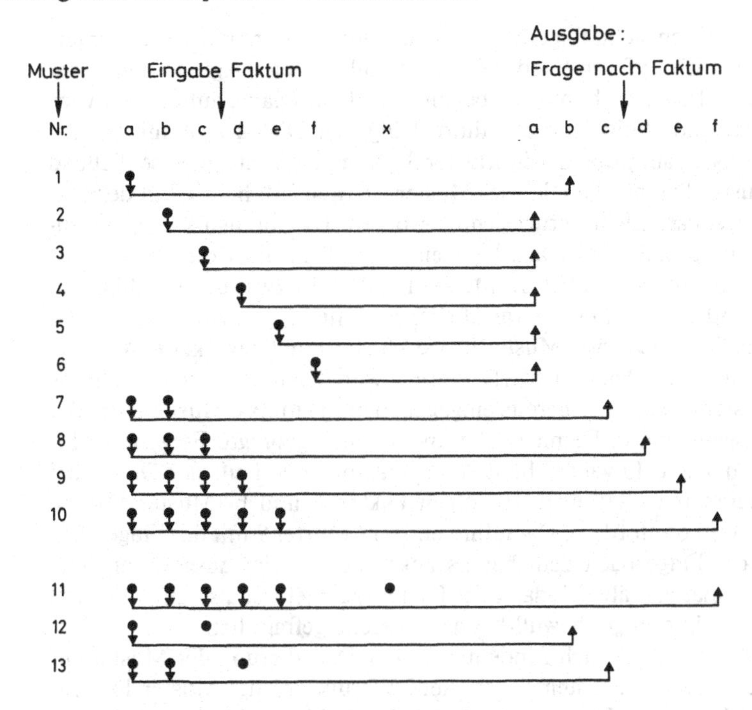

Abb. 2.
Faktengedächtnis:
Beispiel für eine
Dialogregel R

Automat als „Experte“ muß den Ratsuchenden im Dialog nach diesen Prämissen fragen. Beispiel einer Anlageberatung: Regel R gibt in diesem Fall aufgrund von Prämissen eine empfehlenswerte Anlageform an, z. B. „Beteiligen Sie sich an der Finanzierung einer Südpol-Expedition!“ Der Ausgabe-Baustein (A-Bst) „a“ möge „Verdienen Sie über oder unter 100 000,- DM jährlich?“ lauten. Der zugehörige Eingabe-Baustein (E-Bst) für Regel R heiße: „Ich verdiene über 100 000,- DM jährlich.“ Der Automat soll nun die Dialogführung zunächst nicht selbst übernehmen, sondern dem Ratsuchenden überlassen, wie es ein guter Anlageberater in der Eröffnungsphase des Gesprächs wohl auch macht. Wenn der Ratsuchende zufällig mit dem Eingabe-Baustein „Ich verdiene über 100 000,- DM jährlich“ beginnt, muß z. B. der Ausgabe-Baustein b „Besitzen Sie bereits ein Grundstück im Tessin?“ aufgerufen werden. Fängt der Ratsuchende aber mit dem Stoßseufzer E-Bst „c“ („Ich habe über 1 Million Schulden“) an, folgt der A-Bst „a“ wie oben.

In Abbildung 2 bedeuten die dicken Punkte auf der linken Seite Kontext-Speicherzellen, die durch die darüberliegenden Eingabe-Bausteine a bis f aktiviert worden sind. Je nach Stand des Beratungsdialogs entstehen also unterschiedliche Aktivitätsmuster im Kontextspeicher (hier: Faktengedächtnis), welche durchnumeriert sind. Muster Nr. 1 bedeutet also „Faktum a“ bzw. „E-Bst a“ ist aufgerufen. Muster 9 kennzeichnet einen Zustand, in dem bereits Fakten a, b, c und d aufgerufen wurden. Mit den nach unten zeigenden Pfeilen wird angegeben, welche gespeicherten Fakten zusammenwirken müssen, um den zugehörigen A-Bst auszugeben (Pfeil nach oben).

Wie man sieht, folgt der Automat einer Antwort*strategie,* die unterschiedlich auf verschiedene Dialogeröffnungen reagiert. Wenn der Ratsuchende nicht mit „a“ beginnt, wird der Dialog auf die von vorn ablaufende Folge zurückgeführt. Fängt der Dialog z. B. mit „c“ an, wird sich aufgrund der in Muster 3 geprägten Strategie anschließend Muster 12 einstellen. Dieses Muster ist „neu“, d. h. es ist in der Prägungsphase nicht berücksichtigt worden. Es gibt also keine Verbindung zu einem Ausgabe-Baustein, der allein die Kombination „a“ *und* „c“ berücksichtigt. In Mustern 8, 9, 10 ist zwar die Kombination „a und c“ enthalten, sie reicht aber noch nicht zum Aufruf der A-Bst aus. Demnach wirkt Muster 12 wie Muster 1 und bewirkt die Ausgabe „Frage nach Faktum b“. Daraufhin wird Faktum b eingegeben, es entsteht wegen des bereits eingegebenen Faktums c Muster 8 mit der Ausgabe von d. Damit ist die ursprünglich geprägte Folge mit Mustern 9 und 10 wieder hergestellt. – Ähnlich verläuft der Dialog bei Beginn mit Faktum d. Es folgen Fakten a und b (Muster 13), die Faktum c anfordern. Daraufhin entsteht Muster 9 mit der Frage nach e, die Frage nach dem bereits bekannten d wird ausgelassen. Der Automat verhält sich dank der Faktenspeicherung also „intelligent“! Er merkt sich „unbewußt“, was er bereits gefragt hat.

Aber wie läßt sich Eindeutigkeit der Decodierung der Muster auf die Ausgangs-Bausteine erreichen? Warum erzeugt Muster 10 nicht gleichzeitig die Fragen nach allen Fakten a bis f? – Eindeutigkeit wäre mit einer Binärdecodierung möglich, die gezielt auch hemmende Verbindungen knüpft. Ein zugehöriger Prägungsmechanismus ist im Gehirn allerdings schwer vorstellbar. Wenn man jedoch z. B. von der Funktion eines multistabilen Flip-Flop ausgeht, bei dem sich die Kippstufe mit den meisten Erregungsüberschüssen durchsetzt, wird das Decodierproblem auf eine Maximum-Bestimmung zurückgeführt: Der Ausgabe-Baustein mit den meisten Erregungsbeiträgen wird ausgewählt! Muster 10 kann dann nur „f“, Muster 9 nur „e“ aufrufen. Komplexe Muster unterdrücken weniger komplexe Muster. In vielen Fällen kann das heißen: Weitergehende Erfahrung läßt ursprüngliche Erfahrung nicht „zu Wort“ kommen! Ursprüngliche Erfahrung kann nur durch das ursprüngliche Ereignismuster aufgerufen werden.

Was aber geschieht, wenn z. B. mit Fakten a, b, c das Muster 8 aufgerufen wird? Warum werden nicht auch die Ausgaben der Muster 9 und 10 aktiviert? – Die Antwort lautet natürlich: Weil 4 bzw. 5 erregende Aktivitäten notwendig sind, um die mit der Prägung festgeschriebene Zündschwelle von 3 bzw. 4 hemmenden Einflüssen zu überwinden! – Der Auswahlalgorithmus ist also folgendermaßen zu ergänzen: Der Ausgabe-Baustein mit den meisten Erregungsbeiträgen wird ausgewählt unter der Voraussetzung, daß durch die Erregungsbeiträge die Zündschwelle überschritten wird. Sollten sich mehrere Ausgabe-Bausteine mit gleich vielen Erregungsbeiträgen dieser Auswahl stellen, erfolgt die Auswahl nach einer plausiblen Strategie (Zufall, Ähnlichkeit zur vorhergehenden Ausgabe usw.).

Das geschilderte Verknüpfungs- und Auswahlprinzip erlaubt es,

Erfahrungen allein durch „Herstellung von Verbindungen" einzuschreiben. Ein vorzubedenkendes Decodierschema unter Berücksichtigung aktivierender und negierender Eingänge ist nicht notwendig. Das Verfahren dürfte damit auch für „lernende Automaten" mit Vorteil anwendbar sein.

Wie kann man sich nun die früher erwähnte „Ähnlichkeitscodierung" vorstellen? Das läßt sich an Abbildung 2 schlecht demonstrieren, weil die Muster 1 bis 10 alle zu sehr verschiedenen Ausgaben führen. Würde aber durch zusätzliche Aktivierung des E-Bst „x" das Muster 11 entstehen, so erfolgt dennoch die Ausgabe f. Nun gibt es zwei Möglichkeiten: Entweder ist Ausgabe f ebenfalls eine richtige Reaktion - dann ist Muster 11 dem Muster 10 „ähnlich" im obigen Sinn. Oder aber die Reaktion ist „falsch" - dann führt sie nicht zum bestätigenden Erfolg, und es muß eine neue „richtige" Ausgabezuordnung erst „gelernt" werden! Ähnlichkeitscodierung bedeutet hier also: Es werden lediglich die bereits „gelernten" Zuordnungen ausgewertet, noch nicht zugeordnete aktive Speicherplätze werden ignoriert.

Die Auswertung von Folgen

Das gewissermaßen „statische" Auswerten von gespeicherten Fakten ohne Berücksichtigung von deren Folge genügt nicht, um allen Lebenssituationen gerecht zu werden. In einem Dialog zwischen Menschen wird z. B. auf wiederholte Fragen geantwortet: „Das haben Sie doch schon einmal gefragt!" - Oder aber wir rechnen „3 + 3 = 6", indem wir die einmal wiederholte Eingabe der „3" als neue Eingabe werten!

Auf welche Weise die Evolution diese nicht einfache, aber für die menschliche Intelligenz bedeutungsvolle Aufgabe gelöst hat, ist unbekannt. Vielleicht ist sie mit unserem Kurzzeitgedächtnis verbunden. Eine der Möglichkeiten deutet Abbildung 3 an: Durch die zusätzliche, kurzfristige Erregungsverstärkung „bei Gebrauch" drin-

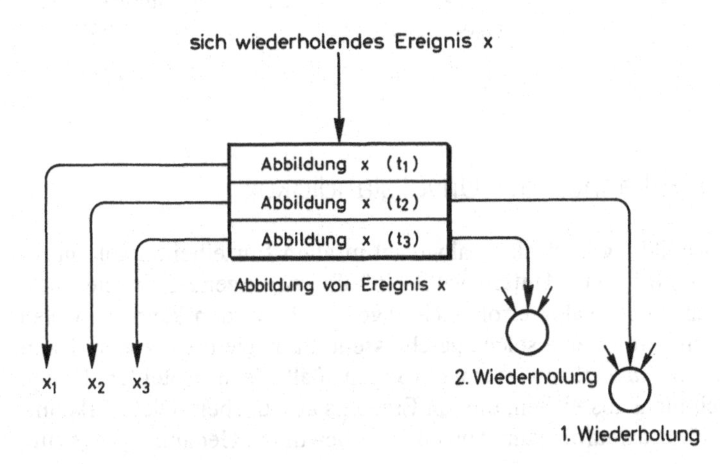

Abb. 3. Hypothese zur Folgeauswertung

gen wiederholte Ereignisse x von Wiederholung zu Wiederholung tiefer in den Abbildungskomplex x ein und rufen damit verschiedene, durch die Zeitfolge modifizierte Bedeutungen der Abbildung x auf, die entweder individuell mit x_1, x_2, x_3 (Beispiel: Addition) oder allgemein mit 1., 2. Wiederholung (Beispiel: Antwort auf wiederholte Frage) ausgewertet werden. Dies ist sicher keine sehr exakte Diskriminierung insbesondere für den Fall, daß sich Wiederholungen häufen.

Technisch lassen sich natürlich zahlreiche Lösungen denken. Abbildung 4 beschreibt einen Weg, der partiell auch von der Evolution beschritten sein könnte. Die Aktivierung von Speichern folgt einer Ereignisspur, in der nur jeweils ein Speicher aktiv sein kann (wie es auch bei einer „Gedankenfolge" der Fall ist). Die E-Bst werden impulsweise aufgerufen, damit die Folgekette nicht über den linken Zweig „ungebremst" durchlaufen kann.

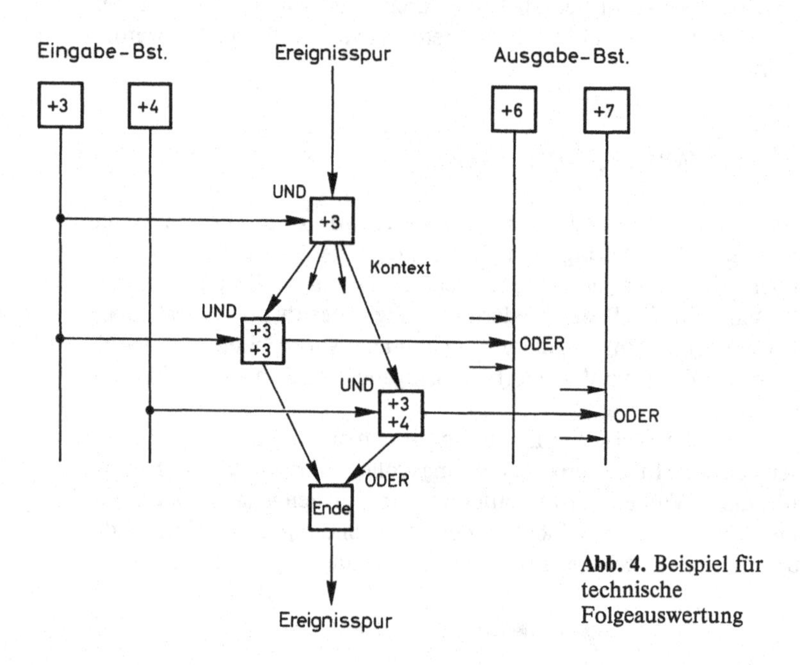

Abb. 4. Beispiel für technische Folgeauswertung

Das Erkennen der Unvollständigkeit

In Abbildung 2 ist die Dialogregel in allen Einzelheiten gelernt, es gibt eine in das „Unterbewußtsein" übergegangene Strategie, nach welcher der Dialog erfolgreich abgewickelt werden kann. In vielen Fällen wird es eine solche geschlossene Strategie nicht geben. Dann muß *bewußt* erkannt werden können, daß die mitgeteilten Fakten noch nicht ausreichen, um ein Ergebnis auszugeben. Diese Erkenntnis führt daraufhin zum Anstoß eines bewußten Gedankengangs zum

Aufspüren der noch fehlenden Fakten. Der Mensch geht dabei im allgemeinen ziemlich wahllos die taxonomischen Zusammenhänge durch, was wegen der starken Verflechtung der Begriffe und Gedanken relativ schnell („assoziativ") abläuft. Er kann aber auch einer übergeordneten, also „gelernten" Strategie folgen, z. B. dem „backward chaining".

Wie die Evolution das „Erkennen der Unvollständigkeit" gelöst hat, ist wiederum unbekannt. Technisch läßt sich dies durch ein Zeitglied („watch dog") realisieren, welches signalisiert, wenn Reaktionen ausbleiben. Ablauf des Zeitgliedes bedeutet „Eingabe unvollständig". Damit können Folgeaktivitäten angestoßen werden, welche die Eingabe vervollständigen oder den Dialog abbrechen.

Das Bewerten neuer Ereignisse

Ein Expertensystem braucht im allgemeinen nicht aus der Erfahrung zu lernen, weil der Knowledge engineer ihm bereits bewertetes Wissen eingibt. Später vielleicht realisierbare „selbstlernende Expertensysteme" müssen die Bewertung aus „eigener Kraft" vornehmen und brauchen dazu Wertmaßstäbe. Solche Wertmaßstäbe können in voller Differenziertheit vom Menschen eingegeben werden, noch eine Stufe komplizierter wird es jedoch, wenn das Expertensystem den Wertmaßstab selbst aufzubauen hat. In diesem Fall muß dem Expertensystem ein „Bewertungsnukleus" für Erfolg/Mißerfolg mitgegeben werden, der sich nach dem Einsatzgebiet des Expertensystems richtet. Sodann sind *begleitend* Erfolgs- und Mißerfolgserlebnisse notwendig, um die Wertmaßstäbe zu erweitern. Dies muß in solchen Schritten geschehen, daß auf der jeweils geringeren Ausbaustufe noch erkannt wird, ob es sich bei einer neuen Erfahrung um ein Erfolgs- oder Mißerfolgserlebnis handelt. Das dürfte häufig zu Schwierigkeiten führen!

Selbstlernen heißt aus *eigener* Erfahrung lernen. Die Umwelt bietet Erfahrungen an, die das Expertensystem eigenständig auswerten soll. Dazu muß das Expertensystem die „Sprache" der Umwelt verstehen. Die Umwelt wird sich im allgemeinen - im weitesten Sinne - natürlichsprachlich präsentieren, also muß das Expertensystem auch natürlichsprachlich zu programmieren sein. Dies ist offenbar eine Voraussetzung für selbstlernende Expertensysteme (wobei es sich bei einer spezifischen Umwelt auch um eine spezifische „natürliche" Sprache handeln kann, z. B. bildliche Muster).

Abbildung 5 zieht Schlußfolgerungen, wobei die Funktion des „Selbstlernens“ bzw. des „Programmierens“ ausgeklammert ist. Das Konzept wird in einer speziellen „Speichermaschine“ realisiert, in der Speicherzellen die Funktion von Neuronen übernehmen. An die Stelle der Verdrahtung treten „Zeiger“ (Adressenhinweise), mit deren Hilfe von einer Zelle auf Folgezellen verwiesen wird. Es gibt ein Repertoire von durchnumerierten Bausteinen (E/A-Bausteine), die teils der Eingabe (E-Bst), teils der Ausgabe (A-Bst), teils beiden zugeordnet sind. Über eine Weiche, deren Aktivierung hier nicht betrachtet wird, ist es möglich, ausgelesene A-Bst ohne Beeinflussung von außen der Maschine wieder zuzuführen. Die Bausteine geben Eingabe- und Ausgabeinformation im Langtext an.

Jedem einzugebenden Baustein ist eine Speicherzelle zugeordnet, in der die Adressen einer oder mehrerer anzusteuernder Kontext-Speicherzellen angegeben sind. Bei Aufruf einer Bausteinzelle wird (werden) diese Kontext-Speicherzelle(n der Reihe nach) angesteuert und bearbeitet. Jede Kontext-Speicherzelle enthält ein Feld, in dem Mehrfachaufrufe eingetragen werden können. In zugehörigen Adressen ist angegeben, welche Funktionen bzw. Zellen in Abhängigkeit von der Zahl der Mehrfachaufrufe anzusteuern sind. Ferner enthält die Kontext-Speicherzelle die *Adressen* aller erreichbaren Ausgabe-Bausteine mit Angabe der je A-Baustein individuell zugeordneten Eingangsnummer. Diese Adressen können bei Mehrfachaufruf durch eine Konstante modifiziert werden, um auf diese Weise einen Satz anderer A-Bausteine anzusteuern.

Von jeder aufgerufenen Kontext-Speicherzelle aus werden sämtliche zugeordneten Ausgabe-Bausteine nacheinander angesteuert und bearbeitet. Die zugehörigen Eingänge E der A-Bst können abhängig von der ansteuernden Kontext-Speicherzelle mit unterschiedlichen Gewichten „programmiert“ sein. Bei Ansteuerung werden sie mit einem *Aktivitätskennzeichen A* versehen. Alle gesetzten Kennzeichen A repräsentieren den Aktivitätszustand des Zustandsspeichers im betrachteten Zeitpunkt. Zusätzlich läßt sich – falls der Effekt der Kurzzeitspeicherung mit einbezogen werden soll – je Eingang eine „Zeitspur“ legen, die bei der Bestimmung des resultierenden Eingangsgewichtes berücksichtigt wird. (Anstelle der Weiterzählung aller dezentralen Zeitspuren wird *eine* zentrale Zeitspur gewissermaßen „zurück“ gezählt.)

In jeder Ausgabe-Bst-Zelle ist die Schwelle angegeben, die durch Eingangsgewichte überschritten werden muß, wenn der Baustein in die Auswahl mit einbezogen werden soll. Gegebenenfalls kann nach der Auswahl auch das „Rücksetzen“ einer Kontext-Speicherzelle veranlaßt werden, um z. B. Ablauffolgen nach Abb. 4 zu ermöglichen. Dies muß fallweise im A-Bst vermerkt werden. Rücksetzen einer Kontext-Speicherzelle bedeutet: Das Aktivitätskennzeichen A aller erreichten Eingänge muß gelöscht werden. – Weiterhin ist mit der A-Bst-Nummer der zum Ausgabebaustein gehörende Langtext erreichbar.

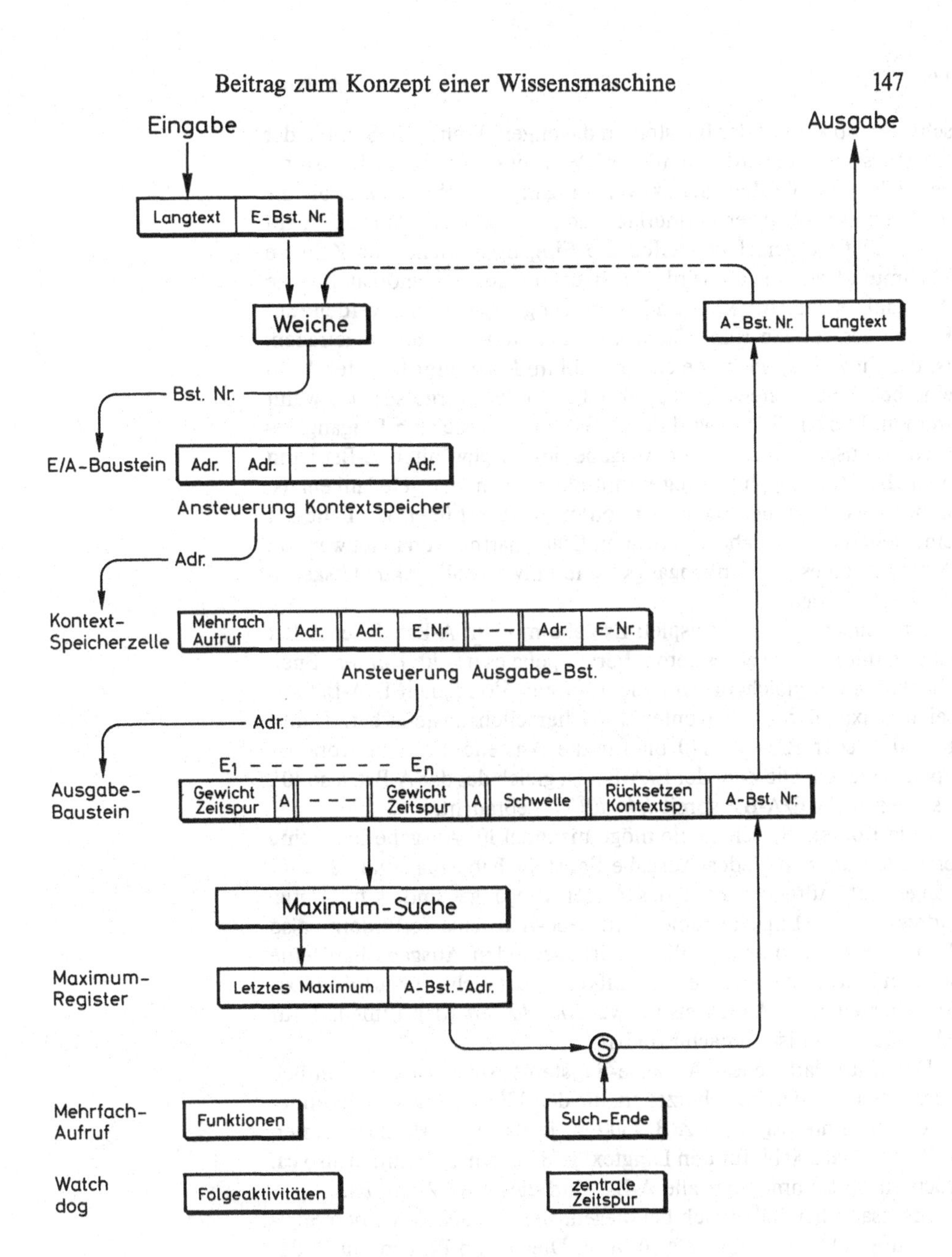

Abb. 5. Grundzüge eines technischen Konzepts

Im betrachteten Zyklus mögen von den (durch den Eingabe/Ausgabe-Baustein) aufgerufenen Kontext-Speicherzellen alle zugeordneten Eingänge der Ausgabe-Bausteine aktiviert worden sein. Damit kann der Auswahlprozeß zur Bestimmung eines einzigen auszugebenden A-Bst beginnen. Hierzu werden *alle* Ausgabe-Bausteine der Reihe nach ausgelesen (Maximum-Suche). Bei jedem Baustein werden die resultierenden aktiven Eingangsgewichte aufsummiert und mit der einprogrammierten Schwelle verglichen. Wird die Schwelle überschritten, so kommt der Baustein in die engere Wahl. Die Summe der Eingangsgewichte wird nun mit dem Wert des „Maximum-Registers" verglichen. Ist die Zahl der aktiven Eingangsgewichte kleiner als die im Maximum-Register vermerkte Zahl, so kann der Baustein nicht ausgewählt werden. Übertreffen die Eingangsgewichte die Zahl im Maximum-Register, so wird der Baustein neuer Kandidat für die Auswahl, seine Adresse und sein Eingangsgewicht werden auf Kosten des vorigen Kandidaten im Maximum-Register eingetragen. Ist das Eingangsgewicht gleich der Zahl im Maximum-Register, kann eine beliebige Strategie („überschreiben" oder „vergessen") gewählt werden. Letzten Endes wird der A-Bst mit den meisten Eingangsgewichten ausgewählt. Mit der Ausgabe des ausgewählten A-Bst kann über den Rückkopplungsweg unmittelbar ein neuer „Gedankenauswahlzyklus" beginnen oder aber kontextgesteuert über den Langtext eine neuerliche Eingabe durch einen Dialogpartner veranlaßt werden. Am Ende eines „Gedankengangs" sind fallweise alle Aktivitätskennzeichen zu löschen.

Ein einfaches Zahlenbeispiel: Es gebe $m = 10^4$ A-Bst. Jeder A-Bst ist also mit 14 bit zu adressieren. Ferner gebe es $n = 10^4$ Kontext-Speicherzellen mit gleichem Adressieraufwand. Von jedem E/A-Bst aus seien maximal $p = 10$ Kontext-Speicherzellen ansteuerbar. Damit benötigt jeder E/A-Bst 140 bit für die Ansteuerung von Kontext-Speicherzellen. Die Zahl der E/A-Bst ist gleich der der A-Bst, also 10^4. Es werden für E/A-Bst somit *1,4* $\cdot$ *10^6 bit* gebraucht.

Jede Kontext-Speicherzelle möge maximal 10^2 Ausgabe-Bausteine erreichen können. Jeder Ausgabe-Baustein habe maximal 10^2 Eingänge, zur Adressierung eines dieser Eingänge sind 7 bit nötig. Adresse und Eingang eines Ausgabe-Bausteins erfordern also $14 + 7 = 21$ bit. Für die 10^2 zu adressierenden Ausgabe-Bausteine werden je Kontext-Speicherzelle 2100 bit gebraucht, für 10^4 Kontext-Speicherzellen sind dies also etwa *2,1* $\cdot$ *10^7 bit* (der Bitbedarf für Mehrfachaufruf ist vernachlässigbar).

Der Bitbedarf jedes Ausgabe-Bausteins setzt sich wesentlich zusammen aus den Speicherzellen, die den 10^2 Eingängen zugeordnet sind. Dies sind insgesamt z. B. 1500 bit je Baustein. Hinzu kommen z. B. maximal 500 bit für den Langtext je Baustein, zusammen also ca. 2000 bit. In Summe über alle A-Bst sind dies etwa *2* $\cdot$ *10^7 bit.*

Insgesamt handelt es sich bei diesem Beispiel also um einen Speicheraufwand von weniger als 50 Mbit. Dies ist im Prinzip mit 12 der neuen 4 Mbit-Chips zu bewältigen.

Zum Fassen eines „Gedankens" sind nach Aufruf der Kontext-Speicherzelle zunächst die Schritte für die Aktivierung der Eingänge der Ausgabe-Bausteine notwendig. In diesem Beispiel werden von *einer* Kontext-Speicherzelle aus max. 10^2 Verarbeitungsschritte zur Aktivierung von Eingängen der Ausgabe-Bausteine veranlaßt. Mit maximal 10 angesteuerten Kontext-Speicherzellen beträgt die Zahl der Verarbeitungsschritte hier lediglich 10^3. Für die Maximum-Suche werden alle 10^4 Ausgabe-Bausteine abgefragt. Im diskutierten Fall sind also im wesentlichen (unter Vernachlässigung geringerer Beiträge) 11 000 Verarbeitungsschritte durchzuführen. Rechnet man mit einer Verarbeitungszeit von 1 μs je Schritt, so erfolgt die Auswahl eines Gedankens demnach in etwa 10 ms.

Natürlich kann man auch von völlig anderen Vorgaben ausgehen. Man müßte Erfahrung sammeln, welche Zahlenwerte für „Weltwissenkomponenten" in praktischen Fällen relevant sind. Das könnte allerdings auch zu wesentlich größeren Zahlenwerten als hier angenommen führen!

Ein sehr vereinfachtes Beispiel möge die Verhältnisse etwas transparenter machen. Abbildung 6 greift in Anlehnung an Abbildung 4 noch einmal das Beispiel eines „Rechenexperten" auf (den man technisch natürlich „prozedural" ausführen würde). Die Aufruffolge der E/A-Bst „2" und „3" hat hier wesentlichen Einfluß auf das Ergebnis. Deshalb werden je nach relativer Zeitlage unterschiedliche Kontext-Speicherzellen angesteuert (die Adressenangabe ist durch Zeiger ersetzt). „Ist gleich" signalisiert in diesem Fall die Vollständigkeit der Eingabe und stößt die Maximum-Suche an. Die Schwelle S, die zur Auswahl überschritten werden muß, beträgt 2. Im übrigen ist das Bild selbsterklärend.

Eine Frage, die wie die der „Bewertung" hier ausgespart wird, ist die der *Programmierung* der Weltwissenkomponente. Mit welchen Gewichten sind welche Eingänge zu belegen? Auch dies ist eine

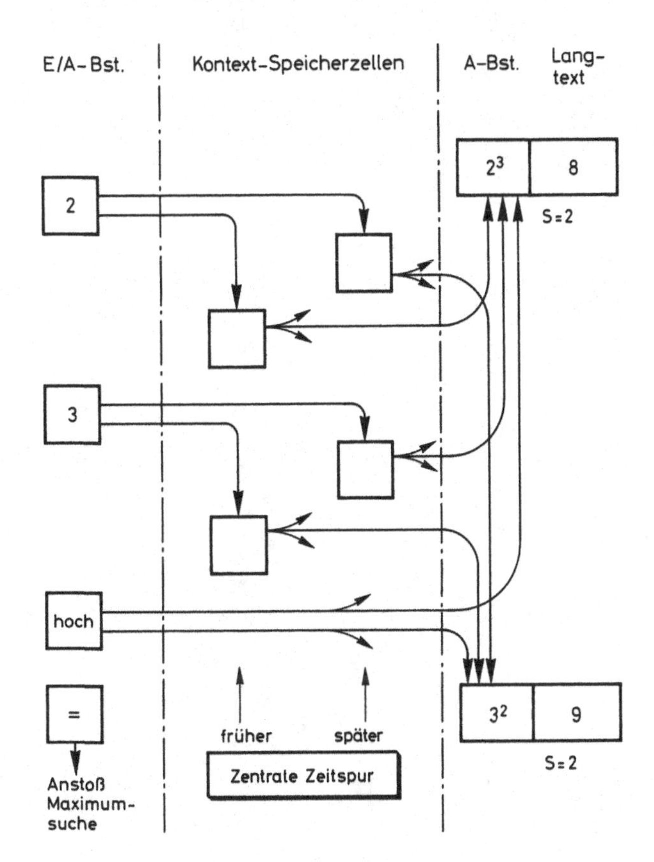

Abb. 6. Beispiel eines Rechenexperten

Frage der Erfahrung. Sicherlich wird man mit einfachen Lösungen beginnen, die von einheitlichen Eingangsgewichten ausgehen und auf die Berücksichtigung von Zeitspuren verzichten.

Im hier diskutierten Beispiel wurde eine spezifische „Speichermaschine“ angenommen. Natürlich lassen sich alle Funktionen auch auf konventionellen „v. Neumann-Maschinen“ programmieren. Dies allerdings geht auf Kosten der Verarbeitungsgeschwindigkeit. Wir haben erkannt, wie sehr es darauf ankommt, die extreme Parallelität der Informationsverarbeitung im menschlichen Gehirn auf sehr schnelle Serialität der Maschine umzusetzen. Die schwerfälligen prozeduralen Funktionen des v. Neumann-Rechners können hierbei hinderlich sein, während die „Intelligenz“ dieser Funktionen nicht genutzt wird.

Alles in allem: Dies könnte ein interessantes Forschungsgebiet werden mit Ausstrahlungen auf die Informationstechnik des kommenden Jahrhunderts!

Personen- und Sachregister

Bildnachweis

Aus: Bild der Wissenschaft (Nachzeichnung) Abb. 2.9
Aus: Evolution, 6. Auflage. Spektrum der Wissenschaft, Heidelberg 1986 Abb. 2.1 (Nachzeichnung)
Aus: Forssmann/Heym (s. Literaturhinweise S. 136) Abb. 2.7, 2.8
Aus: Steinhausen Abb. 2.2, 2.3, 2.4, 2.5, 2.6, 2.10, 2.11, 2.12, 2.13, Tab. 2.1
Alle nicht genannten Abbildungen: Zeichnung Fritz E. Urich, München, nach Angaben des Autors